農本主義という世界

綱澤満昭
Mitsuaki Tsunazawa

風媒社

農本主義という世界——目次

序　農本主義研究の回顧と展望

農本主義研究の足跡と展望

農本主義とは、農業、農民および農村に、人間の生存にかかわる絶対的価値を付与し、それをもって国家存立の根本であると主張し、その根本を揺るがすようなものの登場に対しては激しく対抗してゆく思想のことである。

農業人口が圧倒的多数をしめ、農業収入が国家財源の支柱となっている場合、それを擁護し、重視してゆくのは国家の基本的姿勢であり、農が国の本であるということは国是である。

しかし、資本主義の発達にともない、商工業の成長に反し、農業および農村の衰退が激しさをましてゆく過程で、農の重要性を高唱してゆくところに農本主義の農本主義たるゆえんがある。

農の重要性に実体がともなわなくなればなるほど、農は産業としての意味を次第に失い、農耕民族としての伝統的生活体系や文化的価値の観念的総称となる。土や自然への回帰が強く希求され表出されるようになる。このように農本にかかわる思想は、その時代における農の国家的位置づけによって、その表出のスタイルを変えてゆく。

石田雄が農本主義に次のような諸相をみるのは当然のことである。

「わが国の農本主義のうちには、歴史的にも幾多の変遷をふくみ、またその思想的内容においても、老農・篤農的な消極的なものから、小農維持という農業政策的なもの、あるいは社会安全弁としての農村を考えるものなど、さまざまな色彩をふくんでいるが、しかもこれらは本質的には同一の性格をもち全体として天皇制国家体制を農村というその社会的基底においてささえるイデオロギー的な手段となる。[1]」時代に応じてその色彩を変えるということは、支配権力の狡知というべきものであるが、それがそうなるのは民衆の心情世界の変化にもよく反応しているということでもある。

さてこのような農本主義を、いまここで取りあげて検討しようとする根拠はどこにあるかということが、問われなければならない本質的な課題であるが、従来この農本主義に関心を抱いてきた人たちのそれぞれの思いを紹介し、若干の私見をのべるなかで、そのことに触れてゆきたいと思う。

これまでの農本主義研究は大きく分けて次のようなパターンがあるように思われる。

一つは農本主義は天皇制国家のもとでの農民支配のイデオロギーであり、権力側から被支配者側に向けて押しつけ、鼓吹されたものであるとみるものである。

次は基本的には農本主義が支配体制維持、農民支配のイデオロギーであるとみなしながらも、それが耕作農民の心情世界にまで浸透していったのはなぜか、そのメカニズムの解明が必要だとするものである。

さらに、尊皇愛国を掲げながらも、農民運動、農民組合運動を指導しそれなりの成果を達成しえた人がいるのはなぜか。農本主義と農民運動との結合のありよう、また、アナーキズムとの結合の問題がある。

そしてさらに、農本主義のもっている反資本主義的、反近代的、反国家的要素を積極的に評価しながらも、究極的には宗教的権威としての天皇制に敗北してゆく農本主義の構造の分析などである。

以下従来なされてきた農本主義研究のなかで、一定の視角を与えてきたものをいくつか取りあげ、それぞれが提起した特徴を問うてみたい。

まず、昭和十年に出版された桜井武雄の『日本農本主義』（白揚社）をあげなければならない。この桜井の作品は農本主義研究の嚆矢ともいうべきもので、その後の研究はこの書の影響を少なからず受けることになる。

たび重なる経済不況を精神力で乗り切るための労働の賛美と節約の奨励とが叫ばれていた風土のなかにあって、本書のもつ意味は大きく重いものがあった。単なる農本主義批判にとどまらず、当時の国民教化運動に対しても本書は大きな疑問を投げかけている。

福冨正美はこの桜井の『日本農本主義』を次のように評価している。

「農業恐慌下における《農村の窮乏》が農村にたいする都市の支配の諸帰結として深刻な問題になってきた昭和初期においては、農村更生、農村匡救の指導原理として農本主義的な主張が台頭し、跳梁跋扈したのは、周知のとおりである。このときに旧講座派的マルキシズムの立場から農本主義批判をおこなった代表的な労作として、昭和十年に白揚社から刊行された桜井武雄の労作『日本農本主義』（一九七四年に青史社より再刊）が挙げられる。今日では、桜井氏のこの労作は、わが国において農本主義を研究するばあいの重要な古典になっている。そして、桜井氏が様々な装いのもとにあらわれた昭和初期における危険な農本主義＝小農主義にたいして鋭い批判を加えたということは、それ自体としてはまったく正しかった。[2]」

桜井は農本主義の出自を、「資本制生産関係の生成過程に於いて、くづれゆく封建＝農奴制関係の地盤の上[3]」にもとめ、「資本主義の後進的特殊発展型たる日本資本主義[4]」は、農本主義を生む願ってもない土壌を提供しているという。そして農本主義の展開について次のようにいう。

「この農本主義が、その本来の苗床たる封建社会から、『転形期』官僚の手を通じて資本制社会へ移植され、やがて今日の如き変質的乱生をみるに至るまでの歴史的展開は、農村における半封建的体制を基底としてこの上に生ひ立った日本資本主義の矛盾にみてる発展段階に照応し、これを反映してゐる。[5]」

桜井は時代によってその内容を変えてゆく農本主義の特徴を次のように説明している。

〈封建時代〉

封建社会の基盤は農業であり農村であることから当然のことであるが、その体制支配のイデオロギーの核となるものは農本的なものである。しかし、これが自覚的になるのは、「封建社会の胎内に商業資本・高利貸資本が発生し、『貨幣の権力』が発生[6]」してからであり、この点を見逃しては農本主義の本質は理解できないと次のようにのべる。

「このブルジョア的発展によって触発されるといふ矛盾の契機を見逃しては、農本主義の本質はつかめない。この点はまた、後の段階における農本主義との史的連係を理解するための鍵としても重点である。[7]」

〈原始的蓄積時代〉

この期の農本思想家として桜井は、荻生徂徠、太宰春台、山片蟠桃らをあげている。

この期の特徴は、依拠する基盤を「半封建的、半隷農体制」に置いていた明治の官僚たちの説く農本主義であったことを桜井はこういう。

「欧米資本主義の強制と監視のもとに、いはゆる『植民地化の危機』を突破すべく、自らは半・農体制の駄馬に打ち跨りながら、一路資本主義化へのコースを驀進せる騎士は、いはゆる『転形期』国家＝明治政府の官僚たちである。この騎士の手に握られたむちこそは、ほかならぬ農本主義のそれだった。[8]」

大久保利通、井上馨、松方正義らがその代表者としてあげられ、「封建時代」の農本思想が農すべてであったのに対し、彼らが説いたものは、商工業の発達に後れをとる農業を保護・助成しようとするものであったという。

〈資本主義興隆期〉

明治三十年～四十年頃のこの時期を桜井は、「イムペリアリズムへの転化の過程であり、つづいて金融資本成立への過程[9]」と呼び、独占資本の農村侵入による「半封建的土地所有＝半封建的農村組織の clise[10]」がもたらされた時期だとし、桜井はこの時期の農本主義発生契機として次のようなものがあるという。

「イムペリアリズム転化、『経済上の国粋主義』に迫られて[11]」、「軍事国防上の理由よりして[12]」、「『社会党』跋扈への保障として[11]」

明治前期のものがまだ農業の積極的意義を語るものであったが、ここでは「農業＝農村の資本主義化を恐れて、ひたすら農業旧態の保持を念願してゐる。『農は国を守る所以なり』の語がよくこれを表現してゐるやうに。[14]」と桜井はいう。

横井時敬、河上肇、酒匂常明、横田英夫らの発言が紹介されている。

なお本書が公刊される四、五年前から始まった昭和恐慌に際しては、五人組制度の復活や行脚政治を唱えた後藤文夫、農民道場の父加藤完治、昭和七年の五・一五事件の橘孝三郎らがあつかわれている。

昭和初期の農本主義について、桜井は『思想』(昭和三十三年五月)に「昭和の農本主義」という論文を書いている。この時期にはいろいろな農本主義が跋扈したが、彼はもっともオーソドックスな農本主義者として、帝国農会の岡田温を取りあげ、彼の家族的小農主義賛美を問題にしている。彼はこういう。

「岡田は、『農業のすべての問題は、農業経営に根源する』といって、どこまでも農業経営のうちに指導原理を求めようとし、他の多くの農本主義者の亜流のように空想や精神によりどころを求めることをしない。…(略)…家族主義の原理に立つ天皇制国家構造の支柱として、半封建的小農制と家父長制家族制度を維持し、擁護し、礼賛すること、ここにオーソドックスの農本主義の本領がある。[15]」

ところが岡田に代表されるような農本主義は、不況の激化にともない次第に後退し、加藤完治にみられるような「侵略的農本主義」が浮上してくると桜井はいう。

加藤完治の方向性について桜井は次のようにのべている。

「『農村経済更生計画』の行きづまり、経済更生運動から精神更生運動への転換、その満州侵略移民運動への飛躍という動きにつれて、正統派農本主義のイデオロギーは後景にしりぞき、かわって主流にのしあがってくるのが、神がかり的侵略的農本主義のいわゆる内原イズム、加藤イズムである。[16]」

「戦雲みなぎるソ満国境の最前線地帯へ、百万戸移民計画をたてて、農村の青少年を間引いてつれてゆく、農民道場をその訓練所に乗りかえたのだ。[17]」

この加藤のほかに「小ブルジョア・インテリ」の農本主義者として権藤成卿、橘孝三郎らに照明を当て、切って捨てる。

桜井の『日本農本主義』のように、農本主義を正面から本格的に扱ったものではないが、戦後日本の思想史学の世界における丸山真男、藤田省三、橋川文三らの農本主義への照明を見落すわけにはいかない。

丸山の主張からみてゆこう。彼は日本ファシズムのイデオロギーの特徴として「家族主義」、「大亜細亜主義」と、いま一つ「農本主義」をあげている。その「農本主義」について彼はこう説明している。

「日本のファシズム・イデオロギーの特質として農本主義的思想が非常に優位を占めていることがあげられます。そのために本来ファシズムに内在している傾向、即ち国家権力を強化し、中央集権的な国家権力により産業文化思想等あらゆる面において強力な統制を加えてゆこうという動向が、逆に地方農村の自治に主眼をおき都市の工業的生産力の伸長を抑えようとする動きによりチェックされる結果になること、これがひとつの大きな特色であります[18]。」

丸山は反国家的意識を強烈に表出した権藤成卿の『自治民範』、『農村自救論』などに注目し、そのなかにみられる郷土主義、郷土自治の理念に言及した。また橘孝三郎の『日本愛国革新本義』の田園賛美、反中央、反都市の感情的吐露が日本ファシズムのイデオロギーのなかに大きく存在していることを指摘した。

これらの農本主義がなぜ日本ファシズムのイデオロギーたりうるのか。丸山は、それは日本の近代化そのものが常に地方農村の犠牲のうえに展開されたため、中央に対する強い反抗情念が民衆の側にあったからだという。昭和初頭の農業恐慌を契機にして、農村出身の青年将校たちや農本主義者たちは、その民衆の情念を代弁するかたちで、対中央、対都市を声高に叫んだのである。

したがって、この際の農本主義も単なる空想やロマン主義のみで語ることはできない。それなりの現実的土壌があったのである。しかし、それが次第に幻想化してゆくのであるが、その理由を丸山は次のように説明している。

「日本ファシズムにおいてこのように農本イデオロギーが非常に優越しているということ――このことは他方においてファシズムの現実的な側面としての軍需生産力の拡充、軍需工業を中心とする国民経済の編成がえという現実の要請とあきらかに矛盾する。そこでファシズムが観念の世界から現実の地盤に降りて行くに従って農本イデオロギーはイリュージョンに化してゆくのであります。[19]」

農本的天皇制国家の建設とファシズムの現実化は明らかに矛盾する。極端にいえばファシズムの進行は工業化の道である。この矛盾を解消するには、丸山のいうように農本の側が幻想化、空想化する以外にないのである。

藤田省三は農本主義の中心思想である郷土自治、社稷自治、自然而治に注目し、天皇制支配のために利用されたムラを彼は、「政治権力がそれ自身として独立して存在することを許さない無為自然の共同体[20]」と呼び、このムラへの定着を日本ファシズムの特徴とした。そこではナチズムと日本のファシズムが次のように比較される。

「この国では、ファシズムは、特定社会層（農村在地中間層）を運動の基礎的な力として出発し、農村郷土の組織化によって体制編成の単位をつくり、その原型のもとに国家の全体組織化を行おうとしたのに対して、ナチズムは、決して特定の社会層を運動の基盤とはしなかった。そこでは、資本主義社会の全般的危機状況から生れた、社会諸層全般の不安定と動揺を、現代社会の提供しうる全手段を用いて、時々刻々に組織付け、その瞬間的エネルギーの総和によって体制が獲得され、さらに維持されていた。[21]」

次に橋川文三であるが、彼は戦後、憎悪の対象として罵詈雑言と嘲笑を浴びせられていた保田與重郎を中心とした日本浪曼派の本質を根源において解明し、正否は別として知的青年の多くが保田の文章に心酔していた事実を確認し、その秘密を探ることに精力を傾けたのである。

橋川が保田の正統な敵たりえないとして取りあげた一人に杉浦明平がいる。杉浦は保田をファシズムの協力者、「赤狩り」の名人として弾劾し、これでもかといわんばかりにこきおろした。彼は保田を次のようにとらえていたのである。

「剽窃の名人、空白なる思想の下にある生れながらのデマゴーグ――あのきざのかぎりともいふべきしかも煽情的なる美文を見よ――図々しさの典型として、彼は日本帝国主義の最も深刻なる代弁人であった。[22]」

また杉浦は、保田という人間は多くの民衆を、「征服し殺戮し強姦し焼払ふこと、それだけが天皇の御稜威であり聖戦の目的であると断言した。[23]」という。

保田の内面に食いこむことのない杉浦のような保田批判を橋川は受け入れることはない。わが内なる日本浪曼派解明に向う過程で橋川は農本主義とも直面したのである。日本浪曼派と農本主義の比較には、おのずから限界があることを知りながらも橋川は、日本の近代的文明批判という点での両者の共通性を見い出し、次のような比較をした。農本主義者権藤成卿と保田を次のように並べてみせた。

「農本イデオロギーの最も特徴的表現として権藤の『社稷』の観念をあげることは不当でないであろう。この特徴的な理念は、ほとんど明白な反国家主義といってよいものであり、その徹底的郷土主義は、『プロシア式国家主義を基礎とした官治制度』に対して、ほとんどアナーキズムの意味をすらおびるものであった。権藤のいう『プロシア式国家主義』とは、保田における『文明開化』主義の同義語であり、その担い手としての『官僚』政治に対する農本主義の批判は、保田においては、『唯物論研究会』を含む『大正官僚式』の『アカデミズム』批判としてあらわれたといえよう。[24]」

この二人を並べたからといって、橋川は両者を同じ質のもとで語られるものではないことにも念をおしている。彼のいいたいことは次のようなことだったのである。

「ただ、保田の日本美論の形であらわれた近代批判と、農本主義の『社稷体統』の理念にあらわれた国家批判とがいわば日本の土着思想に根ざしながら、それぞれトータルな『政治』と『文学』の批判を展開したという点において、そこに多くの問題を感じるという立場から、若干の論点を整理してみたいというにほかならない。[25]」

丸山、藤田、橋川らの所論は、いずれも農本主義の全体像を分析、評価したものではないが、近代日本の思想史の立場から、日本ファシズム、日本浪曼派の検討のなかで、農本主義を照射し、それがもつ重要な視点と意味を提示したのである。

農本主義が民衆へ浸透してゆく過程、およびそれを受容する民衆側の精神構造に照明を当てようとした一人に安達生恒がいる。彼は昭和三十四年九月に、「農本主義論の再検討」という論文を『思想』誌上に発表した。これは奥谷松治の「日本における農本主義思想の流れ」(『思想』昭和三十三年五月)、桜井武雄の「昭和の農本主義」(同誌)の批判からはじまり、これまでの農本主義への照明の当て方に疑問を感じ、それを修正しようとしたものである。

奥谷、桜井論文を紹介、検討しながら、両者の論文が結局は「農本主義思想がいかなる社会基盤と政治機構の上に成立し、またそれが権力の側からみていかなる政治的機能を果したか[26]」ということの説明であって、この単純な裁断法では農本主義が農本的天皇制国家の維持のためのイデオロギーで、農民をたぶらかす詩であるということは明確にいえても、それがどうして耕作農民のこころをとらえ、その領域に浸透していったかを解明することにはならないという。

この農本主義思想が多くの耕作農民の心情世界にまで下降し、強力な把捉力をもっていたのはどうしてなのか。その秘密はどこにあるのか。それは「農本主義思想のなかに、農民のもつ発想とどこかにおいて触れあうところがあったから[27]」だと彼はいう。

そうであるならば、農本主義の研究は、「権力的把握の立場からだけでなく、この思想における発想の変化とそれにともなう受け手の変化という視点、この思想を貫く発想法と一般農民の日常的発想法との関係という視点から解いてゆくこと[28]」が必要だというのである。そして、農本主義の作成者の発想の変化と、それを受容する側の立場の変容を、明治前期から昭和の初期までみてゆく。とくに「大正中期からの、小作争議の激化する状況のなかで、階級対立の否定という発想を前面に出してきた昭和期の農本主義思想に、小作農民層自体が広汎にまき込まれてゆく理由はいったいどこにあるのか[29]」を問うことになる。

このことを単に農民運動の拙劣さや権力の強圧の強さや巧妙さだけのせいにはできない。そこには上から降りてくるものと、それを受けとめる側のもっている伝統的発想そのものが、どこかで通底しているからではないか。それを安達は、「郷土主義の論理」にもとめている。彼がもちだす「郷土主義の論理」とは次のようなものである。

「郷土主義の論理とは、人間観や社会観におけるつぎのような共同体的思考方法を指している。すなわち、社会とは『一村一家』の共同体＝郷土のことであり、この郷土を離れた国家もなければ、また郷土を離れた個人も存在しない。郷土は全人間的心情によって統合された社会であり、『自然而治』の世界であり、したがって規範意識のない『無為自然』の共同体に外ならないのである。このような普遍的規範精神を欠く無規範の世界においては、制度、体制、生産関係などという市民社会的意識は生れようがない。それらは、いわば動物的接触によってのみ、またその範囲においてのみ、存在するにすぎない。[30]」

ここでは制度も機構も法も、すべてはムラの習俗のなかのことであり、地主―小作という関係も親子の関係と同じで、貧困や土地制度の矛盾は、個人の惜しみない努力と根性で解消できるものとみる。

明治末期におこなわれた町村是運動も、昭和期の自力更生運動などこの郷土主義、自然主義を最大限に利用したものだと安達はみる。

また、安達は権力側からのイデオロギーなどとは別種の農本主義にも照明を当てるべきだとして、本論文の「むすび」において、『自然真営道』、『統道真伝』で知られる江戸時代の安藤昌益や、戦後の教育実践の世界でユニークな存在であった東井義雄などにふれている。

農本主義の鼓吹者と耕作農民の伝統的心情との結びつきに注目した安達論文は、従来の研究に一石を投じるものではあったが、多少の無理と強引さがあったのも事実である。[31]

山田英世もさきに紹介した桜井や丸山らによる農本主義研究による成果を高く評価しながらも、それらは、なお農本主義の内部に存在する論理の究明において十分とはいえないという。農本主義の内部に存在する論理とは、山田にいわせれば、限られた枠内であったとしても、農本主義が耕作農民の現状を改善することはあったということである。ただ騙された耕作農民の姿があるのではない。

このような視点に立って山田は、山崎延吉論を展開したのである。

権力に対抗する思想がその思想の純粋性のみに固執し、民衆をそこからはずしてしまう傾向が強いなかにあって、山崎の思想と行動は、支配体制を破ることはできないが、ギリギリのところで農村経済の救済に寄与し、耕作農民の心情に大きく深く食い込んでいったことを明らかにした。

山田はこう述べる。

山崎の思想と行動は「孤高性をほこった官学アカデミズムが多く観念の遊戯におわり、無妥協的理論の純粋性に固執した反体制哲学が大衆遊離の独走におちいった、日本の近代思想史においては、特異の実績をのこしたものといえる。…（略）…農業生産という技術的・現実的な舞台との接合点において、改良主義・経験主義・実用主義のプラグマティックな姿勢を保持しえたことは、それがゆえにアカデミズムと反体制哲学の陣営から無視軽蔑されたのであるが、またぎゃくに、それがゆえにこそ現実の農民にアッピールし、やがて、かれらを思想的に動員しえたメカニズムの第一の内奥のカギであったことに注目しなければならない[32]。」

山本堯は「農本主義思想史上における横田英夫」（『岐阜大学教養部研究報告』第四号、昭和四十三年）において、農本主義と農民運動の接合に注目した。つまり、一方において尊皇愛国の旗を掲げる横田英夫が、他方で中部日本農民組合のリーダーとして小作農民のために激しい対地主闘争を展開し、一定の成果をおさめたことに照明をあてたのである。

多くの混濁と矛盾をかかえながらも、農本主義者が農民運動の指導者として行動し、成果をもたらした例はこの横田を除いてほかにはない。

しかし、山本はこうした小作農の立場に立ちながら一定の成果をもたらした横田も、「反体制的農民運動家」になりきれなかったのはなぜかということについて次のような説明をしたのである。

「彼（=横田）が本当に反体制イデオローグとなり、反体制的農民運動家となることは、農本主義を決定的に克服することなしには出来なかったこともたしかであろう。…（略）…『農民』に密着しすぎたために、資本制と地主制をふくむ日本資本主義の機構をついに認識しえず、国家の性格の正しい把握にも到達しえなかった。つまづきの石は農本主義思想であったのである[33]。」

農民運動とのつながりではないが、筑波常治は農本主義のもっている積極的役割に言及している。次のような発言は注目に値する。

「ここで訂正しなければならないのは農本主義を封建制維持のイデオローグとしてのみ理解し、それがはらむ攻撃的な側面をみとめない従来の俗説である。農本主義の本質は、まぎれもなく封建的なものである。しかし、それは同時に、『働かざる者は食うべからず』『貧しい農民を救え』という目標をあわせ持ち、支配階級の奢侈徒食にたいする批判者の役割りもはたしてきた。江戸時代の安藤昌益や大原幽学の主張には、その側面の拡大された先駆をみとめることができる。『大衆の味方』という看板は、マルクス主義だけの専売ではない[34]。」

伝田功も農本主義を封建体制維持および資本主義的利潤に血道をあげるだけのものとしてとらえるのではなく、農本主義が含んでいる積極的社会機能にも注目したいと考えたのである。静岡県の豪農岡田良一郎に注目し、次のような岡田評価をしている。

「岡田の社会活動の中に指摘し得るような、極めて積極的な意識や行動は、国家権力に依存し、無為無策の姑息な生活原理に支えられた社会層のそれではない。彼等は農本主義思想という制約された実践原理を背景にしてはいたが、当時の客観的情勢はこの思想をして、尚且つ作為的主体的な社会的機能を可能ならしめているのである。それはかつて封建体制下に、単なる為政者の現行秩序の維持にのみ奉仕したイデオロギーではない[35]。」

平成九年になって、農本主義研究に新たな一石を投じた研究者に岩崎正弥がいる。彼はこの年に大著『農本思想の社会史――生活と国体の交錯』（京都大学学術出版会）を公刊した。

彼は従来の農本主義研究の足跡を一応評価しつつも、その足跡に疑問を抱いた。農本主義など遠い昔の問題で、いまや議論の対象にさえ浮上せず、完全に放擲されてしまった。にもかかわらず自分はなぜこの思想を問題にしようとするのか。岩崎はその理由を次のようにのべている。

「すでに批判しつくされたイデオロギーとして、農本思想はもはや議論の対象にさえのぼらないのが現状であろう。にもかかわらず、今日あえて私が農本思想をめぐってその意味を考察しようとする理由は、一九八〇年代以降の思想的背景を通して浮かび上がる農本思想像が従来のそれとは大きくずれているからであり、またそのことが日本的近現代に対する新たな歴史認識につながると考えているからである。[36]」

岩崎は、これまでの農本主義研究はあまりにも歴史変動の契機、効力という点に目を奪われすぎていたし、そこには肯定、否定を問わず一つの前提と認識があったというのだ。

その前提について彼は次のような認識をしている。

「〈農本〉が意味する理念内容の変質を考慮せず、それを没歴史的・一義的に『反官的、反都市的、反大工業的、反中央集権的傾向』のみに認めている点である。そしてこうした前提のうえに、第一に農本思想は反近代主義・復古主義である、それゆえ第二に農本思想は伝統的価値観のなかに生きる庶民（ことに農民）をとらえた、第三にその結果として、農本思想は日本ファシズム・イデオロギーあるいは天皇制イデオロギーとして動員された、とする共通認識があった。[37]」

こういった考え方を一度枠外に置いて、農本の意味を時代的変遷のなかでとらえてみたいというのである。

このような視点に立って岩崎は次のような類型のもとに農本思想を分析しようとする。

その一つは、大正期にみられるという「〈自然〉委任型」という農本思想であり、ここでは、いわゆる帰農の思想が扱われている。帰農が流行する時代的背景が語られるとともに、具体的人物として、江渡狄嶺、石川三四郎が登場している。彼らには各自それぞれ特徴はあるが、共通していえることは、自然を絶対的なものと認め、それに全面的に依存し、そこに生命の根源を求めていることだと岩崎はいう。

この自然委任ということは、近代的自我の実現という近代化の道を徹底的に打ち破り、真の自己実現をめざすものだという。

次に岩崎があげるのは昭和恐慌期における「〈社会〉創出型」農本思想である。農本連盟の歴史的位置づけ、およびその思想、運動の展開がのべられている。人物としては協同社会構想の強かった岡本利吉、社稷自治を説いた権藤成卿、左翼労働運動から転向した白山秀雄が取りあげられる。白山は岡本の農村青年のために創設した農村青年共働学校に入り、岡本の協力者となるが、やがて権藤の方に傾いていった人物である。

最後に岩崎は、戦時期における「〈国体〉依存型」農本思想というものを扱っている。文字通り国体に依存する農本思想の分析であるが、主な人物として有馬頼寧、加藤完治に言及している。

また戦時下の農村更生運動のなかで重要な位置をしめていた農村保健運動（滋賀県湖北地域の長浜保健所を中心とする）の究明、および大阪藍野塾卒業生へのアンケート調査をもとに農民道場における訓育の実態が分析されている。

この岩崎の書は、従来の先行研究、資料を渉猟し、そしてそれを読み抜き、それらを前提にしつつも、なお新しい領域を開拓し、彼独自の構想力でもって農本主義研究の歴史に新たな足跡を残したことは間違いない。

岩崎の『農本思想の社会史——生活と国体の交錯』より少し遅れて、野本京子が『戦前期ペザンティズムの系譜——農本主義の再検討』（日本経済評論社）を公にした。

これまでの農本主義研究の整理から本書は始まっている。先行研究に対する一つ一つの野本の解説を紹介することは省略するが、従来までにこの種の研究において常識となっている研究者についての検討がなされている。桜井武雄、筑波常治、安達生恒、守田志郎、中村雄二郎、中島常雄らの顔がそこにはある。

彼女は次のような問題提起をしている。

「すでに従来の研究史において、戦前期の農本主義の時期的・段階的区分とその特色、それに対応する各時期の代表的農本主義者といわれる人々の決して一様ではない所説が検討されてきた。しかしながら、さまざまな評価を内包している『農本主義』を自明の分析概念として用いることの有効性に対しては疑問を持たざるを得ず、上記のような観点から、再度、各自の言説・行動に即した検討が必要であろう。本書ではこのような視角に基づき、従来、農本主義者ないし農本主義的と評されてきた人々の農業・農村・農民観に焦点をあて、言説だけではなく、現実の活動をも視野に入れて分析する。[38]」

本書は七つの章からなっていて、主な内容は次のようなものである。

時の農村指導者であった横井時敬や岡田温の自作農像の共通点や相違点、山崎延吉の農村振興策および千石興太郎の現実主義と理想主義の混合した産業組合主義、デンマークの農業論、また産業組合中央会で『家の光』の創刊にかかわった古瀬伝蔵の思想と行動、さらに知育偏重教育に対抗して塾風教育の実践の場としての山形県自治講習所、茨城県友部の日本国民高等学校の教育理念などが問われている。

この野本の『戦前期ペザンティズムの系譜――農本主義の再検討』の魅力は、従来の研究者がおこなってきた農本主義、農本思想研究を一度白紙に戻し、つまり従来のものを自明のものとするのではなく、彼女自身の豊富にして強烈な問題意識に立脚してそれぞれの対象の核心にせまろうとしている点である。

以上農本主義研究を回顧しながら、この研究に一定の視角を提供してきたものの一部に触れてきた。もちろん、ここに紹介できなかったもののなかにも、すぐれた研究があることはいうまでもないが、その主旨が重なった場合、そのなかでも代表的なものに限定した。

また、重要な視角と内容をもっていながら寡聞にして見落しているものもあると思う。

以下、従来の研究をふり返りながら、今後問わなければならない幾つかの問題点を指摘しておきたい。

（一）、現代資本主義経済の流れのなかで、日本農業のしめるポジション、および将来について、経済学や政策学による接近が無意味だとは思わないが、しかし、いま、ここで思想としての農本主義を問うことが、農業経済や農業政策学に大きな影響を与えることはなかろう。

農業がもっている本来の価値を経済的価値のみに収斂してゆくならば、この時流のなかで農業は敗北の道を辿るしかないような気がする。経済的価値というものは、人間生存のための一つの大きな価値ではあるが、それが文化的価値、総合的価値、絶対的価値となってしまった。この方向性によって人間にとっての経済以外の自然性ともいうべき本質的なものが、次第に奪われ、いまや生命さえ恐怖にさらされている。失われてしまったこの人間の自然性を奪還するために、農業の本質的なものの再検討が、あるいは意味をもってくるかもしれない。そのためには、資本の論理に基づいて構築されてきた諸々の価値体系を崩し、新たな人間の自然性復権につながるような価値の創造が望まれる。四十年ちかくも前の提言であるが、次の丹野清秋の発言はいまもって一つの参考となるものである。

「今日の農村には、かつてのような農本主義思想の鼓吹によって、それを受け入れる素地はないといえる。それゆえ、農本主義思想が、現代の状況において有効性をもつには、資本の論理にもとづく支配・被支配の社会構造を告発するという論理性をもつことにおいてである。つまり、それが、近代合理主義思想に反対する思想たりうるには、単なる自然回帰としての牧歌的な生活の回帰としてではなく、反商品経済、反資本主義――したがって反権力という側面において捉え、疎外された状況のもとにおける人間の自然性復帰という＝人類の本質的な権利の奪われたものの奪還という点において、現代的に継承されていく必要があろう。[39]」

市場原理、競争原理、成果主義が極限状況を迎えた現代資本主義のなかで、この丹野の発言は農本主義の有効性を探るうえで、貴重なものである。

（二）、社稷の問題は依然として残る。権藤成卿らのいう社稷の問題は、いまや検討にさえ値しないといえるかどうか。この社稷が人類全般の衣、食、住と男女のいとなみ全体を意味するものであるならば、人類生存という事実が消えてなくならないかぎり存続するもので、この社稷を凌駕する生存の場たりうるものがありや否や。

人間生存の根本を提供している社稷のいとなみを忘れ、無視して突き進んできたところに、日本の近代化および今日の不幸があると主張することは、けっして無謀なことではない。

耕作農民の日常的情念を知らぬ者が、社稷は支配者の得意とする支配の手段だとして、切って捨てていいものかどうか。

もちろん、私たちは権藤らの社稷の観念が、天皇制とある領域で通底して、天皇制ファシズムの一端を支えてきたということを忘れてはならない。日本とかアジアの政治支配のありようをながめようとするとき、この冷徹な目は必要である。社稷を単純に即反国家、反権力的なものとして期待してはならない。たしかに社稷は政治支配の手段としての役割をになわされてきた。しかし、社稷の生命はそのことのみで終焉を告げるものではあるまい。これを人間生存の根源に置くという前提に立てば、それはいかなる状況下でも不滅のもので、いかなる外圧も、侵入も、収奪も許さないものとして認識してもいいのではないか。

村上一郎の次の言辞に耳を傾けておきたい。

「社会生活のすべての基本は、社稷のいとなみの上に立っている。したがって、社稷のいとなみは、これを一日なりと廃することができない。国家形態・国家装置その他の諸社会の様式は、家・村の制度に至るまでどんなに大切に見えても、社稷のいとなみの永久性に比べたならば、ごく一時の方便にすぎない。国家があろうとなかろうと、人民の衣食住ならびにセックス（時に争闘）のいとなみは連綿として永久につづくし、争闘はなくなっても、また他のいとなみは、つづかねばならないのである。」[40]

さらに村上は、この社稷を忘れた維新の精神や共産主義に対し、次のような苦言を呈している。

「大正維新・昭和維新の叫びはひとたび起ったけれども、社稷・天下のために、国に不忠であってもよいと信ずる者は稀であった。国に不忠であることをもってイデオロギーとした共産主義者には、イデオロギーを信奉するから当然、仁義に乏しく、社稷・天下の観念はなかった。彼らは志において、草莽のこころをこころとすべき筈のものであったが、翻訳調の近代主義のために、仁や義をバカにし、暴力を道《ことば》にまで高め得ず、彼らの階級戦を真に祖国のものにすることはできなかった。」[41]

（三）、宗教的権威を継続している天皇制と農本主義の関係も、けっして解明されている問題ではない。本来、政治権力とは別の世界でも呼吸している天皇制は、今後も宗教的色彩を濃厚に帯びた生存の仕方をとるであろう。その際、地方民衆の習俗をあらんかぎり吸収し、あたかもそれが自分たちの独創的産物であるようにみせるであろう。吉本隆明はこの点に触れて次のようにのべている。

「この出自がすこぶる不明な〈天皇（制）〉の勢力は、世襲的な祭儀の中枢のところで、あたかもじぶんたちが農耕社会の本来的な宗家であるかのような位相で土俗的な農耕祭儀を儀式化したのである。もと〈天皇（制）〉の勢力が、わが列島に古くから土着している農耕族とかかわりのないものだとすれば、大嘗祭の祭儀において、かれらは農耕祭儀を収奪したということができる。またかれらが農耕をいとなむ地方的な土豪の出身だとすれば、かれらは農耕祭儀をきわめて抽象的なかたちで昇華させたといってよい(42)。」

天皇制は基本的に稲作文化のうえに構築されている。稲を除いて天皇制はない。したがって天皇の最も重要な仕事もこの稲を中心とした農耕儀礼を通して穀物の豊熟を祈念するところにある。極端にいえば、天皇制が継続してきたもの、重大なものの一つは、この宗教的祭儀行為である。大嘗祭はその象徴的なものである。この大嘗祭については諸説があるが、ここでは橘孝三郎の説明を引いておこう。彼は次のようにいう。

「大嘗祭は一般的に、天皇が、その即位の初頭、新穀を天照大神以下の天神地祇、謂はゞ八百万神の神前に供へ奉って、その即位を神々に報告し、且つ感謝し、且つ諸の常磐、堅磐の守護を祈願する。謂はゞ天皇職就職祝典であって、それは一世たゞ一度執行さるゝすめらみこと天皇祭祀系体中の最大祭典であると解されて来た(43)。」

「天皇は御膳即ちみづほい（瑞穂）を灌酒の礼を以て、之をいつきまつる。而して、後に、之を頗る頭を低くしたまひて最敬礼、礼拝し、手を拍ち、称唯して、嘗めたまふこと三度する。天皇は、稲を生命とする稲の国の稲の日本人すべての幸福のために、みづほをかくまつりかくおろがむのである、ここに天皇職のすべてが厳存する。(44)」

この橘の説を是とするならば、天皇は稲一色に彩られた豊葦原の瑞穂の国の祭主として存続することになる。まさしく農本的天皇制国家である。

(四)、最後に鬼と農本主義について言及しておきたい。鬼は農本的天皇制国家には住めない存在としてある。たとえばそのなかに住んだとしても、それは人目につかない隠れ処にいて、深く潜んでいる。いつの日か発見され、部外者としての烙印を押される。草も木も石もなに一つ彼らに与えてはならぬという農本的天皇制国家の厳命がくだされているのだ。

水田稲作民の生活圏を昼の世界とすれば、鬼たちの世界は夜である。彼等は夜の世界で彼ら一流の異質の文化を創造することになる。農本国家に生きる人たちにとっては、鬼の日常は異質であるばかりか恐怖の世界でもあった。

鉄を生産する人たちが鬼とされ、その集団が鬼ケ島とされたのは、彼らの日常が農本国家のそれと余りにも違っていたからである。

鉄生産者たちの生活の場は、里から遠く離れ、隔絶され、そこで独自の文化を形成していて、農本文明の統制は受けない空間で生き死にしていたのである。鉄生産者にかぎらずとも、稲作民の攻勢によって山に逃げこみ、漂泊を余儀なくされた人たちには、農本文明の統制を受けぬ空間での生死があった。

民俗学の柳田国男が彼の民俗学のスタートにおいて注目した山人なども、その一例である。彼の山および山人を扱った作品としては、『後狩詞記』、『遠野物語』、『山人外伝資料』などがあるが、当初柳田の頭のなかには、山人は日本列島の先住民の子孫であるとの確信があった。それと同時に、平地、里から覗いた山の神秘、不思議さ、怪異といった平地人の信仰心意の世界も考えていた。

いずれにしても、稲をたずさえてやってきた民族に侵略されていった先住民の子孫に、柳田はかぎりない憐憫の情を寄せていたかにみえる。『遠野物語』の序にあたる部分では、無数に存在するこういった山の神や山人の話を語って、平地人をふるえあがらせよ、とまでいっている。

山に傾斜していった柳田の志向だけをみれば、あるいはその点を拡大、強調してゆけば、彼は農本的天皇制国家に対して激しい闘いを挑んでいるようにみえる。柳田は本当に農本的天皇制国家を敵視していたのか。そうではあるまい。同情や憐憫の情はみられるとはいうものの、それよりも彼の気持を強く拘束していたものは、天皇制国家の要人として、珍奇なものを覗き、同情心をみせているといったところではないか。

柳田はなんといっても、稲のなかにある霊に注目し、稲の信仰に生き死にする常民の立場を考慮し、農本的天皇国家を強力に支援したのである。

注

(1) 石田雄「農本主義」、中村哲・丸山真男・辻清明編『政治学辞典』平凡社、昭和二十九年、一一一五頁。
(2) 福冨正美「現代農本主義の課題と展望」『第三文明』、昭和五十四年一月、七二～七三頁。
(3) 桜井武雄『日本農本主義』白揚社、昭和十年、七二頁。
(4) 同上書、七二頁。
(5) 同上書、七二～七三頁。
(6) 同上書、七四頁。
(7) 同上。

(8) 同上書、七九頁。
(9) 同上書、八五頁。
(10) 同上。
(11) 同上書、九二頁。
(12) 同上。
(13) 同上。
(14) 同上書、八七頁。
(15) 桜井武雄「昭和の農本主義」『思想』、昭和三十三年五月、四七頁。
(16) 同上誌、四八頁。
(17) 同上。
(18) 丸山真男「日本ファシズムの思想と運動」『増補版・現代政治の思想と行動』未来社、昭和三十九年、四四頁。
(19) 同上書、五一頁。
(20) 藤田省三「天皇制とファシズム」『天皇制国家の支配原理』未来社、昭和四十一年、一二五頁。
(21) 同上書、一三九頁。
(22) 杉浦明平「保田與重郎」『復刻版・暗い夜の記念に』風媒社、平成九年、一〇五頁。
(23) 同上。
(24) 橋川文三「日本浪漫派と農本主義」『増補・日本浪漫派批判序説』未来社、昭和四十年、七二頁。
(25) 同上書、七三頁。
(26) 安達生恒「農本主義論の再検討」『思想』、昭和三十三年九月、五八頁。
(27) 同上誌、六〇頁。
(28) 同上。
(29) 同上誌、六四頁。

(30)同上誌、六五頁。
(31)武内哲夫は次のような疑問を投げかけている。「(1)社会経済体制の変化に応じる体制イデオロギーとしての農本主義思想が、絶えず郷土主義＝共同体的思考の殻をまとってでてくるが、果して、受け手を共同体一般に解消してよいか。共同体は社会経済体制の変化につれて、構造変化、機能変化しなくてはならないのは当然であるが、その時、共同体＝郷土主義という定式は成立するか、またこの定式は可逆的であるかどうか。(現在の農村構造の変化の問題)(2)従って、郷土主義の発想主体は、一定の階層の持つ必然性に求める必要がありはしないか。以下略」(「農本主義と農村中産層」『島根農科大学研究報告』第八号、昭和三十五年、二二六頁。
(32)山田英世『倫理探究の理論——プラグマティズム研究』有信堂、昭和四十年、三二四〜三二五頁。
(33)山本堯「農本主義思想史上における横田英夫」『岐阜大学教養部研究報告』第四号、昭和四十三年、七九頁。
(34)筑波常治『日本人の思想——農本主義の世界』三一書房、昭和三十六年、一九三〜一九四頁。
(35)伝田功『近代日本経済思想の研究』未来社、昭和三十七年、一〇七頁。
(36)岩崎正弥『農本思想の社会史——生活と国体の交錯』京都大学学術出版会、平成九年、三〜四頁。
(37)同上書、五〜六頁。
(38)野本京子『戦前期ペザンティズムの系譜——農本主義の再検討』日本経済評論社、平成十一年、九頁。
(39)丹野清秋「農本主義と戦後の土着思想」『現代の眼』昭和四十七年二月、八五頁。
(40)村上一郎『草莽論』大和書房、昭和四十七年、二五〜二六頁。
(41)同上書、三五頁。
(42)吉本隆明「天皇および天皇制」吉本隆明編集・解説『国家の思想』〈戦後日本思想体系(5)〉筑摩書房、昭和四十四年、一七頁。
(43)橘孝三郎『皇道文明優越論概説』天皇論刊行会、昭和四十三年、九九四頁。
(44)同上書、九九五〜九九六頁。

農本主義の「現在」

戦後民主主義によって排撃の対象として、歴史の闇に葬られたかにみえたものが、このところ、にわかに脚光を浴びるようになってきた。日本回帰、共同体の復権、ナショナリズムの再評価など、わずかな咎悔の情をはらみながらも、いま、声高に叫ばれるという状況がある。農本主義への関心も、ゆっくりとした足取りではあるが、これらと関連をもちながら浮上しつつある。この動きを性急に反動呼ばわりし、放棄する必要はない。大切なのは、この状況を生み出しているものが何であり、いかなる方向性をもったものであるかということを静かに見定めることではなかろうか。

これらの一連の動きというものは、それぞれに多少のいろあいのちがいはあるとはいうものの、この状況を生み出す前提として、中央集権、生産力至上主義を基軸として進行した近代日本のもたらした数々の社会病理が横たわっていることはまちがいない。しかし、それらがすべて正しい方向で浮上し、現代の社会病理を完全に治癒するものであるかどうかについては、いささか疑問が残るといわなければならない。

卵を産み続けるかぎりにおいてのみ食糧を与えられ、生命の維持を許容されている養鶏場のにわとりのように、厳しい管理化、疎外化のもとで日常性をぬいあげられている現代人は、現状をどのように変革してゆくかという積極的気力に欠け、ただ、それがはかない自慰行為であることを知りながらも、幻想としての自然に、土に、農に郷愁の念を抱き、己の身をすりよせて生きるしかないところまで、追いつめられているともいえよう。

農本主義が現実世界における農業経済構造の呼びもどしというよりは、観念としての農と土とを核とした村落共同体に絶対的評価をおき、それをもって人間生存の根本とみなし、自然と人間の一体化というロマンと美を唄うものであるかぎり、それは荒涼とした砂ばくそのものである現代社会における一つのオアシスとしての役割を引き受けるものとなるであろう。しかし、そのオアシスが底無しのどろ沼でないという保障はどこにもない。農本主義浮上という現象は、そのこととの関連においても、重大な意味をもって、われわれの前にせまっていることを銘記しなければならない。農本主義のもつ意味は、けっして小さくはないのである。

ところでこれまでなされてきた農本主義解明の作業には、次のような方向がある。

一つは、農本主義が支配権力によって、どのようにしてつくられ、利用されていったかを究明しようというものである。すなわち、農本主義を農民支配のための権力側から鼓吹され、強引に押しつけられた支配のイデオロギーとして評価しようというものである。

次は、農本主義が農民支配、権力体制維持のためのイデオロギーとしての面を強く認識しながらも、それが耕作農民をはじめとする民衆の心性までも、なにゆえに把捉しえたかという、この思想のもつ内面構造、および浸透してゆく過程の解明、さらにそれを受け入れる側、支持する側のメンタリティーなどに照明を当てようという方向である。

いま一つは、ごく最近のものであるが、農本主義がもっている反合理主義、反近代、反資本主義的要素に期待しながら、それをもって、さまざまな領域に表出している社会病理克服の手だてにしようというものである。

もちろん、これらの方向はそれぞれ切り離して考えられるものではなく、また、どれが正しく、どれが誤りであるかを、あわててきめる必要はない。必要がないばかりか、そうすることは、農本主義の多面性を無視することになり、その本質をかえって見失うことになりかねない。

これまで、どちらかといえば、農本主義へのかかわりは、一方的に農民支配のイデオロギーとして直截して満足するという傾向が強く、とくにファシズムと手を結ぶものであるということで追放するのに急であった。したがって、この思想の内面をえぐりだす作業は怠りがちだったといわなければならない。ましてや、農本主義に歴史をきりひらく積極的意味を見いだし、将来の展望にかかわらせるなど、とうてい許されることではなかった。それこそ歴史のクズかごに押し込められるべき対象でしかなかったのである。そこでは、農本主義がほかの輸入思想に比べ、なにゆえに民衆の内面によく浸透しえたか、というこの思想のもつ民衆吸引の秘密と恐ろしさは、ほとんど顧みられることはなかった。思想の恐ろしさというものは、整理され、体系化された形のうえでの美しさや豪華さなどにあるのではなく、人間の内面に食い込むその鋭さと粘着性にある。そうであるにもかかわらず、体系化された哲学や理論がないという理由で、農本主義を侮るという空気が支配していたのである。

水田稲作を中心とする農耕民族としての長期の歴史をもつわれわれには、農本主義的思考は肉体化したものとしてある。人間の本質的自然性が失われれば失われるほど、農本をはらむわれわれの肉体から発酵してくる情念は、その突破口を発見すべく、行動を開始するのである。このことを理解しえないいかなる思想も、物質的力として機能することはなかろう。かつての農本主義者は、そのあたりをよく押え、よく吸収していったことを、いまこそ、われわれは再認識しなければならない。と同時に、過去にそうであったからという理由のみで、未来永劫的に農本主義は民衆支配のイデオロギーとしてのみ現出するものとみることはやめなければならない。農本主義が近代合理主義に対抗し、自然回帰、土への回帰を強く希求するものであるならば、それをたんなる牧歌的農本の神話構築に寄与させることなく、人間の本質的自然性を奪う方向でしか進めなくなっている近代合理主義、近代的「知」を撃ち、それを超克してゆくためのものとさせなければならない。

この厳しい管理体制、技術化のなかで、現代人が己の「生」の根源にまで降りてゆこうとするとき、この農にかかわる思想はどれほどの有効性と耐久性を発揮するであろうか。ひとはこの探索を危険な道といい、「いつかきた道」と呼ぶかもしれない。私とて、農本主義の低滞性やオアシスの神話がわからぬではない。しかし、その危険を避けて通れるほど、ことは単純ではないのである。ファシズムを生み出す農本的エネルギーと、真の意味での民主主義を生み出すそれとは次元の異なるものであるというような、青くさい「知識人」の浅慮な考えに惑わされてはならない。両者は同じ根から湧出するものである。ただその方向性を、だれが、何が、いつ、どのように決するか、そこに歴史の分かれ目があるだけである。このことをおもんばかることのないような反ファシズムの思想が、机上の空論にしかなりえないのはいうまでもなかろう。

農本主義を考える

かつて「日本的なるもの」を排撃する方向で動いていた日本の思想的気流は、このところその方向をかえ「日本的なるもの」へのノスタルジアをしめす方向ですすんでいる。明治時代は郷愁に値するすばらしい時代であることを認識し、敗戦後の日本の驚異的復興は、明治以来つちかってきた国民的潜勢力が厳然と存したからであり、その間の事情を回想検討して将来にそなえる、という意義と理由をもった「明治百年祭」以来「日本的なるもの」を含んでいるという理由だけで日本の思想、思想家に関するものが無峻別に出版され、読まれている。それと同時に一度歴史のクズカゴに捨てられていたものがにわかに思想界、言論界に浮上してきた。

「農本」にかかわる諸々の思想、観念の復元もその一現象とみることができよう。もちろん、この「日本的なるもの」への着目自体は、なんら批判されるべきことではあるまい。かつて竹内好、橋川文三、吉本隆明らが「日本的なるもの」に注目し、その解体をとおして今日の思想的いとなみに豊かな実りを期待したように、真に日本を再認識するためのものであるならば、むしろ歓迎すべきことであろう。

倒されたロマン派

いまここでかれらの問題意識をふりかえってみることは決してムダではなかろう。たとえば竹内はその時「マルクス主義者を含めての近代主義者たちは、血ぬられた民族主義をよけて通った。自分を被害者と規定し、ナショナリズムのウルトラ化を自己の責任外の出来事とした。《日本ロマン派》を黙殺することが正しいとされた。しかし、《日本ロマン派》を倒したものは、かれらではなくて外の力なのである。外の力によって倒されたものを、自分が倒したように、自分の力を過信したことはなかっただろうか。それによって、悪夢は忘れられたかもしれないが、血は洗い清められなかったのではないか」（『新編・日本イデオロギイ』）とのべ「日本的なるもの」への着目の出発点としたのであった。

根深い土着の生理

この「日本ロマン派」のかわりに「農本主義思想」をあてはめても同じことがいえたと私は思う。いやむしろ「日本ロマン派」のにない手は一部インテリにかぎられていたのに対し「農本主義思想」は日本人全体の生理の次元で受けとめられていただけに、だれからも、何ものからも手痛い打撃をこうむることなくフェニックスのように生きつづけたのである。そして今また台頭の機会があたえられようとしている。

経済の高度成長ならびに繁栄がさけばれる一方、所得の格差はますます広がり、権力により行く手をはばまれ、夢を日一日とくだかれていく多くの知識人、青年はいらだちながら実に大きな規模での「時代閉塞」のなかに存在している。この「時代閉塞」のなかで、ある者は自然への郷愁に身をやつし、ある者はロマンに己の精神のよりどころを希求し、またある者は消費ムードのなかに陶酔していく、それはもはや現状をどう変えようかという積極的なものではなく、所与としての現実をどう受けとめるかという諦観をともなったものでしかない。この状況のなかで「農本主義思想」も自慰行為の手段として静かに頭をもたげようとしている。「減反」をしいられながら土地を耕す農民の貧のリアリティーは「土に帰る」という抽象性によって現実の外にほうりだされ、都市の公害と雑踏に生きる群衆は日本古来の「自然性」を現実に直結させ「土に帰る」ことをとおして太古の美に幻想をつなぐ。

両刃の反都市感情

そしてそれはまた冷酷無残な都市資本の収奪、危険思想を生み出す都市の道徳的退廃などという反都市感情を生み出すにいたっている。自然（土）こそ生産的価値の根源であり、この自然を根こそぎにされて漂泊する都布の文明は攻撃され、階級闘争をはじめとする種々の「あらそい」は厳しく批判され「自然性」の敵として対置される。都会は常に革命の製造所であり、田舎は常に革命の反対者で、社会秩序の保護者であるとのべたかつての農本主義者横井時敬の言葉が現実的ひびきをもちうる土壌が、あるたしかさをもって存在する。

「農本主義思想」は人間と自然の調和をめざすという一面をもっているため、今日の公害による資本制社会における人間の日常性をおびやかすものに対しては攻撃しうる根拠をそなえている。「うさぎおいしかの山、こぶなつりしかの川」といった無垢な「場」を汚すものに対する批判的要素を、たとえそれが「ヌエ」的であるにしても、もちあわせているために「農本」という「土着の仮面」は、はぎとりにくいだけでなく、より浮上しやすくなっている。

台頭してくるこの「農本主義思想」にわたしたちはどのように対処していけばいいのだろうか。この高度経済成長をとげた工業社会において、いまさら「農本」でもあるまいといった「思いあがり」は、すくなくともやめねばなるまい。また「農本」を恐れて舶来合理主義にとりつかれてもなるまい。これらの方向がいかに政治権力のずるさのまえに、またファシズムの前に非力であったかについては、われわれ日本人は莫大な犠牲をはらって体験ずみのはずである。

対象求めうろつく

大衆の日常的思惟を、また生活感情をすっぽりとつつんでしまう未定形な「農本主義思想」は、今日もまたその対象を求めてうろついている。思想を一定方向への大衆動員や操作のための観念的手段とさせないために、思想というものを日常的生活意識と無媒介に結合させてはならないことはいうまでもない。しかしまた、この生活意識のなかにとけこんだ思想的沈殿物を無視することに汲汲とし、抽象的論理体系の構築にのみ、こころをうばわれているならば、それは大衆から手痛い反撃をくらうだけでなく、論理体系化という網の目からこぼれおちた「事実心理」を権力によってうまくすくいあげられ、利用されるであろうし、思想そのものの腐敗をもたらすことは必至である。恐れることなく、あなどることなく「農本主義思想」の現実に果す役割をひややかに客観的に分析することを私は強く訴えたい。

アナーキズムと農本主義

農本的なる石川三四郎

革命家というよりは、求道者、伝道者として生きたように思われる石川三四郎（一八七六〜一九五六）は、その八十年の生涯を通して、多くの教訓を遺してくれた。臼井吉見が教えられたという「人生の二つの闘い」ということは、そのなかでもとくに大きな遺産であったように私には思われる。その闘いとは、一つは、己を取り巻いている外の非合理との闘いであり、いま一つは、己の内部に存在するであろうところの「無明」、すなわち私利、私欲、エゴイズムとの闘いであった。この両者への闘いを同時に行なってゆくことが、ひとのありうべき道である。しかし、ともすれば、ひとは己の外にのみ心や眼を奪われ、内を凝視することを怠りがちであることを、石川はつねに忠告してくれている。このことはとくに日本の社会の変革や改造を唱える自称社会運動家の多くが学ばなければならないことである。考えてみれば、まったくおかしなことで、外に向かって批判の矢を放つとき、ひとはそのまえに、あるいは同時に、内にあるものへの内省をないがしろにはできないはずである。こちらの手元が狂っているかいないかもたしかめもしないで、狂信的に矢を放つのみでは、その行為が徒労に終るのは火を見るよりも明らかである。石川の国家権力をはじめとする権力的なるものに向ける眼は鋭く厳しい。しかし、石川をして石川たらしめているのは、そのことを大向こうをはって、けたたましく高唱するのではなく、つねに己の内奥にある負性をも見つめてゆく彼の人間的なしなやかさではなかろうか。そのことをもって石川の思想の混濁、あるいは論理的整合の未熟さとして省みない空気は依然として強い。けれども、思想のもつ強さとか弱さということは、一体どういうことなのか。たんに己の内にあるものをかたくなに信じて外部に体当りし、玉砕することのみが思想の強さではあるまい。また、他国の権力に依拠しながら、多数の力でもって権力批判を行なうことでもあるまい。そういう意味で私は鶴見俊輔の次の言辞を肯定したい。

「日本の権力批判の運動が大正以来のほとんど七十年にわたってもつこの権力追随的性格について、私たちは平素あまり意識にのぼらせることがない。石川三四郎の生活とその著作とは、日本の反権力運動のもつこの性格を照し出すはたらきをもつものとして、大切である。日本または海外の国家権力と自分の思想を結びつけることなしに、権力批判をつづけてゆく思想的立場がどのように石川三四郎においてきずかれ、保たれたかは、思想上の流派をこえて、私たちに教えるところがある。」(『近代日本思想大系16——石川三四郎集』の「解説」)

秋田雨雀(本名徳三)をして石川を「日本の良心」といわしめたのは、このあたりとつながるような気がしてならない。これまで、天皇および天皇制にたいする石川の姿勢はいうまでもなく、農本主義的色彩の濃い彼の「土民思想」なども、思想の混濁と論理的矛盾をはらむ思想的弱点として一蹴されてきた。が、私はこの傾向を全面的に是とすることはできない。性急な結論をだしたくはないが、思想の混濁とか折衷ということを、権力との妥協ということとは別の次元で考えてみる必要があろう。

私がこれまでのささやかな農本主義研究の過程で、石川の思想に直面せざるを得なかったのも、そういう思いがあったからである。直面する直接的契機となったのは、橘孝三郎についての小論を書いているうちに、彼が石川の影響を少なからず受けていることに気づいたときと、権藤成卿の「社稷」の理念に引き寄せられているときであった。岩佐作太郎や萩原恭次郎らが権藤の『自治民範』その他の著述に親しみ、とりつかれていったこととあわせて、石川が、かなり権藤に共鳴している具体的例を、私は石川の『ディナミック』を通して知ったのである。それ以来、私は石川の「原始回帰」や「土の権威」または「自然我」の思想などが、橘や権藤の反近代的性格を強くもつ農本に関する諸々の思念とある面で近似していることをつねづね思わされてきた。このことは、私に農本主義とアナーキズムとのかかわりあい、すなわち「農本主義的アナーキズム」あるいは「天皇制アナーキズム」というような思想史的難題を押しつける結果となった。はたして、「農本主義的アナーキズム」というようなものが存在可能なのか。あらゆる権力を拒絶しようとするアナーキズムが、天皇制と結果的には癒着する運命をたどるしかなかった農本主義と結合するなどということは、論理的にはまったくあり得ないことではある。しかし、石川の歩みと思想は、幸徳秋水や大杉栄らとは一直線には結びつかず、異彩を放っている。それが「土」とのつながり、「農」とのかかわりに由来することはたしかであるし、権藤の「社稷」自治のなかに石川的感性を認めざるを得ないのもまた事実である。農本的でありつづけることとアナーキーであるということは、本質的に矛盾するものであるのかどうか。自己主義、自己拡張に発想の根拠をおく近代主義的思考とは別に、「農」とか「土」に己を一体化させることによって、権力からの永久的訣別を告げるということは不可能なことであろうか。この問いかけを欠落させてきたために、日本のアナーキズムは結局のところ西欧理論の移入と挫折の繰り返しになり、根底的なところで天皇制と拮抗できなかったのではないか、という思いさえ私は抱いている。だからといって、権藤や石川の思想が天皇制とよく拮抗し得たなどというつもりはない。それどころか、両者とも結局は天皇制の宗教的権威の前にその身を委ねてしまったのである。だが、その問題を避けて通るかぎり、内発性をともなわない思想の歴史が、いつはてるともなく繰り返されることは必至であろう。そういうこともあって、石川をアナーキズムという固定した流れのなかに位置づけ、その流れから彼がどれほど逸脱しているかを検討する方法を私は好まない。その方法に固執するかぎり、石川のアナーキストとしてのマイナス面、あるいは社会構造分析能力の欠如というようなことだけが浮上し、彼の内面を支えている人間的魅力や思想的特色は沈滞してしまうであろう。

したがって、ここでは、石川のアナーキズムに言及するのではなく、「土民生活」、「土民思想」という発想を中心に、彼の反権力の思想的核に少しばかりふれてみたいと考える。石川は「土民生活」の言葉の由来を次のようにのべている。

「大正二年、私が初めて旧友エドワード・カアペンター翁を英国シェフィールドの片田舎、ミルソルプの山家に訪うた時、私は翁の詩集『トワアド・デモクラシー』について翁と語ったことがある。そしてその書名『デモクラシー』の語が、あまりに俗悪にして本書の内容と少しも共鳴せぬのみならず、われらの詩情にショックを与えることの甚だしきを訴えた。するとその時、カ翁は『多くの友人からその批評を聞きます』と言いながら、書架よりギリシャ語辞典を引き出してその『デモス』の語を説明してくれた。その説明によると、『デモス』とは『土地につける民衆』ということで、決して今日普通に用いられるような意味はなかった。今日のいわゆる『デモクラシー』はアメリカ人によって悪用された用語で、本来の意味は喪われている、というのがカ翁の意見であった。そこで私は今、この『デモス』の語を『土民』と訳し、『クラシー』の語を『生活』と訳したのである。更にこの『デモクラシー』という語を今日の姿勢にあてはめて具体的に言い表わせば『土に還れ』という意味になると思う。」(『自叙伝』)

石川は、この「土に還れ」を「原始生活の回復」という言葉でも表現する。ここでいう「原始」の意味は、歴史のなかで人類の生活を今日まで持続させてきた原動力であり、彼が回復を望んでやまないものは、アダム、イヴ以前の渾然一味をなせる「自然我」につらぬかれた意識であった。この意識こそ、自我の分裂と「無明」の迷いとが交錯している現代を脱却する唯一の方法であるというふうに、石川は「土民生活」に、生活の土着化ということを含ませながらも、思想の土着化、精神の土着化の意味を付与したのである。「原始生活」とは、また「宇宙の無限に即した生活」でもあった。

「真の生活は宇宙の無限に即した生活でなければなりません。換言すれば権威に頼らないで幻を全く振り捨てた生活に立ち還らなければなりません。総ての迷ひ、汚れ、幻を捨てた生活は即ち土着の生活であります。…(略)…真に土にかへることは我々の原始生活をこの現在社会に恢復することであります。地表に我々の生命が植えつけられた時の環境を愛護し、仮令《たとへ》文明の利器を利用しても、益々我々の原始の生活を維持し豊富にすることであります。

その生活は政治によって支配される中央集権の社会には実現されない。自治の社会にのみ実現されるのであります。他人が他人を支配しない、又は統治しない社会にのみ実現されるのであります。」(『土の権威』)

ここには、搾取の仕事としての政治を拒否しようとする石川の姿勢がよく表現されている。この石川の「原始生活」や「宇宙の無限に即した生活」は、いわば農耕社会の共同性への恋情とその奪還の表出につながってゆく。この失われたものの奪還と純化をはかろうとしたのは石川一人ではなく、「直耕」を価値体系の基軸にすえて「農本的共産制」（渡辺大濤）を説いた安藤昌益も、「社稷」自治をうたいあげた権藤成卿も、またそういうひとであった。たとえば、権藤の「社稷」概念は、奪回すべき農耕共同体の契機をなすものであり、それは自然的、絶対的、実在的存在であって、国家のように、人為的、相対的、便宜的、形式的なものではなかった。土に密着した自然な生命の営み、これが人類安定の公則であり、理想郷であった。権藤の『自治民範』より第一章の最初の部分を引いておこう。

「飲食、男女は人の常性なり、死亡貧苦は人の常艱なり、其性を遂げ其艱を去るは、皆自然の符なれば、勧めさるも之に赴き刑せざるも之を罷《ツト》め、居海に近き者は漁《スナトリ》し、居山に近き者は佃《カリ》し、民自然にして治る、古語に云ふ山福海利各天の分に従ふと、是の謂なり。」

これは井を掘りて飲み、田を耕して食う「土民生活」そのものであった。

石川や権藤の、この「原始回帰」や「土奪還」の思想は、大杉栄たちが、あるいは日本の社会主義が降りようとして降りきれず、あるいはまったく気づくことさえなかった領域に、かなり接近し得ていたものといえよう。石川の「土民生活」の発想は、当然彼の文明観を次のようなものにさせる。すなわち、彼は進化論というものにたいして不信を抱き、どちらかといえば、否定的である。いまだ人間が他の生物や自然と分断されていない、いわゆる未分化、混沌の状態における原初の生活に、その生活からあふれる原初の精神に最高の美を発見し、人類の文明化に堕落をみる。「進化論」についての石川の見解は、こうである。

「近代思想の根本基調を成せる進歩説、更らに其上に立てられた進化論に依ると、近代は古代に勝ること勿論で、人類は下等動物から高等動物を経て最も完全なる生物に進化したものだと信ぜられる。然るに近代が必ずしも古代に勝るといひ得ないことは前段に述べし処によって明白であらう。…（略）…生物の高等と下等と完全と不完全とを別けるのも、殆ど意味無きことである。殊に人類が生物中最後に生れ、最も完全なものだと言ふ如き議論は決して確定したる仮定では無い。」（『原始生活の回復』）

自然から、また土から離れた瞬間より人類の不幸と堕落がはじまる。生命の法則が進化よりも重要であることを忘れた文明人は、天国地獄、中央集権、優者の支配の思想に毒され、その思想を維持し、強引に押しすすめることをもって文明の華と呼んだりする。他を押しのけ、突き倒し、殺害し、高く高く登りつめようとする悲鳴と絶叫のなかで生きることのなんと不健全、なんとあさましきことか。それに比較して「土民生活」のなんと美しいことか。原始的にして、無限に直接した土の子である「土民生活」こそは、生活の芸術として最高のものである。ところが、人間の意識に「無明」が宿り、無限のなかにいながらにして有限の特権に固執し、自然のなかにいながら人為の幻想にうつつをぬかす社会にあっては、そのことが完全に忘却されている。この社会の欺瞞性を暴露し、反逆するものが、「土民生活」から湧出する「土民思想」である。石川はこのようにいう。

昭和二年にはじめた千歳村（現在世田谷区八幡山）での半農生活は、たとえ、それが子どもの「ままごと」のような農耕であったとしても、彼なりの「土民思想」実践の意味はあったのであろう。彼はここに土を耕やしながらの「農村的共学組織」をうちたてようとしたのである。しかし、「好事魔多し」で、ついに石川の志望は、その実を結ぶことはなかった。この挫折の空虚を充たすためと、「新しい歴史観に基づいて、新しい社会運動を起そう」（『自叙伝』）として創刊に踏み切ったのが『ディナミック』（昭和四年十一月〜昭和九年十月）である。このなかで石川は権藤成卿の人物、および彼の著作にかなり共鳴し、同情を寄せている。たとえば、昭和七年四月の『ディナミック』では、「血盟五人組（井上、団等の射殺事件の）に関係ありとして権藤成卿氏が警視庁に拘禁せられしことを聞きて筆者は一驚を喫した。なぜなら、筆者は會て一度同氏と親しく談りたることあり、その学識その人物は、決して此くの如き事件に関係ありと想像だも及ぼさしめないからである。氏は国史学者として正義の士として、またと得難き大人物である」とのべ、また昭和七年八月には同紙に『自治民範』が再販された旨をのべ、「国学者の懐抱する思想としては実に珍らしい自由思想」であり、「無政府主義と一脈相通ずる農本自治主義を以て日本立国の精神とするものである」と賛意を表している。だが、この権藤にたいする同情とか賛美とは別に、石川は「農本主義と土民思想」のなかで己れの思想と農本主義とを峻別する。

「此ごろ農本主義といふものが唱へられる。二十年来、土に還れと説いて来た私にとっては、とても嬉しい傾向に感じられる。たゞ『哲人カアペンタア』を書いて以来、私の考へ且つ実践して来た土民生活の思想と、今日流行の農本主義とは、些か相違するところがあるから、それを極めて簡略に説明して置きたい」（『ディナミック』昭和七年九月）という書き出しではじまるこの文章は、次の三点において両者を区別している。

第一点は、農本主義が階級闘争を否定し、民族的統制のための農民の自治的生活を助長しようとする支配者側からする農民愛撫であるのにたいして、「土民思想」は、そのような愛撫的、同情的な気分をはねのける反逆的思想である。

第二点は、農本主義が農民をして、ほかの職業との有機的つながりを考えようとしないのにたいし、「土民思想」は、職業によって軽重をつけず、すべての職業が土着することを念願する。自治は土着によって可能となるが、ほかの職業との連帯を無視した農民だけの土着は不可能である。

第三点は、農本主義は既存の強権的社会統制をそのままにして、農本的自治を行なうことによって社会改造をねらおうとするが、それは結局、治者、権力者側から農民を教化しようとする考えから出発したもので、無産農民自身のものではない。「土民思想」は、まず権力がつくる鉄条網を断ち切る思想である。

このように石川は農本主義と己の「土民思想」との間に千里の径庭を認めさせようとする。しかし、たとえ「土民」を農民に限定せず、反逆的な生産労働者一般と規定したとしても、石川の体内を奔流する赤い血は、それとなく工場労働者ではなく、農民の方に傾斜してゆくのである。彼の体質はやはり農本的であったのである。とはいえ、この農本的であるということをもって、彼の思想の弱点とみなすのは早計であろう。農本的、土着的であるということは、いつも後退を意味するとはかぎらない。高橋徹もいうように、石川の思想は「宿敵マルクス主義が移植的なプロレタリア革命論をもとにして封建遺制の根強く残存する現実を性急に割り切ろうとしたり、あるいは農民をおきざりにした都市中心的な運動方法に傾いたりして、『日和見的な中間層』のもつ習俗や習慣の反撃をくらっていただけに、石川の唱える土着主義の思想は、社会主義思想が処女地農村でいかにその妥当性をテストされるかの『実験』という意味でも大きな期待を寄せられた」(「都市化と機械文明」『近代日本思想史講座(6)——自然と環境』)というようなこともある。今日、もう一度考えてみなければならないことの一つのように私には思える。

加藤一夫の農本思想

加藤一夫（以下加藤と書く）の名を、いま知る人は少ないのではないか。この人をまな板にのせようとする人も、今日でほとんど見当たらない。それでもごく最近、加藤一夫の娘（不二子）さんらによって『加藤一夫研究』という雑誌が創刊された（昭和六十二年三月）。この雑誌に大和田茂編の「加藤一夫参考文献目録（戦後編）」があるが、私は不勉強で、これまで加藤に関するものとしては、松永伍一の「加藤一夫における農本思想の原理と現実」（『土着の仮面劇』田畑書店、昭和四十五年）を読んだくらいのものである。この松永のものによって、加藤の略歴をまず記しておこう（生まれが「明治四十年」となっているのは、「二十年」の誤りであろうと思われるので、訂正しておく）。

「明治二十年に和歌山県に生まれ、明治学院を卒業し、内村鑑三らに私淑して芝教会の伝導《ママ》師となるが、自然主義的風潮に刺激され精神に動揺をきたし、自由主義の統一教会に移る。吉田絃二郎、内藤濯らと『六号雑誌』同人となり、ベルグソン、トルストイの研究をし、社会主義同盟に加わり、大正六年十一月詩文集『土の叫び地の囁き』を出し発禁。その頃「自由人連盟」を主宰しアナキズムの宣伝につとめ、『民衆』詩派にも近づき、『種蒔く人』にも関係、みずから『労働文学』『自由人』を発行。兵庫県芦屋に住み、のち神奈川県新治村で半農生活に入り、『原始』を出してアナキズム系の思想運動を考え、のち『大地に立つ』を個人誌として出した。そのころ昭和五年から犬田卯らの『全国農民芸術連盟』に加わり、重農主義文学の理論的支柱となり、八年に『農本主義——理論篇』、『農本社会哲学』を刊行し、農本主義の鼓吹者の一人となり、十年から個人誌『ことば』を出し、復古主義にむかい神国日本一辺倒になった。」

松永は加藤を冷やかに見ている。『農本主義――理論篇』（暁書院、昭和八年）、『農本社会哲学』（暁書院、昭和八年）の二著を、「無視できない」ものとして、それなりの評価をくだしてはいるものの、加藤は、「気まぐれであり、移り気であり、熱しやすく、冷めやすい性格」（同書）で、要するに、「無責任」な人物だとして、次のような酷評をあびせている。

「加藤一夫は、あたりかまわず、無責任に跳びあがった。転向などという区切りはなかった。先取りの名人は本来過去をふり返らぬものであるために、名人でありつづけることができるのだが、そのような才能を身につけていない農民たちが、かれの煽動の口車にのって踊りまわったあと始末がつけられなくることをおもうと、知識人の罪科の深さがわかるというものだ。煽動的な言辞を吐く人間はあと尻拭わぬ癖がある。加藤一夫はその典型だが、芸の細やかさや変り身の早さの妙技によって、かれ自身の実像はともかく虚像すら定かに見つめられないところへ、はるかに飛び去ったのである。」（同書）

伝道師、トルストイアン、アナーキスト、農本主義者、狂信的日本主義者と、彼はじつにめまぐるしく、己の信ずるところを駆け回った。帰するところが松永のような評価になるかどうかわからぬが、この加藤の力説するものが何であったのか。私なりの探索を試みてみることにする。

この稿では、加藤の「農民文芸」、「プロレタリア文芸」、「ブルジョア文芸」に向けたこころばせと、『農本主義――理論篇』および、『農本社会哲学』を通じて見ることのできる彼の農本主義の核になるものに接近することになるであろう。

昭和三年八月に、加藤は「農民文芸の正系」を農民自治会の機関誌『農民』第一巻第一号に書き、農民文芸不在の現実を嘆いたのである。爛熟した都会生活に疲れた青くさい知識人たちの田園賛美調のものや、農民同情的なものなどを、彼は次のように見ている。

「文芸史上、十八世紀後半から十九世紀初頭にかけて台頭し初めた田園詩や村落小説は無論のこと、近くは、地方主義や郷土主義の上に培はれたところのものと雖も、実は厳密な意味に於ける農民文芸とは云ひかねるであらう。それ等は、近代文明と都会生活とに飽きたるもの、もしくは、それ等に真の満足を見出すことの出来ないもの、従ってそれ等に反感を抱き反旗を翻したもの等の、田園の賛美であったであらう。村落民の純情や村落生活の素朴単純への憧れであったであらう。或ひはまた、愛する農民や農村生活の悲惨や苦痛や無知に対する同情の表はれであったらう。それからまた、農民や農村を苦しめ搾取し疲弊せしめて居るところのものへの反抗の叫びであったらう。しかし、それはまだ、農民自身によって、農村文化の基礎の上に立てられたる、農民自身の文学的表現となったことはない。」

農民自身の内面から湧出する真の農民文芸というものの、いまだ成立せざる状況に痛恨の情を吐露しているのである。多くの「多感?」な詩人たちが、また、「良心的?」知識人たちが、どれほど多くの「山紫水明」をうたい、「農民同情論」を書いてきたことか。そしてそれらの多くは、つねに「外」からのものであり、「上」からのものであり、痛哭の日常性と幻想の世界とをすりかえるという作為によるものであった。加藤もそのうちの一人であることを完全にまぬがれているわけではないが、この彼の指摘は、のちに彼がどのような方向をたどろうとも、この時点ではきわめて覚めた現状認識であったとみなすことができよう。しかも、農民が自らの文芸を持ちえたとすれば、それは「筆紙の媒介による創作ではなく、言葉によって語り継がれ、唄ひ伝へられたところの、神話や伝説や民謡」(同書)であると言う彼の眼は、活字文化や印刷文化と異なったいわゆる口承文化に強烈な視線を投げかけた民俗学者柳田国男のそれにつながるのかもしれない。民話、民謡などに農民文芸の原初形態を見ようとするのは、それらのなかにこそ、「自然や野獣や他種族との闘争」があり、また、そうであるがゆえに、そこには「呪文の必要も祭祀の必要」などもあったのであり、「平和な悠長生活」もあったにちがいなく、このような日常生活から生誕する素朴な感情が、自然なかたちで、發剌と表現されているからだと加藤は言う。

ところで、農民はこの時点でなぜ己の独自の文芸を必要とするのか。加藤は、「農民文芸の正系」についで「農民文芸運動の根拠」を発表する。社会主義運動の台頭により都市労働者はいうにおよばず、農村の小作人にも、その運動は波及し、「都会に於ける社会悪の暴露と共に農村に於けるそれも同じやうに暴露され、都市労働者の生活に対してと共に農村小作人のそれに対しても同じやうに訴へられ」(「農民文芸運動の根拠」『農民』第一巻第二号、農民自治会機関誌、昭和三年九月)てきている。そうであるにもかかわらず、「農民独自の感情の捌け口」がなぜ必要なのか、と自らに問いながら、次のように答えている。

「一口に云へばそれは、都会対田舎の関係に於いて、農村及び農民には、それ自身独自の立場の存することが明になり、都市中心もしくは都市プロレタリア中心の解放運動とは、結局相一致することの出来ない一線の在ることとの自覚に因るのである。」(同書)

ともに抑圧されながらも、都市労働者と耕作農民との間には、共存不可能なところがあり、社会主義運動によっては救済されることのないのが耕作農民で、両者に利害の一致を見出すのは苦しいことである、と加藤は言う。彼は「我々の見るところでは、農村と都会とがその繁栄を共にしたと云ふことは未だかつて一度もなかった」(同書)ばかりか、「農村は都会の繁栄に正比例して衰退して行った。単にそれは、農村と都会との富の差が拡大されたと云ふばかりではない。農村は都会に搾取さるゝことによって衰退したのである」(同書)と語気を強めるのである。

さらにこうも言う。

「都会は農村を食ふことによって存在するのである。而も如何に多くの遊民が都会に巣食うて居るであらう。…（略）…彼等によって多くの有害なる行為が行為せられ、無用有害なる諸物が徒らに製造せられつゝある。而してそれを養ふのは実に誰であるか。農民でなくして誰であらう。」（同書）

この加藤の強烈な反都市感情については、後述するとして、彼はこの都会対田舎という農本主義独特の対立関係のなかに、農民が独自に表現するであろう文芸の根拠を置いたのである。もちろん加藤は、都市労働者と耕作農民の間に共通した利害が皆無だと言っているのではなく、また、両者が敵対することのおろかさを知らぬでもない。しかし、彼は耕作農民には、農村内部と都会の両者から「搾取」されるという固有の問題があると考え、この農民独自の運命のなかに農民文芸の基盤を置きたいのである。この点に加藤は固執する。

農民文芸の基盤、根拠に執着した加藤は、プロレタリア文学に関しては、いかなる視線を向けたのであろうか。

『戦旗』（昭和三年～六年）や『文芸戦線』（大正十三年～昭和六年）を取り上げ、プロレタリア文芸が文壇の上で、すでに一定の地位を獲得してきたことを認めながら、彼は、まさにその地位獲得をこそ問題にすべきではないのか、と問う。つまり、「プロレタリア文学は文壇的存在たるべきであるか、それとも、文壇的文学であってはならないのでないか」（「プロレタリア文芸に於ける文明の問題」『農民』第一巻第二号、全国農民芸術連盟機関誌、昭和四年五月）ということが問題だと見る。

文芸商品化の問題と同時に、さらに文壇での勢力を拡大し、文芸そのものをプロレタリア政治運動の手段にし、それに従属させるようなことがあっていいのか。加藤は次のような解答を用意する。

「芸術はまた、その本質上商品たるべきでないと共に、他の何等かの運動の従属的役目を果す性質をもてるものでもない。それは生活と密接に関連して居たのは事実である。けれど、それは決して生活への従属ですらもない。それは生活そのもの〻一つの要素である。」（同書）

商品化せず、他のいかなるものの手段になってもならないからといって、ここで加藤は芸術の神聖化を説いているのではない。生活そのものであると言いたいのだ。

プロレタリア文芸の文壇化は、ブルジョア文芸を超えるものではない。それは、ある限定された書き手と、これまた限定された読み手のものであって、全人類的普遍性を欠落させているものだ。なぜなら、それにたずさわる側の思想が、「階級的意識」にのみこだわり、社会的病理の深淵に降りてゆかないからだと加藤は言う。

プロレタリア文芸の持つメスは、現代文明そのもののなかにある決定的欠陥の剔抉に向かわなければならず、また当然のことではあるが、現代文明批判は加藤にとっては、そのまま都会化批判であった。つまりこういうことである。

「文明とは何であるか。その意味は即ち都会化である。即ち文明とは田舎の反対である。農村基本的文化の対蹠を意味する。而してこの都会化は、現代の一切の害悪をこ〻より出立せしめて居る。而もプロレタリア文学はこの根本的弊害をそっとして置いて、その上層建築の改善をのみはかって居るのである。…（略）…プロレタリア文学は文明肯定の上に立ってはならない。都会中心的政治思想に支配されてはならない。プロレタリア文学が真にプロレタリア文学たらんとするには文明を否定し、農村中心のそれにならなければならない。」（同書）

次にブルジョア文芸に対する加藤の評価はどうか。彼に言わせれば、ブルジョア文芸はすでに末期的症状を呈していて、「何等新しき要素を創造することの出来ない状態に陥って居る」（「末期的ブルジョア文芸の特質」『農民』第一巻第四号、全国農民芸術連盟機関誌、昭和四年七月）のであって、もはや、彼らの世界には形式主義（フォーマリズム）が残されているだけということになる。この形式主義に関する加藤の言はこうだ。

「蓋しフオマリズムの出現は、常に、表現すべき何等新しき潑剌たる観念及び感情を持ち合はさなくなったときに限って居る。と云ふよりは、寧ろ、それは新興社会の生活や思想や感情に合流することも出来ず、さりとて又、更に新しい、更に真実なるものを提供することの出来ない行詰の状態に在るものが、自己保存の本能から、何等かの珍奇なる形式によって読書人の注意を喚起しようとするところより起るものである。」（同書）

「形式上の美」と「新奇」に依存せざるをえないところまできてしまったこの文芸は、ことのほか「官能的」、「感覚的」とならざるをえず、それらはすべて都会的であることをまぬがれない。都会的なるものに対する反逆者であらねばならぬ農民文芸的立場は、けっしてこれを許してはならない、と加藤は叫ぶ。

要するに、加藤の文芸に寄せたものは、反都会主義、反社会主義、反中央、反唯物主義的情念の噴出であり、それは、反ブルジョア文芸であると同時に、現状においては反プロレタリア文芸でもなくてはならなかった。そこに農民文芸の存在理由を求めていた。資本主義の延命工作も、資本主義変革という行為も、その基底に、現代の都会文明、産業主義的文明のよろこばしい是認がある限り、加藤はそれに反逆せざるをえなかったのである。

プロレタリア文芸も、ブルジョア文芸と同様、結局は「都会的」なるものを肯定し、そのなかで花咲かせるしかないものと見て、批判の対象にしたのである。とくに加藤は、都会的塵芥のなかで生きる力を喪失し、ふやけてしまった「詩人」や「知識人」たちが、瞬間的自慰行為のために田園風景を美化したり、農民同情論を書いたりするのを極端に嫌った。というのは、それらがどこまでいっても、「外」からのものにすぎず、「内」からの文芸にはなりえないと考えたからである。それならば、加藤はその科《とが》からのがれているのか。否、と言うほかないであろう。農村の貧困を「都市対田舎」という敵対関係で説明し、都市文明を撃ち、田舎の自然を賛美すれば、田舎の貧困が解消するかのような幻想を抱かせるようなところがあるのは、他の農本主義者と異なるところはないと言わなければなるまい。加藤もやはり代弁者、同情者の域を出てはいなかったのである。松永伍一の次のような批判も、ここではやはり甘んじて受けねばならないだろう。

「自然を重んじ農を重んずる生活こそ真に人間の文化であると力説したとき、それを感覚的にわかっても、現実のくらしそのものがそのような夢想の波紋ぐらいで突き破れるものかという底辺の農民の苛立ちを、かれは計算に入れていなかった。」(『土着の仮面劇』)

加藤一夫の農本にかかわる思想構造の特徴を見ていこう。彼は昭和八年に『農本主義——理論篇』と『農本社会哲学』の二冊を公にし、己の思想体系を確立しようとした。

この時期が日本の農村、農業にとって、いかなるものであったかは、いまさら言うまでもないが、農民運動はもちろんのこと、政財界人の暗殺などに見られる一連の政治的、社会的時間の背景の多くに、経済恐慌、なかんずく農業恐慌が存在していたことを忘れてはならない。日本近代化の過程で、置き去りにされ、あるいは踏み台にされながら利用されてきた地方農村、農業が、この時期にきて、いよいよその極限とも言える大打撃をこうむるにいたったのである。それまで、くすぶり続けてきた中央、都会に対する素朴な反感(憧憬をも伴うもの)も、ついに怨念にも似た感情および運動となって爆発するのである。適度な反中央、反都市感情の存在は中央集権にとって、けっしてマイナスにはならないと踏んでいた政府であるが、事態がここまで進行すれば、かなりの焦燥感を持たざるをえなかった。

「救農臨時議会」と呼ばれる第六十三議会（昭和七年八月）が召集され、農山漁村経済更生運動が全国的に展開され、「満州武装移民」がはじめられる。このような状況のなかで、農本主義者はいろいろな相貌をもって「活躍」するのである。権藤成卿、山崎延吉、加藤完治、橘孝三郎、田沢義鋪らが、それぞれの持味を示しながら、静かに、あるいは激しく、状況に揺さぶりをかけていった。地方農村のリーダーたちと共存共苦というケースもあれば、青年将校の行動のバネを提供するケースもあり、「満州」開拓の父になるケースもあった。しかし、そのいずれもが、滅びゆく伝統的農耕社会に対する危機感から醸成されたものという点では一致していた。

加藤一夫はどのような農本主義を展開していったであろうか。さきにあげた農本主義者たちと比べて、どうであろうか。

加藤には己の思想が、現実世界で農業政策的であったり、農村救済の一手段であったりすることを拒絶するようなところがある。意識して、実践面から身を引いているのか、何ものかを恐れているのか、それとも己の力の限界を自覚することからくるものであるのか、それはさだかではないが、「大地に立つ生活」の哲学的、思想的、文化的意味を探ることに主眼を置いていたようである。

彼の言辞はこうだ。

「近頃、農村問題が頓に重要視されしに至り、私達の思想も亦、単なる農村救済策の一つとしてのみ見られやうとして居るのを私は恐れるのである。」（『農本主義——理論篇』）

「此の書に於て私は、農本主義は単なる農村匡救の政策として成立したものではなく、寧ろ、もっと広く、人類の生活と社会とを、一つの確固不動の基礎の上に立てようとする、一つの社会問題として、また、人生問題として、把握するものであることを示さうとした。」（『農本社会哲学』）

加藤は農本主義を次のように定義づけるのである。

「農本主義とは先づ現代の社会機構が生むだ一つの革命的生活態度である。それは現代文明社会の人間機械化に対する反抗である。それは現代資本主義経済組織の行詰まりに於ける必然的転換としての新しい経済体系、新しい社会組織への順応である。」（『農本主義——理論篇』）

「革命的生活態度」といい、「反抗」といい、威勢はいいが、ここにはけっして政治的行動が含まれているわけではない。ただ、科学技術文明批判ということなのである。

加藤は人類存在の根源的意義を、価値実現ということに置いて、それをよく表現するものとして農本的生活を持ってくる。

なぜ農本的生活が価値実現の根本たりうるのかといえば、それは農業が人類生存のための生理的欲求を満たすところの根源的物資を提供すると同時に、社会生活における「根本基調」、「根本責務」だからであり、また、農は絶対的存在としての自然との解け合い、それと完璧なまでに一体となりうるもので、「人は此の絶対に没入することによって、人間的価値以上の絶対的価値を実現する」（同書）ことになるからだと彼は言う。この絶対的価値を実現するものとしての農本的生活を「大地に立つ生活」——「人間は大地に立つ生活をしなければならぬ」、「社会は大地に根をおろした共同体でなければならぬ」、「大地に立つ生活とは、社会とは、要するに農を基調とした生活及び社会である」（『農本社会哲学』）——と呼んだ。

この絶対的価値からはずれるものが「人為」の世界であり、「貨幣的価値」の世界であり、それは一つの「幻影」を追う生活にほかならない。つまり、西洋科学技術文明、都市文明、機械主義、唯物主義、産業主義などがそれで、現代社会の病理はすべてこの「幻影」を追うことから発生しているのであって、ほんらい農本の世界にはそういうものはなく、「農に生活の基調を見出した農本主義は実に人間最深の声を代表する」(同書)ものだ、と言う。

ここで私は加藤の「反都市感情」にふれ、彼の農本主義の一側面を覗いておきたい。

日本の近代化が中央集権的、都市中心的にすすめられたことから、地方、農村には、とり残され、踏み台にされた立場からの反中央、反都市感情がつねに潜在し、時としてそれは多方向性を持った感情として表面化してくるのであった。たとえば、こういうふうにである。

「あるものは冷酷無残な都市資本の収奪に対して、あるものは『軽佻浮薄』な都市の消費文化に対し、あるものは『危険思想』を助長する都市の道徳的無秩序に対して、あるものは伝統的な情緒的粘体を稀薄化する都市の形式合理主義に対して、それぞれ体感に根ざす反感を投射した。」(高橋徹「都市化と機械文明」『近代日本思想史講座』6、筑摩書房、昭和三十五年)

都市は「悪」で、農村は「善」である。都市は農村の生き血を吸う吸血鬼であり、農村を搾取してはじめて生きてゆけるものである。都市の不健康、腐敗、堕落が攻撃され、農村の健全性が賛美される。農耕社会にはぐくまれた種々の美しい伝統を破壊せんとする都市文明の横溢は、まさに恨んでも恨んでも恨みつくせぬほど憎き対象であった。反都市感情は、一地方の感情にとどまりえなかったのである。したがって、現実の趨勢とは逆に、都市をかばい、都市に賛辞をおくるがごとき思想は、近代日本では、大手を振っては歩けず、どこか隠れて生息するようなところがあった。農村の現実的衰退が極端になればなるほど、都市に向かう憎悪の念はその激しさを増していった。昭和初期がその時期にあたることは前述した通りである。

加藤は農村の貧困はもちろんのこと、農民文芸の不在も、現代社会に巣くう数々の病理も、すべて西洋的都市文明、唯物主義であり、農村を忘れた都市中心的なものであり、同じ穴の貉であった。次のごとくにである。

「近代文明の創設者にしてその支持者たるところのブルジョアジイは無論此の唯物主義者である。彼等の生活はその思想以上に唯物主義者である。しかしそのブルジョアジイの公然の敵たる社会主義も亦同様に唯物主義者である。彼等はその生活に於けると共に思想的にも、大胆なる唯物主義者である。」(『農本社会哲学』)

ともかく、都市文明をつき動かすものは「物質的享楽」の欲求であり、貨幣価値の追求である。そしてこの文明は「多人数を踏み台として造り上げられたところの科学の成果であって、それを利用しうるものはほんの少数者に限られ、大多数はその少数者の文明利用のためになって異常なる犠牲を払はされて居る」(同書)もので、「要するに『都会に於て発達したところの文化』と云ふことに他ならないのである」(同書)。すなわち、「文明と都会とは同意語であり、文明と商業及び機械工業とも亦同意語である」(同書)ということになる。

昭和九年十一月十四〜十六日の『読売新聞』に加藤は、「農村の疲弊と都会中心文化」という一文を載せた。農村の疲弊の原因を資本主義経済組織のみに求める従来の「公式的理論」の不十分さを指摘し、根本的原因として、次の四つを挙げたのである。

「第一は、都市と農村との交換関係に於て、農村は常に、交換の度毎、幾らかづゝの損失を招かねばならぬやうな関係に置かれて居ることだ。…(略)…第二は、公租公課の負担に於て、農村は都市よりも遙に多く負はされて居る事である。…(略)…第三は交通運輸の関係に於て、或は土木工事、教育の施設に於て、農民は都市民よりも遙かに大きな率の公租を課せられながら、それ等によって享受すべき利益の非常な少額をしか受取って居ないと云ふことである。第四は、上に云った諸関係及びその他の理由によって金融上の利益が都市に均霑する事が甚だ多くて農村には寧ろ経済的窒息状態に陥るの余儀なきに至らしめて居ることである。」

都市と農村を対立させて描くことにより、さまざまな社会的矛盾を隠蔽しようとするのは、農本主義者のみならず、国家側からする農村対策の常套手段であることは言うまでもない。高橋徹もこの点に関して「当時の破局的な農業恐慌の危機を回避するために、『都会と田舎』という図式が支配層によって採用され、『都市』が基本的な社会関係の矛盾を隠蔽するための有効なシンボルとして操作の用具に加えられ」(「都市化と機械文明」)たと述べ、加藤一夫の場合も、やはりその枠を超えることはなかったと言う。

農村内部の矛盾といったような問題が加藤に見えていないと言うのではないが、都市中心にすべてが動き、農村の犠牲のうえに成立すると見えた都市文明への憎しみの感情が、すべてを凌駕してしまっていたのである。

加藤の反都市感情は、当然のことながら、反西洋、反西洋文明にもつながってゆく。彼は西洋的近代都市文明が科学、生産力を武器とした膨張、拡張の原理を根底に置いていて、それがスムーズにはたらくことが進歩、発展であり、人間の幸福につながるという幻想のうえに成立するものだということを知っていた。この原理はとどまるところを知らない。運動をやめれば死滅する以外にないのである。つねに外へ外へと拡張運動を持続していなければ、己の存在が危うくなるのである。西洋は西洋にとどまっていては西洋でなくなる。近代化、文明化、進歩の名のもとに、膨張主義が現実化されていったのである。日本はこれを模倣することの優等生であった。

加藤は西洋的都会文明を欲望拡張の原理にささえられたものであるとして次のように評価する。

「西洋は今や西洋の天地のみの西洋ではない。西洋はその有り余れる物質力を世界の至るところに向けないでは居られない。その限りなき欲望は決して、たゞ自国内に於てのみ達せらるべきではない。彼等の欲望達成の希願は、その舞台を更に世界の各国にまで展ばさないでは居られない。彼等は彼等の工業品を世界の隅々にまでも携へ行つて、その代償を得て来る。即ち富を得て来る。そしてそれと同時に彼等の文化をも世界の各地に移植する。商品を撒くことによつて世界を搾取して居るのである。」（『農本社会哲学』）

これは今日、岸田秀が言う「内的歯止めを欠いた文明、抗体を生じさせにくい病原菌をもつ伝染病」（『続ものぐさ精神分析』中央公論社、昭和五十七年）であるヨーロッパ文明という評価にちかい。

岸田はこう言う。

「実際、この伝染病の基本要素である、他人（他の生命）を単なる手段・物質と見るあくなきエゴイズムと利益の追求、不安（劣等感、罪悪感）に駆り立てられた絶対的安全と権力の追求、最小限の労力で最大限の効果をあげようとする能率主義は、いったんその方向に踏み出せば、そのあとは坂道をころげ落ちる雪ダルマのような悪循環がかぎりなくつづくのみである（原水爆は、ヨーロッパの近代的自我の確立、エゴイズムと能率主義の必然的帰結である）。どこにも歯止めがない。」（同書）

この岸田のヨーロッパ文明の評価と加藤のそれとは、かなり異なった時代からのものではあるが、符合するものがあり、「文明」の根源にさかのぼり、その本質を問う力になりうるものを両者とも持っていると私は考えている。

岩佐作太郎の思想

近代以降に限定しても、日本には実に面白い思想が生れることがある。いうまでもなく、日本の近代思想といっても、その多くは外国からの輸入品で、日本人の生活の根源から湧出してくるものを素材にして構築されたものは皆無にちかい。したがって、いかなる思想が同時に、同一人物に共存していたとしても、なんら不思議はないのであるが、ただ極端な共存のケースがあることには注目してよい。黒と白とが、融合することなく、同じ枠内に整然と座っているのである。そこには、なんらの衝突もなければ、もちろん止揚もない。

近代日本にあって、国家権力の強権的弾圧によって、それまで己の抱いていた支持思想を放擲し、権力に沿った方向へ「転向」してゆく現象は多く見られはしたが、そういうものとも違った思想のありようが存在する。

私はここで、日本のあるアナーキストの思想を問題にしようとしている。その人物は岩佐作太郎である。日本のアナーキストとして、幸徳秋水や大杉栄の名は、極めてポピュラーであるが、彼らに較べ岩佐の知名度はかなり低い。今日彼の名を知る人はそう多くはなかろう。

岩佐の略歴を示せば次のようなものである。

明治十二年（一八七九）

千葉県長生郡にて生誕。

明治三十一年（一八九八）
　東京法学院（現在の中央大学）を卒業。
明治三十四年（一九〇一）
　アメリカに渡り、アナーキスト、エマ・ゴールドマンらを知る。
明治三十八年（一九〇五）
　渡米してきた幸徳秋水と交流。
明治四十年（一九〇七）
　倉持善三郎らと社会革命党を結成。
明治四十三年（一九一〇）
　幸徳秋水らが捕われると、アメリカにおいて、「公開状―日本天皇及び属僚諸卿に与う」をものす。
大正三年（一九一四）
　帰国し、郷里に軟禁される。
大正八年（一九一九）
　労働運動社の客員的存在となる。
大正九年（一九二〇）
　日本社会主義同盟の結成にあたり、中心的役割を果し、『社会主義』の発行名義人となる。
昭和二年（一九二七）
　中国に行き、江湾国立労働大学の講師となる。
昭和四年（一九二九）

帰国し、全国労働組合自由連合会・黒色青年連盟の指導に当る。
昭和二十二年（一九四七）
日本アナーキスト連盟の全国委員会の委員長となる。
昭和四十二年（一九六七）
死去。(1)

アナーキズムは、基本的には権力を排除する。しかも、それはこの世に存在するあらゆる種類の権力をである。なぜなら、権力発生の根源に、人間の尊厳を絶滅させる、ある種の誘惑がひそんでいるとみるからである。

各人が、それぞれの特徴を生かしながら、自然発生的に社会を形成し、その社会のなかで、理想的生活を送ることをアナーキストは夢見る。自由を拘束し、思想の画一化をはかる外部勢力に対し、アナーキズムは徹底的な闘争を宣言する。闘いのための武器として中央集権的組織は欲しない。あくまでも、個人の自発的エネルギーに、すべてをかけるのである。

松田道雄は、アナーキズムの特徴として、次のようなものをあげている。

その一つは、権力の完全否定である。

「アナーキズムの権力の否定は、もともと人間の個人の尊厳の思想である。同じ人間でありながら、勤労する労働者が、窮乏のなかに生きねばならぬことを人間性への侮辱とみたのである。人間はこの屈辱から解放されねばならない。そのためには人間に、この屈辱を強いている権力を排除しなければならない。(2)」

次は、いかなる個人の思想の自由をも容認し、画一化、均一化を拒否するというものである。つまり、思想の多元性を認めねばならぬことである。松田はこういう。

「アナーキズムのいまひとつの特徴は、その理論の多元性である。一切の権力の否定は、個人の思想による思想統一を拒否した。したがって各時代に、それぞれの時代の課題にたちむかった理論家を生みはしたが、マルクス主義のように、一つの世界観の連続的な発展というようなものを、だれも意図しなかった。(3)」

三つ目に、松田は芸術家とのつながりに触れる。

「それが人間の個性を尊重し、外部からの圧制を拒否するところから、芸術家のなかに多くの共感者をもったことである。アナーキズムの運動が労働者階級からはなれて、インテリゲンチャのなかにはいるほどこの傾向はつよくなる。(4)」

最後に、彼はテロリストとアナーキズムとの出会いをいう。

「アナーキズムはどこの国においてもテロリストの活躍する『黒い時代』を経験したことも一つの特徴としてあげなければならない。(5)」

なぜ、そうなるのか。次のような理由があるからだという。

「個人の自由をみとめ、人間性を信じ、かつ既存の権力の悪を宣伝しながら、統制すべき権威を自分の組織としてもたないとき、個人の暴力の自然発生をチェックするものをもち得ない。(6)」

日本に限定しても、アナーキズムは、それぞれの人物により独自の様相を呈しはするが、この松田の指摘はおよそあてはまるものであろう。ただ本稿で問題にする岩佐の場合も重要な意味を持ってくることになるが、天皇制との関連が、日本のアナーキズムの大きな特徴となるであろう。

さて、岩佐の思想はどうか。昭和二年の『無政府主義者は斯く答ふ』（労働運動社）と、昭和三十三年の『革命断想』（私家版）によって、彼の思想に触れてみたい。『無政府主義者は斯く答ふ』の方は、秋山清もいうように、日本のアナーキズムの入門書的意味を持っていて、人口に膾炙したようである。[7]本書は、世間のアナーキズムへの誤解の是正から始まっている。世間ではアナーキズムというものは、倫理もモラルも欠如した個人のエゴが衝突した状態で、紛糾、無秩序、混乱の坩堝のような評価をしているが、これは大きな誤りだと次のようにいう。

「そこには組織もあれば秩序もある。人々足り、家々給し、人倫五常の道は正しく行はれ、秩序はありあまる程で、仮令、其所に裁判所ありとするも係争事実なく、警察ありとするも取締るべき事故のない社会、換言すれば法律と強権の必要のない社会、即ち政府のいらない、無政府の社会を建設しやうと云ふのだ。[8]」

人間というものは、太古より共同して生活し、老若男女それぞれが社会的役割を果し、互いに尊重し合い、皆平和を願いながら暮らしてきたと岩佐はいう。恐らく岩佐には、南淵請安[9]や権藤成卿[10]らの理想世界が胸中に深く刻まれていたのであろう。

第二次世界大戦後（昭和二十一年）に書いた「国家の生命と社会革命」（『革命断想』所収）に、岩佐は南淵請安や農本的アナーキストとも呼べる安藤昌益にも触れているが、彼は当初から、この世の、この社会の基本的生活原理として、強権的政府の不必要性をその基調としていた。共産社会について彼はこうのべている。

「人類はながい、ながい間共産社会をなしてきた。五万年も、十万年も、あるいはもっともっとながい間共産社会をなして生活してきた。…（略）…共産社会、持ちつ、持たれつ互に助け合い、彼に必要なものはそれをとり、彼にできることはそれをする。こうして仲よく、暮らすのが、共産社会の共産社会である所以のもので、実に、人類の社会生活の根本基調でなくてはならない[11]。」

やがて、この原始共産制ともいうべき理想社会にも亀裂がはしり、持つ者と持たざる者が登場し、持つ者は支配者となり、持たざる者は被支配者となる。つまり階級社会の誕生である。支配者は己の特権的地位と、私有財産を死守しようとして、彼らに都合のよい強権を投入し、規矩をつくり、彼らに便利な社会を創造し、維持しようとする。

岩佐は、人類社会が奈落の底に突き落されてゆく根源的理由について、こうのべている。

「人間社会は所有する者と所有せざる者、搾取する者と搾取される者とが生じ、支配する者と支配さるゝ者との階級が生れ、其関係を維持し永続させるために法律が出来、宗教道徳が生れ、強権が生じた。斯くして其所に、人間の社会性は拘束を受け、圧迫さるゝことゝなった。そして其の拘束、其圧迫が益々濃厚に愈々厳酷になり、煩雑を極むるに及んで、人間生活は行詰り、益々悪化され、遂には滅亡するに至る。之れ歴史の語る所である[12]。」

アナーキズムというものの存在理由は、かつて存在した理想社会を地獄に突き落すこの悪辣な魔物、その魔物のためにつくられてきた強制制度、法、モラルを絶滅させることにある。この方向性を追求し、その維持に努めるものは、アナーキストでなければならぬ。それはたとえ勇ましくとも、幕末の志士仁人的義士たちのような行動であってはならぬ。確かに彼らは、大義名文を高らかに掲げはするが、実のところは、立身出世と権勢をねらう私的利益追求のにおいがするというのだ。つまり、志士たちは、「四海同胞、万民平等の大義のために闘った革命の戦士ではなかった[13]。」ということになる。

また、労働者階級を中心とする、いわゆる階級闘争についても、岩佐は次のように一喝する。

「この階級闘争は自己階級の地位の向上、境遇の改善が目的であって、本質的には革命運動足り得るものでない。之が極端に発達したとするも前の搾取に取り代り、自分達の支配、自分達の搾取を樹立するに過ぎないのだ[14]。」

岩佐は、働く民衆の日常的エネルギーを掠め取り、利用して階級闘争をあたかも全民衆のためと大言壮語する社会主義およびその政党に対し、それらを「悪魔」と呼び、次のように罵倒する。

「われわれが最も留意しなければならないことは、この地上の到るところのささやき『これではたまらない。世のたてなおしが来なくては』の声を聞いて、ひそかに、密かにほくそ笑む悪魔のあることなり。人民の味方顔をして、人民の力を利用し、人民の名において、新旧掠奪者と妥協し、協調してその掠奪、その破壊のすそ別けにあずかることをねがい、あわよくば新旧掠奪者にとって代り、これ独り掠奪者、破壊者になろうとする悪利口者どもが出現したことだ。それは社会党の反動だ[15]。」

アナーキストは、徹底した自由と解放を主張する。しかし、それは、現勢力を強奪して、新しい権力体制を確立することでは断じてないことを強説する。彼らはあらゆる権力組織を持つことを極力嫌う。天皇制支配権力に対しても、岩佐はいうまでもなく、強烈な批判の眼を持っていた。（のちにその姿勢は崩れたが）

明治四十三年のことであるが、岩佐がアナーキストとしての評判を確立したといわれる「公開状――日本天皇及び属僚諸卿に与う[16]」がある。「国体」を疑い、「一系の王統」の価値を疑い、「国家のため」という奉仕の精神を疑う。「国体」、「天皇」、「国家」に直接する彼の言辞を、この「公開状」のなかから引いておこう。

「国に一系の王統の存在することを然かく誇るべきことなるか。自由自主のため死せるものなきこと然かく祝すべきことなのか…（略）…まことに尊べきは国体にあらず、祝すべきは従順なるがためにあらず。

自己の自主、自由を保持すると同時に、他の自主・自由を尊重し、もって、万人の安全と幸福を期するにあり。[17]」

「日本天皇及び属僚諸卿、卿等よく熟慮し、よく努力し、よく画策し、よく実行す。然れども、その努力、その画策、その実行や、みなこれ国民を欺瞞し、凌辱し、圧制し、もって卿等一個の安逸、奢侈、淫蕩をほしいままにせんとするに外ならず。…（略）…『国家のため』という語は卿等によりて慣用せらるる旧套語にしてまた実に国民に忠君を強い、愛国を強ゆるところの術語たり。皇位の尊厳と国家の必要という文字は、国民を威嚇し、欺瞞し、強圧するところの慣用文字たるなり。[18]」

強烈な印象を与える個所を引用したが、結論としては、天皇およびその「属僚諸卿」への懇願、憂国の情に関して人後に落ちないところを見せている。[19] しかし、いずれにしても、岩佐は、彼ら、それらにいささかも期待してはならず、依存してもならないという。この足で立たねばならないのである。人類全ての自由、平等、解放を強烈に願う者だけが、この重圧に耐え、それを押し退けることが出来る。甘い誘いに乗って、掠奪者に気を許してはならない。平易な岩佐の言を引いておこう。

「万人の自由、万人の解放が、虐げるもの、掠奪するものによって授けられることは、天と地がひっくりかえるとも、黄河が逆流することになろうともあり得ないのは言うをまたない。支配者、掠奪者たちは『無秩序』を制御するという口実の下に、強権と法律を制定し、政治家、宗教家、学者、軍人等々を腰につけ、自分たちの支配、自分たちの掠奪を、天壌無窮のものとしようとしているのだ。[20]」

ところがである。このような岩佐の主張、思想とは相容れないような、彼一流の国家論がやがて登場するのである。昭和十二年の『国家論大綱』がそれである。

これは一口にいって、天皇制支配の容認、絶賛と、西洋的近代国家の批判、否定である。それまでの岩佐の主張からは想像もつかないほどのものであるが、さらに不思議なことは、この国家論を展開した岩佐が、第二次世界大戦後、日本アナーキスト連盟の全国委員長の任についていることである。このことから、この『国家論大綱』の偽装転向説も浮上するのである。この点に触れて秋山清はこうのべている。

「岩佐の『国家論大綱』の意見は、彼のそれ以前の活動、およびそれ以後——戦後の活動と、きっぱり思想的に無関係な、つまり全く偽装的な思想陳述であったか、という問題がわれわれの究明を待っているのである。[21]」

『国家論大綱』のなかに入ってみよう。岩佐は、国家にはその成立過程からして二つの種類があるという。その一つは、「統治者と被統治者との関係が、人間の社会性の、集団心理上に自然に生成発展したものであって、[22]」

そして、いま一つは、「統治者と被統治者との関係が、人為の工作に由って樹立されたもの、詳言すれば、征服とか契約とか、乃至は偽瞞等々に由って人間の社会性の、集団心理上の上に樹立された国家である。[23]」

岩佐は、前者を「自然生成的国家」と呼び、後者を「人為工作的国家」と呼ぶ。世界多数の国家ありといえども、「自然生成的国家」は、日本固有のものであり、統治者と被統治者の関係は、ちょうど親子の関係にも似ていて、統治者の有徳、賢明、被統治者の忠誠心、忠順心が存続する限り、この関係は、いかなる天変地異に遭遇しようとも、天壌無窮のものである。それに対し、後者の「人為工作的国家」におけるこれらの関係は、相対的で、統治者と被統治者は、その時々で、めまぐるしく変るという、実に不安定なものだという。

「自然生成的国家」における統治者は、いうまでもなく天皇であって、被統治者は、天皇の赤子たる国民ということになる。岩佐は次のようにいう。

「我国の隆頽興亡は、諸外国と異なって、一つに繋がって、統治者の行蔵如何に依って決せられる。我国の統治者は申すも畏し、天皇に在すことは、今更憲法の条草にまつまでもなく、自然生成的国家の自然生成的国家たる本源が、そこに存在し、我国が世界に冠絶する所以もまたそこに存在するのである。[24]」

そして、この天皇を戴いた「自然生成的国家」を根源で支えるのは、忠良なる民でなければならぬ。この民についての岩佐の発言はこうである。

「それ民は国の本である。民なければその国は存在しない。民草の繁栄は、その国の繁栄である。…（略）…民に餓色あり、その所を得ざるものあるに於ては、その国の栄えてゐない証左である。大学に学ぶにあらざれば解し得ざる如き、摩訶不思議なる私の教の到るところに行はれてゐるならば、それはその国の乱れてゐるからである。[25]」

このように、本来わが国は、慈悲の情あふれる天皇という絶対的統治者と、忠良なる民という存在の互いの信頼関係によって、開闢以来泰平の世が続いていたにもかかわらず、西洋的「人為工作的国家」を模倣し、それに基づく諸々の制度・法・強権を採用してしまった。そのために、世界に類を見ない「自然生成的国家」も、いまや、耐えがたき状況を露呈してしまったと岩佐はいう。私利私欲、虚栄にこりかたまった人間が増加し、社会全体が、立身出世のみに、血道をあげる結果となり、共存共栄、相互扶助という美しい人間関係は崩壊を余儀なくされた。この『国家論大綱』は次のように結ばれている。

「今や、我等は内外共に非常時局に際会してゐるのである。徒らに立身出世を念としてゐるべき時ではない。須らく、自然生成的国家たる我が国の一成員たる自覚を以って、尽忠の心に目ざめ、天壌無窮の自然生成的国家の向上発展のため尽すべきであらう。[26]」

「人為工作的国家」の弊害、欠陥を突き、「自然生成的国家」の長所を高らかにうたいあげる岩佐の心意を、私たちはどう読み取ればいいのか。

ここには、天皇制を最大限に利用しながら、近代国家に攻め入ろうとする手法が用いられているのか。岩佐がいうところの「自然生成的国家」とは、政治権力、政治体としての国家ではなく、その根底に秘されたものとして、パトリオティズム(27)ともいうべき、生活体としての「クニ」の意識が強くある。天皇を親として、国民を赤子とする家族主義的共同体のイメージがある。このことに執着することによって、強権をもって国民を抑圧する「人為工作的国家」を攻撃し、相対化しようとする。

西洋的「人為工作的国家」を憧憬、模倣するところから、衰退の一途を辿っている日本の近代国家に対し、天壌無窮の天皇制的共同体を対峙させようとする。岩佐は天皇制を権力の体制とは見ない。権力から遠く離れた地点に天皇の存在を見、別次元に天皇制共同体を据える。

この『国家論大綱』に関する限り、「君側の奸」の排撃はあっても、決して君主の批判、排除はない。排除がないというがごとき消極的なものではなく、君主を徹底的に尊敬し、支持し、絶賛してゆくことによって、権力としての国家を相対化し、ついには否定してゆくところにもってゆきたいのである。権力否定の天皇制支持ということである。天皇制アナーキズムの誕生である。実に奇妙な形態の誕生である。松本健一の次の発言は、この点を鋭く指摘したものである。

「昭和初期、世に天皇制アナキズムとでもよぶべき奇妙な思想が唱えられたことがあった。あらゆる権力の廃絶を志向するアナキズムと天皇制との結合は、いかにも論理矛盾である。なぜゆえに、かような論理矛盾がひとつの思想的形態をとりえたのか。…（略）…いったい天皇制とアナキズムという相対立するかにみえる二つの思想が結び合う可能性があるのか。もしあるとすれば、それは日本の近代思想の流れそのものの陥穽に因を発しており、この陥穽を剔抉することなく看過したがために結合しえたのではのなかったろうか。(28)」

この奇妙な結合を可能にするものは、いったい何なのか。そこでは、一種の妖怪の如き農本主義的天皇制が、時代を超えて大きな役割を果しているように思われる。

徹底的に権力に反抗するというポーズをとりながら、しかもそれが岩佐の内面の究極的なものであったとしても、それを貫き通すことと、皇道主義、日本主義、天皇信仰を受け入れることが矛盾しないのである。国家と国民は敵対関係にあるとしても、天皇と国民はそうではなく、君民共治であり、各々が、「自然生成的国家」の完成、充実をめざすのである。

岩佐は農本主義者ではない。しかし、彼の反国家、反権力意識を支えている母体は、日本の伝統的農耕社会が保持してきたものであった。その保持してきたものが、衰退、破壊の危機に直面した時、それを奪還せんとするところに生れた、尊皇愛国的農本主義者の反国家的姿勢と岩佐の間に大きな違いはない。

農本主義者のなかにも、反国家的姿勢を貫こうとした者は多い。農耕社会、そこが培ってきた生活体系に最高の価値を置く彼らは、それを崩壊に追いやろうとする近代国家の襲撃に対して、それを必死に食い止めようとしたのである。急進的行動を伴う場合も少くはなかった。その時、農本主義者の依拠したものは、「社稷」であり、それを中心とする集団であった。「社稷」とは、万民にとっての衣・食・住、および男女の関係で、これはまた、万民にとっての倫理、道徳の根本となるものでもあった。農本主義者権藤成卿は、この「社稷」について、こうのべている。

「社稷は、国民衣食住の大源である、国民道徳の大源である、国民漸化の大源である、…（略）…殊に日本は、社稷の上に建設されたる国なれば、社稷を措いて其国は理解されぬ。明治以来一般日本の学問界に社稷観が喪亡したのは、学者が東洋学に注意せぬ様になった結果である。我国民は此の根本問題に向って深切丁寧なる注意を払ひ、後進子弟を導かねばならぬ。[29]」

要するに、土地なければ、住み、耕作するところなし、穀物なければ、食生活は成立しない。この土地の神と穀物の神を中心においた「社稷」は、人間の原点といってもよかろう。万が一にも、この「社稷」を排除することがあったとすれば、他の制度、機構の生誕は架空のものとなり、国家さえ空洞化されたものとなる。たとえ国家が消滅しても、「社稷」は依然として不動のままであると権藤は次のようにいう。

「制度が如何に変革しても、動かすべからざるは、社稷の観念である。衣食住の安固を度外視して、人類は存活し得べきものでない。世界皆な日本の版図に帰せば、日本の国家といふ観念は、不必要に帰するであらう。けれども社稷といふ観念は、取除くことが出来ぬ。国家とは、一の国が他の国と共立する場合に用ゐらるゝ語である。世界地図の色分である。…（略）…各国悉く其の国境を撤去するも、人類にして存する限りは、社稷の観念は損減を容るすべきものでない[30]。」

権藤の発言を額面通り、受けとめるとするならば、彼は国家および、それに付随して存在する諸々の価値を相対化し、「社稷」という原点に人類は戻るべきだということになる。人類が究極的に生きてあるところのもの、つまり自然性の根源にまで降りていって、人為工作的諸価値を打破する方途を、権藤は探ったことになる。

人為的国家を相対化し、人間の根源的生の拠り所である「社稷」の重要性を、忘却し、西洋的国家主義を模倣し、それを受容したところに、近代日本の不幸がある、というのが権藤のいいたいところである。

人為工作的国家を信奉するということは、本来、日本の国民性に馴染むものではなく、これを強要すれば、人心は乱れ、民衆は法と強権を畏怖し、そのために、それを回避せんとする道のみを探ることになる。為政者は為政者で、そうはさせまいとして、いよいよ強権的となる。民衆の日常からは大きくかけ離れ、彼らの良心的エネルギーを封じ込め、抹殺する方向での倫理、道徳が際限なく構築されてゆくことになる。

岩佐は、国家をして国の寄生虫だときめつけたことがあるが、この国家こそ、「人為工作的国家」、「官僚制的国家」のことであり、国と呼んでいるものは、人間の自然性に基づいたところの「自然生成的国家」のことである。日本の近代は、この人為的な国家をなにかにつけて模倣し、それに翻弄され、日本固有の美しき共同体は、いまや瀕死の状態だと岩佐はいう。彼の言はこうだ。

「人類の社会生活は自然である。自由、平等、友愛はその基礎であり、源泉である。その社会生活の協同体である国をむしばみ、くいあらすものが国家である。国は国家にむしばまれ、くいあらされて荒涼、無残、修羅の巷化されている。されば人類の社会生活の本然の姿であるべき和親、協同、幸福、平和のものとするには、その寄生虫である国家をば廃棄し、国の上から払拭し去らねばならない(31)。」

このように、岩佐は、国家と国の間の断絶を強説する。「国家を廃する」を聞いて人は驚愕するかもしれぬが、なにも驚く必要はない。国家は無に化しても、国は残ると彼はいっているのだ。これは、権藤の国家と「社稷」の関係にちかい。国家というものは、ある歴史的段階において、人為的に創造されてゆくものであるが、「社稷」とか郷土の延長としての国という存在は、超歴史的なもので、人類永遠の感情によって成立しているものだとの認識がそこには、はたらいている。悪の根源ともいうべき国家の罪をあげればきりがないが、こういうものだと岩佐はいう。

「国家なるものがどんな役割を演じたか。数千万の人命は犠牲にされ、幾億万の財貨は蕩尽されたのである。こんな手近な例によっても国家が如何に恐るべき残虐者であり、絶大な浪費者であるかがわかる(32)。」

いうまでもないことであるが、岩佐にとっては、社会主義革命に成功して形成される社会主義国家も、強権的支配、人為工作的という点においてなんら罪多き国家にかわりはない。

ところで、この岩佐や権藤の「自然生成的国家」や「社稷」的国家は、真に権力的国家を相対化し、極限まで縮小させ、権力からの訣別をとげるものとなるのであろうか。

例えば、権藤の「社稷」への執着などは、反国家、反権力的ポーズはとるが、究極的、本質的には、それこそが、専制的王権を、支え、より完璧なものにしてゆく手段でしかないという次のような発言もある。

「社稷とはけっして古代的遺制あるいはイデーとしての『無政府社会』なのではない。それはアジア的専制権力の補完物であって、下級構造たる村落共同体の内部原理に干渉せずそれを『自治』にまかすような関係こそ、専制的国家の強力な権力の源泉だったのである。[33]」

「この社稷的共同体はけっして国家から〈自立〉するものではなく、仁徳と恣意的暴逆の双面神たる東洋的デスポットの君臨をむしろ根拠づけるものであった。[34]」

これは渡辺京二の指摘であるが、負の部分を知りながらも、「社稷」に、微小な期待を寄せていた者にとっては、惨殺的意味を持つかもしれぬ。しかし、たしかに、日本、アジアの政治支配のありようを詳察する時、この渡辺のような冷徹な眼は不可欠のものである。日本国家の細胞である村落共同体のなかに存在する民衆のエネルギーの相当の部分が、いつの時代も権力に利用されていった事実を私たちは忘れてはならない。

明治国家が内部対立の緩和策として、村落共同体を、春風駘蕩する非政治的空間として位置づけ、利用し、その後の支配も、多かれ少なかれ、この生活空間を政治支配の道具としてきたことは間違いない。もちろん、その郷土への強い感情が、国家、ナショナリズムにとって邪魔になれば、いつでもそれは切って捨てられるのであるが[35]。

「社稷」が国家権力を補完し、あるいは支援する面の大きいことを承知のうえで、しかし、それでも私は、それに、なお、かすかな期待をしてしまうのである。なぜなら、「社稷」を衣食住と男女の関係の根本的核であるとするならば、そのなかで営まれる行為のすべてが、国家に吸引されてしまうことはないであろうという確信が私にはあるからである。

「社稷」を村落共同体においての物心両面の核と換言してもよかろう。権力は常にこの核となるものに触手をのばそうとする。そしてそれは、あるところまでは成功する。しかし、いかなる強権をもってしても、把捉しきれない民衆の「生」のエネルギーがある。それは、政治的国家から最も遠い地点で、幾重にも重なった壁の奥で呼吸しているものである。人間の秘めたる「生」である。

この人間の生存にかかわる最も原初的なもの、根源的自然性というものは、本来、啓蒙合理主義などが太刀打ち出来るものでもないし、いかなる強権をもってしても、吸引出来るものでもない。そして、この根源的自然性というものは、支配のための合理化、技術化、機械化などが徹底されればされるほど、その反動として、頭を持ち上げてくる。たとえ、それが敗北、自滅の道であったとしても。

「社稷」のなかには、人間生存の大源が失われてゆくことに対する悲痛な声と、原始性に期待するためのにじり寄りが埋め込まれなければなるまい。地獄での呻きも、そしてまた楽園での歓喜の声も、そのいずれもが民衆の真の肉声ならば。

さきの渡辺京二の忠告は忠告として、拝聴せねばならぬが、しかし、「社稷」に期待する者がいてもいい。高堂敏治は次のような発言をしている。

「だが、社稷の原抽象に立ちもどって、いかにしても喰らい生きのびんとするにんげんの最終的な生きざまを想い視るとき、国家社会形態がいかに破壊され、また現象的にどんなに変転しようが、社稷の原理は連綿として生き続けているではないか。そのしたたかなにんげんの営為を社稷と呼んでもいいのではないか。…（略）…敗戦直後、地を這い泥を喰いながらも生きのびたものがにんげんであるならば、ひとつの抽象がほかならぬ現実であるような社稷のいのちはいまもどこかに棲みついていると想うのだ。[36]」

さて、岩佐に話を戻そう。アナーキストとしての岩佐は、その道でも活動を彼なりに、精根こめて行ったし、彼の著である『無政府主義者は斯く答ふ』にしても、『革命断想』にしても、その任を果してきた。また、第二次世界大戦後も、その役割を担ったのである。

そこで問題になるのは、岩佐の『国家論大綱』の位置づけである。彼のアナーキストとしての人生のなかで、この著は、いったい、いかなる意味を持っていたのであろうか。

昭和八年の共産党指導者、佐野学、鍋山貞親の獄中転向声明以後、続出した「わが信条の放棄」という時流のなかにおいて岩佐もここで、転向声明をしたのであろうか。「警視総監通報」として「或る無政府主義者述『国家論大綱』」の「附記」に次のような文章がある。

「時局の推移を達観して従来抱懐せる無政府主義を放棄して国家主義に転換…（略）…本日九日付別添の如き『国家論大綱』と題する小冊子五百部を発行し、旧友に対しては転向声明の意味に於いて配布し、其の他は国家主義団体に配本したる模様にあり、尚本人は従来主張し来れる純理論の上に立つ自由平等を基礎として、為政家に対する態度を要望し自然生成的国家の本然性に立ち還れと主張し、山本（＝山本勝之助）の斡旋により橋本欣五郎、小林圧三郎等の国家主義運動と関連を持ちつつあり。[37]」

この文面によれば、アナーキストとしての思想、運動に訣別し、天皇を頂く「自然生成的国家」建設に寄与することを告げる岩佐の「転向声明」ということになる。

折からの厳しい弾圧に屈して、己のアナーキズム的共産主義の思想、運動を、根本から放棄し、決然と己の過去を絶つということのための「国家論」だったのか。しかも、その転向を、より完璧なものにするための、日本主義、国家主義運動にわが身をすり寄せてゆこうとする決意の表明であったのか。それとも、この文面には表示されてはいないが、強権による弾圧の嵐から、わが身を守るための一時的偽装であったのか。また、そのいずれでもなく、日本的アナーキストである岩佐は、内面の苦悩も葛藤もなく、極めて気軽に、国家主義への道を選択出来たのかもしれない。つまり、アナーキズムと天皇制は、なにも互いに排除しあうものではなく、共存可能とみたのであろう。岩佐にとって、「自然生成的国家」は、なにも権力に屈した結果ではなく、これで十二分に強権力を相対化し、極限まで追いつめることが可能と読んだものと思える。換言すれば、なにもそれほど危ない橋を渡らずとも、天皇制を尊重しながら、反国家の姿勢を貫くことは可能だとみたということである。人工的国家の廃棄と尊王愛国とは単に矛盾しないというだけではなく、「自然生成的国家」を強説することは、天皇制を擁護しつつ、反国家的姿勢を貫くことになるのであった。

昭和二十一年に書いた「国家の生命と社会革命」のなかで、岩佐はこういっている。

「村に帰れ、町に行け、そして氏神の森を見よ、そこにわが祖国の姿がある。憲法や市町村制上の人工的な村や町、そして国家とちがった、村、町、国が見えるはずだ。活眼を開いて見よ。憲法や市町村制上の村や国家は、ただ冷厳な巡査と収税役場として現われるであろう。これとちがって、私の村、私の町、私の国には暖みがあり、深みがある。そして親しみが見られるであろう。そこには墳墓の地があり、氏神の森がある。それはわれわれの祖宗が長い歳月を閲みして自治と共産の村をたて、町を作り、自然発生的に祖国をつくりあげて来たことを知るであろう。(38)」

岩佐はアナーキストとしての己の良心、つまり、反国家、反強権の思想を捨てることなく、また、犯されることなく、天皇制を維持、尊重することが可能だと思ったのである。天皇制に抵触することなく、アナーキズムが押し通せるという奇妙なかたちが、ここにあった。
岩佐は、「自然生成的国家」を提示し、現実の政治的国家の権威と幻想を相対化することには成功したといえよう。ところが問題は、それはどこまでも、天皇の宗教的権威に依存しつつ、利用しつつ、そうであったということである。深い地底で天皇制と現実に機能している国家とは、かたく結びついているということを知らねばならない。天皇制の宗教的権威は、いかなる国家が登場しようと、ある時は超然とし、ある時はそれに深く食い込み、極めて柔軟に姿を変えてゆくことの出来る存在である。この存在は、民衆の日常性との接触は実に巧妙である。薬になれば飲むが、毒になれば吐き出す。しかも、擬装的日常性を簡単に作為する。この擬装的日常性というものは、真の日常性を限りなく模倣し、真偽の見分けもつかぬほど巧妙に作為されてゆく。この作為の過程で、諸々の制度、機構、法がつくられてゆくのである。この擬装的日常性と真の日常性を識別する力を岩佐は持っていたかどうか。

注

(1)秋山清「アナキスト——岩佐作太郎・萩原恭次郎」(思想の科学研究会編『共同研究・転向』平凡社、昭和三十五年)、松田道雄編集・解説『アナーキズム』(〈現代日本思想大系16〉、筑摩書房、昭和四十一年、岩佐作太郎『革命断想』私家版、昭和四十六年など参照。
(2)松田道雄編集・解説『アナーキズム』(〈現代日本思想大系16〉、筑摩書房、昭和四十一年、一一～一二頁。)
(3)同上書、一二頁。
(4)同上。
(5)同上書、一三頁

（6）同上。

（7）秋山清「アナキスト――岩佐作太郎・萩原恭次郎」（思想の科学研究会編『共同研究・転向』（中）平凡社、昭和三十五年）参照。

（8）岩佐作太郎『無政府主義者は斯く答ふ』労働運動社、昭和二年、三頁。

（9）『南淵書』の「民初第二」にこうある。「混蒙之也。民自然而治。載藉不備。熟知其詳焉。雖然飲食男女人之常性也。死亡貧苦人之常患也。遂其性去其患。皆自然之符。不勧而民赴之。不刑而民嘔之。霊知発焉。機巧起焉。居近於海者漁。居近於山者佃。…（略）…古語云山福海利。各従天分是之謂歟。」（岡本勘三編『南淵書』〈岡山版〉昭和十二年、二～三頁。）

（10）『南淵書』から生れたといわれる権藤成卿の『自治民範』の「上世の自治」にもこうある。「飲食、男女は人の常性なり、死亡貧苦は人の常艱なり、其性を遂げ其艱を去るは、皆自然の符なれば、勧めさるも之に赴き刑せさるも之を嘔め、居海に近き者は漁し、居山に近き者は佃し、民自然にして治る、古語に云ふ山福海利各天の分に従ふと、是の謂なり。」（権藤成卿『自治民範』平凡社、昭和二年、七頁。）

（11）岩佐『革命断想』私家本、昭和三十三年、八九頁。

（12）岩佐『無政府主義者は斯く答ふ』労働運動社、昭和二年、四～五頁。

（13）同上書、一二～一三頁。

（14）同上書、一九頁。

（15）岩佐『革命断想』、九三頁。

（16）秋山清は、この「公開状」について次のような評価を与えている。「この抗議文は幸徳事件の判決の前年十一月二十六日に日本に到着し、日本の新聞等には勿論発表されなかったが、在米日本人アナキスト岩佐作太郎の存在を強力に日本の支配階級に印象づけたものであり、帰国後の岩佐の存在が、堺、山川、大杉、荒畑らとならんで明治以来の社会主義者の巨頭的存在の一つに数えられることになったのも、多くこれらのことのためであった。」（秋山、前掲書、四四三頁。）

また、岩佐の『革命断想』に収録されている「公開状」の末尾にはこうある。「『右一編は、宮武外骨がその著〈幸徳一派の大逆事件顛末〉中に、在米邦人の熱烈なる叫びとして、『今より三十七年前たる明治四十三年十一月、米国桑港にいた岩佐作太郎より寄せられたもので、我日本の大阪に着したのが同年十一月二十六日であった《大逆事件の判決前》。その熱烈なる純真の愛国心が迸出した激文は、当時我日本国内では到底見ることを得ない破天荒の警声であると認め、爾来筐底深く蔵めおき、公表の時機の来るを待っていたのである。…（略）…』との前書きをもって、戴録されていたものをかりたのである。」（『革命断想』、一八八頁。）

(17) 岩佐『革命断想』、一八三～一八四頁。

(18) 同上書、一八五頁。

(19) 「日本天皇及び属僚諸卿、余は卿等と、時と所を同じうして生れ、…（略）…卿等の万歳、卿等の子孫の繁栄を希うの情、豈卿等にゆずらんや。ねがわくは、卿等子孫のため、はたまた世界万民のため、速かにあやまれる歴史、虚偽の徳教を放擲し、無用有害の法規に拘泥せんことをやめ、世界の風潮、時勢の帰趨にかんがみ、万民共栄の新社会建設のため、考慮せんことを嘱望のいたりにたえざるなり。憂国の熱情胸にみち、思いみだれ、筆しぶり、その万分の一をつくす能わず。乞う、これを裁せよ。」（『革命断想』、一八八頁。）

(20) 同上書、一〇四頁。

(21) 秋山、前掲書、四三七頁。

(22) 参考文献懇談会編『思想月報』第三十四号（『昭和前期思想資料・第一期』文生書院出版株式会社、昭和四十九年、三三七頁。）

(23) 同上。

(24) 同上書、三四一～三四二頁。

(25) 同上書、三四二～三四三頁。

(26) 同上書、三五二頁。

(27) 橋川文三はパトリオティズムをこう説明している。「パトリオティズムはもともと自分の郷土、もしくはその所属する原始的集団への愛情であり、…（略）…即ち、歴史の時代をとわず、すべての人種、民族に認められる普遍的な感情であって、ナショナリズムのように、一定の歴史的段階においてはじめて登場した、新しい理念ではないということである。」(『ナショナリズム―その神話と論理』紀伊國屋書店、昭和四十三年、一六頁。)

(28) 松本健一『風土からの黙示——伝統的アナキズム序説』大和書房、昭和四十九年、五頁。

(29) 権藤成卿『自治民範』平凡社、昭和二年、二五五頁。

(30) 同上書、二六一〜二六二頁。

(31) 岩佐『革命断想』、一七七頁。

(32) 同上書、一七九頁。

(33) 渡辺京二『日本コミューン主義の系譜』葦書房、昭和五十五年、九〇〜九一頁。

(34) 同上書、九五頁。

(35) 郷土への執着、愛情とナショナリズムとの関係について、橋川文三も次のような指摘をしている。「要するに、人間永遠の感情として非歴史的に実在するパトリオティズムは、ナショナリズムという特定の歴史的段階において形成された一定の政治的教義によって時として利用され、時として排撃されるという関係におかれている。いわゆる郷土教育の必要が説かれるのは、ナショナリズムの画一主義が空洞化をもたらし、その人間論的基礎の再確認が必要とされる時期においてであるが、…(略)…その反面において、郷土的愛着心をたちきることがナショナリズムのために必要である場合は、それはしばしば『郷土主義』『郷党根性』として排斥される。」(前掲書、二二頁。)

(36) 高堂敏治『村上一郎私考』白地社、昭和六十年、六一頁。

(37) 参考文献懇談会編、前掲書、三三一頁。

(38) 岩佐『革命断想』、一一九頁。

主要参考・引用文献

権藤成卿『自治民範』平凡社、昭和二年
岩佐作太郎『無政府主義者は斯く答ふ』労働運動社、昭和二年
岡本勘三編『南淵書』〈岡山版〉、昭和十二年
岩佐作太郎『革命断想』私家本、昭和三十三年
秋山清『日本の反逆思想――アナキズムとテロルの系譜』現代思潮社、昭和三十五年
松田道雄編集・解説『アナーキズム』現代日本思想大系16、筑摩書房、昭和四十一年
ジョージ・ウドコック(白井厚訳)『アナキズム』(Ⅰ)思想篇、紀伊國屋書店、昭和四十三年
橋川文三『ナショナリズム――その神話と論理』紀伊國屋書店、昭和四十三年
秋山清『反逆の信条』北冬書房、昭和四十八年
秋山清『あるアナキズムの系譜――大正・昭和のアナキスト詩人たち』冬樹社、昭和四十八年
松本健一『風土からの黙示――伝統的アナキズム序説』大和書房、昭和四十九年
渡辺京二『日本コミューン主義の系譜』葦書房、昭和五十五年
高堂敏治『村上一郎私考』白地社、昭和六十年
板垣哲夫『近代日本のアナーキズム思想』吉川弘文館、平成八年

尊王愛国と農民運動

「中部日農」を創設——横田英夫試論

横田英夫（一八八九—一九二六）は、岐阜を終焉の地とはしたものの、もともと岐阜の人ではなかった。埼玉県秩父郡で生れ、二十歳前後で上京し、新聞記者となる。一時、人生の煩悶から福島県耶麻郡へ「帰農」するが、再び評論家活動を行う。その後、須貝快天のいる新潟の下越農民組合の顧問となる。

岐阜に住むようになったのは、大正十三年（一九二四）の春からである。他界したのが大正十五年（一九二六）の二月であるから、横田の岐阜での生活は二年足らずという短い期間である。しかし彼の岐阜での農民運動、なかんずく「中部日本農民組合」の創設と発展にはたした役割は、じつに偉大なものがある。

「中部日本農民組合」結成準備が大正十二年九月一日、関東大震災の日に岐阜県稲葉郡北長森村岩戸の山中でひそかに開かれて以来、結成の準備は、着々と進み、大正十三年四月二十日、北長森村前一色上宮寺で結成大会が農民代表三百人を集めて開催された。その際「日農」に加盟するか、独立組合として歩むかという基本路線をめぐって、激しい論争がくりひろげられた。結局まだその当時新潟にいた横田を会長として招き、独立組合として進むことで落着した。それ以後昭和六年（一九三一）、「全農」と合流するまで、地方組合として独自の道を歩むことになったのである。この独自の道こそ横田に負うところ大なのである。

結成なった年の秋、同組合は稲葉郡鶉村において初陣を経験するのである。「込米廃止」「小作料二割減免」を要求し、地主側と対決、ついに勝利を得た。この鶉村の勝利は同組合のその後の発展にとって画期的意義をもっていた。大正十四年二月七日に開かれた第二回大会の参加者は、結成時の三百人に対し、二千人に達した。その年の秋から冬にかけての小作争議件数は前年の八倍をこえる二百六十に達し、次第に勝利を得ることになるのである。そのころ、横田の名は岐阜県下にとどろき、組合拡大を強化のための彼の議演活動に際し、地主はその名を聞いて戦慄し、小作人は救世主のごとく彼を迎えたといわれている。

さてそれでは、このような活動を行うにいたるまで、またそれをささえるものとして横田は、いかなる思想、農民運動論をもちあわせていたのであろうか。それはマルクス主義によって理論づけられたものではなく、組合の創立大会で決定した「主義」に「吾等は尊王愛国の大義を奉ず」とうたい、「綱領」に「最も善良なる農民として天職を全ふし、自治相愛の精神を養ひ、地位の向上を図り、地主及小作人の無自覚の為に惹起せらるる不安を防遏する」とのべているように、権力の本質も、天皇制国家の階級的性格を説くこともない。尊王愛国主義であり、農本主義であった。

「観よ吾が国光の煥発、吾が国威の宣揚、一として農民の興らざるなく、吾が国体の精華、吾が国民の光栄、一として農民の荷はざるものはないではない乎。吾が二千年の歴史は皇室を中心としたる一大家族史である。而して農民は実に此の光輝ある歴史の創造者である」（『農村救済論』）。

もともと横田の農村認識は、まぼろしとしての旧農村への挽歌であるかぎり、回顧的、反動的なものを含んでいる。横田の思想的系譜を受けついだもののなかから、ファシズム期に、右翼農民組合に流れていったものがでたのは、その一つの例証となろう。にもかかわらず彼は農民運動の草分けにまでなった。どうしてか。この問いに答えることは、大正期農民運動の特質をえぐりだす一つの糸口になると同時に、農本主義思想のもつ政治機能上の多元的性格、ないしは「生きた思想」について考えることにつながるように私には思える。

横田の農村改革にかかわる思想は、単なる精密な論理ではない。それどころか彼の著作（『農村革命論』『農村救済論』『日本農村論』『現下の農民運動』など）には、論理的矛盾が多い。しかしそこには変革のバネともいうべき情念が含まれ、夢想、幻想、感傷、憧憬が一つの渦となって存在している。

彼は書物からは学ばなかった。そらぞらしい外面的知識や情報が氾濫すればするほど、彼は主観的内面的なものの燃焼に創造力を期待し、それによって魂の渇きをいやそうとした。農民の魂というものが、合理や科学や理性といった近代的思考（?）をはるかにこえた霊的次元にいたるほど精緻なものを含んでいるものであることを、横田はせまりくるおのれの死を予期しながら理解していたにちがいない。そうでなくて、どうして農民をしてあの爆発的ともいうべき闘争エネルギーを誘発することができようか。

帰農の思想――横田英夫の場合

日本近代史のうえで、農民が憎悪や反駁の対象としながらも、その誘いに抗しきれず、身をよじりながら、またしても憧憬や羨望の念に駆られていかざるをえないものがある。「都市化」、「工業化」、「合理化」を含む「近代化」がそれである。このくやしい感情で縫いあげられている日常性を捐忘して帰農の詩を唄いあげ、美化し、聖化してゆくことが、青くさい知識人の安眠をむさぼる態度であり、思いあがりであり、土を耕やして飯を食う農民にたいする侮辱の詩であることは言うまでもない。このことは、いついかなる場合でも確認しておかなければならない「前置き」でさえある。農を、自然を、ふるさとを、それがもつ毒気を抜き去ることによってつくりあげる山紫水明の詩には、とてつもない大きな陥穽があることを知っておかねばならない。松永伍一の次のような言辞を、われわれは心にとめおくべきであろう。

「『山紫水明』という言葉がある。これは風景そのものでなく、美観の形容である。人間のうごめく風景とは断ち切れているし、また中世の地獄的内景とも別のものであった。山水の絵に抽出されてくるような、そういう場面は、たしかに日本の各地にある。そこを背景として人はくらしを営んでいるが、その美観に酔うことはなく、山塊や河川と親しみつつそこを生きるために最大に利用していたにすぎないから、ときに感謝をこめて仰ぎ見たことはあったかも知れない。近世の民謡などにお国自慢的な発想が投影されている事実はあっても『貧しさ』をうたいたくないというプライドの代償行為として美観を持ち込んだにすぎないといえる面があった。だからそれは風景を神聖視する心性と結びつき、『山紫水明』という観念となっていくから、何かを画策する野心家にとっては利用しやすい面をおし出した。」(「風景の

痛み」『技術と人間』第三号、アグネ、昭和四十七年十月）

近代日本の知識人の多くにとって、帰農は具体的に農業や農村に帰ることを含みながらも、それ以上に観念世界での農に寄り添おうとすることであり、米づくりの国への回帰を願うものであった。汚濁と混迷の渦巻く都会生活に疲れ、人為的なものに飽き、原初的生命の泉を求めて彷徨うた詩人は数えきれないほどいる。人間のもつエゴイズムに挑戦し、失われた純粋無垢な魂を奪回するかに見えるこの詩に、彼らは寸時の恍惚感を味わうのであった。しかしその感傷の果てにもたらされたものは、現実回避と自慰行為の拡大のみであり、近代を総体として問い、それを真に超えるものではなかった。それらは、かえって貧のリアリティーを押し隠し、農を核とした共同体の現実を聖なる領域としてしまったのである。このような状況のなかで、帰農の詩を唄いながらもそれに巻き込まれることをギリギリのところで食い止めた一人の農本主義的農民運動の指導者がいる。彼の名を横田英夫（以下横田と書く）と言う。生れや幼時期のことは、いまもって不明な点が多く、山本尭の「横田英夫の思想」（『岐阜大学学芸学部研究報告―人文科学―』第九号、昭和三十五年）、および、千嶋寿の「秩父における横田英夫」（「明治大正農政経済名著集12」の「月報」、昭和五十二年）などによって推し量る以外にいまのところ手だてはない。明治四十四年、『東京朝日新聞』に「東北虐待論」を連載し、翌年、「農村滅亡論」を同紙に書きはじめ、農政評論家としての地位を築きはじめた。横田は帰農を決意するまでに『農村革命論』（大正三年）、『農村救済論』（同年）、『日本農村論』（大正四年）、『農村改革策』（大正五年）を立て続けに刊行している。いま、その全容を検討する余裕はないが、論壇へのデビュー作である「東北虐待論」には、はやくも単なる観念の遊戯としての農の愛護からの訣別がうかがわれる。冒頭の部分を引いておこう。

「凡百の東北振興論は、悉く誠意を欠き若くは適切を欠き可能力を欠く、稍誠意ありと認むるものは所論迂愚俄に之れを採るべからず、往々剴切の言を吐くものは途上一過の人にして誠意なし、挙げ来れば東北振興策なるもの東北人が以て倚頼し傾倒するに足るものあらざるなり、余は東北振興論を検する毎に、東北の為めに同情するが如き口吻を洩らす当局者及び識者が、唯勤勉なれ東北人は懶惰なりとか、或は貧富問題に言及して、貯金思想に乏しとか言ふに止まり、必ず其の最後の一節を逸し去るを見て、誠意の有無を疑ふよりも、先づ此人は知りて尚東北問題の前途に横はる不直なる前提を黙認せる乎、或ひは又東北不振の根本的原因を看破する一隻眼を有せざるかとの疑念を挟むを禁ずる能はざるなり、……」(『東京朝日新聞』明治四十四年八月十五日)

この時期の横田の農政評論の骨子になるものは、『農村革命論』と、『農村救済論』の二著である。おためごかし的農民同情論が横行するなかにあって、これらの著作を貫いて流れる横田の農村認識の鋭さはまさしく出色のものであった。農民の代弁者としての限界を突き破らんばかりの農民描写がそこにはあった。

「都人士が冬朝容易に覚め難く、残夢を思ふて温床に輾転たる時、肌を裂くが如き寒風に曝されたる氷雪裡、脂気失せて樹幹にも似たる股腕を露はし、精根の限を尽せる農民の姿の、如何に悲惨なるかを想はずや。更に亦遊食の徒が水の如く流るゝ燈影に団欒寛装して涼を趁ふ時、炎熱に焼かれし顔色銅の如く、身体は綿の如く疲れて悶思猶消えやらず、月光を浴びつゝ力なく家路に辿る農民の影の、如何に憐なるかを見ずや。其の手と顔とは雪の凍るがまゝ、風の裂くがまゝに任じ、皮膚は一面に荒裂蝕傷して見るからに痛々しきを覚え、到底都人の面し得べきものにあらず。」(『農村革命論』東亜堂、大正三年)

まさに、農村は激変し、奈落の底に落ちてゆくばかりである。次のような「革命」が必然化すると横田は言う。

まず、農村革命の第一過程と称するもので、農村の中軸が「自作農」階級から「小作農」階級に移るというものである。「自作農」が中堅となって支えられている農村を理想とする横田の農村観からすれば、このことは農村の滅亡をも意味するものであった。農村革命はこれで終るのではない。彼は革命の第二過程を「小作制度」の徹底的崩壊による農場制度への転換に見る。すなわち、「地主―小作関係」はやがて「資本家―労働者」の関係に移行するであろうと言うのである。結論はこうである。

「農村荒廃に端を発せる農村の革命は、急潮の万里に乗ずるが如き勢を以て吾国の農村に殺到し来たり、一度堅実なる自作農民を倒して小作農民たらしめ、二度零落せる小作農民を虐げて農業労働者たらしめ、遂に二千年の自作的歴史を有する吾国の農村をして、所謂農場制度に赴かしむべきことを結論したり。げに革命的勢力や恐るべし、其の止まる時は即ち旧態を悉く払拭して、吾国の農村は最早昔の平和なく安寧なく、唯悲惨なる農業労働者と冷酷なる地主とが対立して、階級闘争の刃を磨かむとするにあらずや。」(同書)

都市化や工業化を悪の張本人に仕立てつつ、農村内部の構造的矛盾を隠蔽する農村一体観、丸抱え的農村観(当時支配的なものであった)と比較するとき、この横田の認識と予見は異彩を放つものであった。ところが、彼はこのような認識をしながらも、社会主義や階級闘争を支持したりはしないのである。日本における「小作料低減運動」は決して社会組織の変革をねらう階級闘争ではない。「小作料低減運動」はあくまでも「小作料低減運動」なのである。横田の農村救済策は、尊王愛国、国力長養のためのものであった。愛国、憂国の情に関する限り、彼は他の農本主義者となんら変るところはない。次のような文章は、「小作料低減運動」を積極的に主張する横田のものであろうかと疑うほどである。

「愛国的観念を中枢とした剛直なる農民精神は、実に農村に依って養はれたのである。長久二千年の歴史を辱しめざりし偉大なる国民的元気は、実に斯くの如き農民の集合した農村から煥発したのである、観よ吾が国光の煥発、吾が国威の宣揚、一として農民の与はざるなく、吾が国体の精華、吾が国民の光栄、一として農民の荷はざるものはないではない乎。吾が二千年の歴史は皇室を中心としたる一大家族史である。」(『農村救済論』裳華房、大正三年)

「小作農民」の客観的現状認識からくる「小作料低減運動」への共感と、尊王愛国の情が、横田の内面では矛盾することなく並立しえたのである。奇妙と言えば奇妙である。「小作料低減運動」は階級闘争ではないという但し書きをつけていることを考慮したとしても、全面的にこの戦いに共鳴し、「餓えたる小作農民が行くべき道は、唯小作料低減運動あるのみ。吾人は近き将来に於て小作料低減運動が、吾国の農村に頻発継続さるべきことを予言して憚らず」(『農村革命論』)とまで言い切る横田の精神と、農本主義的愛国の情とが共存しているのであるから。「地主制」のうえに聳立する国家の論理と「地主」に闘争を挑む「小作農民」の論理の両者を抱き込まざるをえない横田の内面は、明らかに矛盾を内包するし、そこには思想の混濁がある。しかし、この論理的矛盾というものが、運動論として無価値を意味するものではないし、思想の混濁ということが、思想の発展過程において絶対にあってはならないものでもあるまい。それらが、論理的消化力の貧弱さを露呈していることは明らかであるが、同時にそれは鋭い現実認識に基づく思想の肉体化への強い欲求の表現であるとも言えないことはない。これらの肉体的情念を西欧化に向けて全的に投げ出すことなく、思想の土着的発展をはかろうとするならば、そこには必ずといっていいほど、混濁や屈折が入り込む。それぞれの状況に課せられた具体的難問を克服してゆこうとする苦渋をともなう営為は、またしても己を矛盾や屈折のなかに落し入れるのである。ひとは撃とう撃とうとする相手の魔力にいつの間にか魅せられ、そのなかで踊ってしまうことがある。しかし、それを私はそのひとの弱さと決めつける勇気をもたない。それよりも、ドグマ信仰のうえにあぐらをかいて安眠をむさぼろうとするおめでたい知識人の姿勢を糾弾する勇気をもちたい。思想の一貫性と硬直性との間には千里万里の径庭があることを知らねばならない。「小作人」問題を直視した横田の眼は、近代日本の「知」を撃つことによって混濁を余儀なくされていったのである。これは横田の敗北を意味しはしない。

この新進気鋭の農政評論家にも筆を折る日がくる。大正六年、横田は『読売新聞』に「農に帰らんとして」を連載し、福島県耶麻郡熱塩村に帰農する。三年足らずの帰農期間であるが、この「農に帰らんとして」の文章は、それ以前の農村分析と比較して、かなり筆の質を異にするものであった。土への回帰、農への回帰がきわめて観念的に高唱されている。それまでみせていた国家的志向というか、志士仁人的「つっぱり」は影を潜め、己れの内面に深く食い入り、一人の平凡な人間として、静かに、真面目な真正な人生を歩もうとする気持がよく表現されている。これはそういう意味で、横田の人生にとって画期的な記念執筆であったと言えよう。帰農の動機について彼は次のように言う。

「私は何故に帰農を決行せるか。一言にして之れを尽せば、私は何等累せられず、侵されず、静に、深く、私の会心する真実の生活を歩まんが為めである。唯、これだけの願ひからである。唯、之れだけの願ひであるが、私に取っては此の願は、世界の如何なるものとも交換することの出来ないほど尊い、且つ大なる願である。若し此の大願にして成就するならば、私は、私の有する一切のものを代償としても惜しくない。」（『読売新聞』大正六年八月十二日）

なにものにもとらわれず、自然にして自由な真実の人生を歩もうというのである。あらゆるものから自由になりたいという横田の心情は、体制とか反体制というような次元の問題ではない。おそらく、この時点で横田は自然な心性に拠点をおき、あらゆる権力からの訣別を告げたかったのではあるまいか。国家が、あるいは近代が創作した諸種の価値をすべて相対化し、非権力としての農によって、そこなわれた人間性の回復をはかろうとしたのではなかったか。このことをひとは卑怯と呼び、利己的逃避と呼ぶかも知れない。しかし、横田はそれを捨て置き、いささかもひるむことはない。

「私が農に帰る態度は斯うである。人は或は余りに個人的思想に囚はれて居ると云ふかも知れぬ。然しながら私自身は、其の最初に於て又其の最終に於て竟に個人である。夫れでは現代文明の回避ではないか、と云ふ人もあるが、現代に於ては現代文明を回避しなければ正しい生活を営まれないとすれば、現代文明の回避が何の疚しき所ありや。高踏するより他に途のないものは、行くべき唯一の途として高踏を択ぶ。孤行独往せざるべからずとすれば、私に取っては、孤行独往は少しも淋しいとは思はない。」(同紙、大正六年八月二十九日)

現代文明に纏綿する一切の欠陥、罪悪、一切の不安、不純から脱却し、稚児のこころをもって帰農するのである。いわば現代文明に象徴される近代的「知」と訣別して原初的「土俗」の世界に帰ろうとしたのかも知れない。

帰農前の横田の農政評論が、当時にあっては、実によくデータを集め、抽象的、観念的になるのを避けていたにもかかわらず、それは結局のところ農民側からすれば、上からの啓蒙であり、他者からする代弁でしかなかったのである。農民の心情を代弁し、農民にとっては不可視の世界における矛盾を横田は告発したつもりであった。その告発が誠実であればあるほど、彼はその己の行為のむなしさと、厚い厚い壁を意識し、「人民のなかへ」という叫びの空虚さに無念の泪を流さざるをえなかったのである。横田は机上の評論に無力さと倦怠とを覚えざるをえなかった。帰農以外にない。農に帰って無名の人間性を追求して生きるしかない。すべてから解放され、自由の天地で人間らしく生きたいと願った。ここには大正青年の一つの生き方があった。近代のはらむ病理を超えることを目標にかかげながら、ついに復古のかたちをとらざるをえなかった知的青年の多くが、農や土のなかに頭を埋めた。「土とま心」を抱きながらの橘孝三郎などもそこに賭けていった一人である。橘が茨城県東茨城郡常盤村に帰農土着したのも、横田とほぼ同じ頃であった。それまでの出世志向に別れを告げ、一人の自覚した人間として土のなかに己を生かそうとした。近代合理主義の進行が現実化せしめたさまざまな価値も、己の固有性の確認にとっては、なんの意味ももちえなかったのである。「知」を蹴って大自然のあたたかき懐に抱かれようとしたのであった。このことに関する限り、横田と橘の間に距離はない。横田は次の言辞をもって、この「農に帰らんとして」の「個人的消息」の結末としている。

「私は最後に云ふ、私は自由ならんが為めに、故に正しき生活を営まんが為めに農に帰る。私は自然に帰らんが為に、故に稚児の心を以て農に帰る…（略）…私の後半生は、唯、自然に対する忠実な奉仕と、生産に対する勤勉な努力とを以つて終るであらう。私はさう云ふ私の生活の中から、生産以外に私の為すべき仕事が生れて来ることを信ずる。」（同紙、大正六年九月五日）

横田がいかに弁解しようと、この時点における彼は結局のところ逃避のなかにいる。自然回帰を唄った多くの農本主義的詩人と同列に並ぶことは避けられない。しかし、横田はここにいつまでもとどまったわけではない。太古の美に現実を直結させ、美しい旋律を奏でる暇はなかった。三年足らずでこの生活に終止符を打ち、大正八年には、『福島日日新聞』の客員として、再び評論の世界に舞いもどっている。ついで新潟県で須貝快天と共に「小作人」組合運動に突入し、大正十三年には、岐阜県において、平工喜市、河合栄三郎らに引っぱりだされ、同じく「小作人」側に立った激烈な農民運動の指導者となってゆく。ここに蜃気楼のみを見ていた他の農本主義的詩人たちとはかなり違った横田独自の世界が開かれていった。中部日本農民組合の結成と同時に、その会長となっている。横田は短かい隠遁生活のなかで、己の為さねばならない仕事が何であるかを熟考していたのであろうか。帰農以前に唱えていた「小作人」の進むべき道を単に語るのではなく、実践することに己を賭けようと決意したのである。

中部日本農民組合にとっては初陣とも言える岐阜県稲葉郡鶉村争議（大正十三年）において、横田はよくこれを指導し、「込米廃止」、「小作料二割減免」の要求を「地主」側に突きつけ、「地主」と「小作人」の関係を自由契約に基づく対策の関係として世間に認識させている。この鶉村の勝利は、中部日本農民組合の発展にとって大きな意味をもつものとなり、このようなことが契機になって、「横田の名は岐阜県下にとどろき、地主はその名を聞いて戦慄し、小作人は神の如くに信頼した」（坂井由衛稿本「岐阜県農民運動小史」、農民運動史研究会編『日本農民運動史』東洋経済新報社、昭和三十六年）と言われている。もちろん横田の闘争理論に混乱がないわけではない。「吾等尊王愛国の大義を奉ず」（中部日本農民組合の「主義」）をかかげながらの農民運動にそのことは象徴されている。しかし、どのような理論的混乱や屈折があろうとも、農民を反地主の闘いに奮い立たせ、多くの成果をおさめた事実は消えるものではない。民衆の生活意識と最初から切れてしまっているような思想や理論は、いかにその知的観念の豊かさを誇ろうとも、それは息の根のとめられたものでしかないことを横田は教えてくれている。時の「小作農民」の最大の関心事は、高遠な理論や学説ではなく、「小作料減免」を核とした日常的要求であった。彼はこの点に執着することによって、思想の硬直化を免れえたのである、その意味で一柳茂次の次の横田評価はあたっていると言えよう。

「理論は単にその『完璧』によって階級闘争の武器となるのではない。…（略）…横田の理論をもってしては、日本農民を権力掌握に導くことができないということは、横田の理論が大正初期岐阜農民運動の指導的頭脳を意味したことを否定しさるものではない。岐阜県農民運動に刻まれたこの歴史的事実は、何よりもマルクス主義と農民運動の結合に対する安易な予断に導かれた歴史分析に対してきびしい反省を

要求する。」（日本農民運動史研究会編・同書）

帰農が単なる知識人の夢想や遊びにおわることが多いなかにあって、横田はそれに引き込まれそうになりながらも最後のところで別の道を選んだのである。知識人の弱点と限界をよく知っていた。知っていたがゆえに、それを少しだけ超えようとしたのである。しかし、この少しだけが決定的なことなのである。

大正十五年の二月には、横田はもうこの世に存在しなかった。三十六歳という若さでありながら。

日本浪曼派と「農」

保田與重郎と「農」

飢えのために死人の肉を食う、というところまでいかなくとも、首が回らぬほどの借金と多くの子どもを抱え、肥桶をかつぎ、猫の額ほどの借地に人糞をまき散らし、夜なべに縄をなうことを日常にしてきた者にとって、日本浪曼派とか、保田與重郎とかは、いったいいかなるものであったのか。

戦後民主主義のなかで、この日常性を代弁する人たち、あるいは、それを利用する人たちによって、保田の農にかかわる思想は、こっぴどく批判され、糾弾され、放擲されてきたといってよかろう。保田は、農村、農業、農民の現実を知らず、苦渋に満ちたこれまでの歴史的変遷も一顧だにせず、生活者の生きていることを無視しながら、農の幻想に酔っている人間として見られることが多かった。

私は、これまでかなりの時間、農本主義のことを考えてきたつもりであるが、正直いって、保田の農の思想、米作りの思想に、ある妖々としたものを感じつつも、それほど深入りをしてきたわけではない。そうかといって、無関心できたわけでもない。

橋川文三が、保田の農にかかわる思想を、国学的農本主義と呼び、次のようにのべたことは、いまもって、気になっていることの一つである。「それは、権藤成卿のように制度学的農本主義でもなく、横井時敬のように官僚エリート的な重農主義でもなく、橘孝三郎のように人道主義的な農本思想でもない。それは宣長の『みち』の思想の延長線に立つことによってテオクラシーの理念を表現し、その非政治的構成の徹底によって無政府主義の相貌をおびるものであった。」(『日本浪曼派批判序説』)

農本主義のかたち、流れにはいろいろなものが存在するが、農にかかわったところの保田を、そのうちのどこに据えるかは、かなり困難なことのように思える。保田本人は、「にひなめととしごひ」のなかで、「封建の制度」を維持したり、「富国強兵」の政策のための手段となるような農本主義を批判、攻撃している。利用される農本主義を保田は極力嫌う。「農村記」においても、己の思想は「所謂農本主義」ではないと断言している。

たしかに、保田が批判するように、農本主義は、政治支配の道具に利用されることが多かった。村落共同体を維持、温存しなければならないときは、それに役立つようなかたちで、また、近代化が必要な場合は、そのように変容されながら利用されてきた。つまり、忍従のモラルになったり、実利の思想を支援したりしながら、農本主義は支配権力によって、このうえなく重宝がられてきたのである。もっとも、たまには権力も己の飼い犬に手をかまれることもあった。たとえば農本主義の核ともいうべき社稷の理念から発するアナーキー的要素などは、権力をいつも安眠させてばかりはいない。それは、反権力の情念を生み出すバネになることもあったのである。農本の情念は、いつも牧歌的自然と春風駘蕩のなかにおさまっているのではない。

ところで、保田の農にかかわる思想、米作りの思想とは、つまるところ、なんであろうか。なんであろうとしたのか。政治支配に利用されるようなものであってはならず、道としての農であり、古道の恢復のための米作りであると彼はいう。貧とか豊とかを超え、絶対平和の根源としての米作りであり、その米作りを担う人々、そしてその人々の住まう地域は、倫理や精神を喪失した近代と対決する運命にあるという。

保田の頭のなかにある農民のイメージとはいったいどういうものなのか。ここに彼の農の思想をかたちづくっていく一つのポイントがあるように思われるが、それはおよそ、化学肥料、農薬、機械を欲したり、農村の近代化を熱望したりする農民ではなく、「延喜式祝詞に表現されてゐる神々の意志に応へ、永遠の日本の道義をどんな観念や理屈以前に保守してゐる」（桶谷秀昭『保田與重郎』）人たちであった。

ともあれ、この米作りの思想は、私には依然として、妖花のごとき存在である。役立つことはなにもないというところから出発しているように思われることは、あるいは不死の思想なのかもしれない。

保田與重郎の「農」の思想

日本近代の誤道と近代の終焉を宣言し、その近代の浅慮さを極度に嗤った点で、日本浪曼派と農本主義は、通底するものを持っていることはいうまでもない。

これまでに、私たちは幸いにもこの両者の比較、関連についてのいくつかの卓越した先行研究を持っている。藤田省三、橋川文三、大久保典夫、桶谷秀昭らの研究がそれである。橋川の研究の一部分をあげておこう。制度学的農本主義者で、五・一五事件にも影響を与え、『自治民範』、『農村自救論』などの著者として知られる権藤成卿と、日本浪曼派の代表的存在である保田與重郎を橋川は、次のように比較して見せてくれた。

「権藤のいう『プロシア式国家主義』とは、保田における『文明開化』主義の同義語であり、その担い手としての『官僚』政治に対する農本主義の批判は保田においては、『唯物論研究会』を含む『大正官僚式』の『アカデミズム』批判として、あらわれたといえよう。いわばこの二つの思想に共通する反近代主義は、一は制度学の観念的論証によるユートピアな国家批判として、他方は、国学の主情主義的美学にもとづく文明批判として、ともに明治以降の新国家形成の原理に対し一貫した批判を加えたものであった。(1)」

いうまでもなく、日本浪曼派と農本主義を本格的に比較検討することには、その物差し、尺度にも無理があり、限界があることは、橋川も認めているところである。そのことに関しての橋川の言はこうである。

「しかし、もともと、文学史事件としての日本のロマン派を、なんらかの農本思想と関連させて論じることは、このあたりが限界であるかもしれない。[2]」

保田本人も「わが神の道」を、政治支配の一手段たる農本主義とは、区別せねばならぬと次のようにのべている。

「農耕生活そのものの諸般の関係と交渉の中で認められた、生産を生成する道が、わが神の道である。この道を万般におし拡めることは、所謂農本主義ではない。封建制度を維持するための農本主義や、富国強兵政策のためにとられた農の尊重は、支配の一つの方法であって、神道に立脚するものではない。[3]」

本稿で、私はこの日本浪曼派の代表者としての保田の「農」に寄せる思いを、第二次世界大戦後に彼が書いた『日本に祈る』、『現代畸人傳』などを中心に洗ってみたいと考える。本稿が、日本浪曼派と農本主義の本格的比較にならないのはいうまでもないが、保田の「農」の思想に限定しても、その特徴を十分に拾い上げられるとも思っていない。

第二次世界大戦後、保田は極めて短期的ではあったが、鍬を持ったことがある。昭和二十一年五月、祖国日本に帰還してからのことである。じつは保田も一人の出征兵として異国の地を踏むという体験を持っていたのである。病み上がりのうえ、三十五歳[4]という年齢を考慮すれば、兵役拒否も、あるいは可能であったかもしれないが、保田はそうすることなく、従容としてその運命を受け入れたのである。復仇徴兵といった説もないことないが、そのことに関しての詳細な証拠が発見されているわけでもない。

とにもかくにも、保田は、次のような不安定な状態で出征したというのだ。

「出征の前年の秋から、文人としての私は殆ど筆を絶つといふ状態であった。そのはてに年末から正月にかけて、忽ち病み忽ち死の間を彷徨してゐたのである。かくて一死を保ちつゝ病臥三ヶ月、床をあげる暇もなく、大患の病中に召命を拝したのであった。しかも有無の間もなく、北九州の港を船出して、無事半島に到着すると、それから先は、軍馬輸送用の不潔この上ない貨車に、やうやく横臥し得るばかりの席を与へられたといふ状態であった。老兵加ふるに病中の疲労、身体は困憊の極にゐたのである。[5]」

この病人同然の老兵を、国家は何故必要としたのであろうか。いかなる戦場で、いかなる戦闘が彼に可能だというのであろうか。

「何故この私が」という思いが、ないはずはなかろう。他人もまたそう思うに違いない。しかし、そのことを、彼は誰にも、何処にも漏らしていない。言えなかったのではなく、言わなかったのであろう。彼はこの状態を、己の内面から湧出してくる自然の感情にちかいものまで、昇華しえていたのであろうか。

敗戦となり、命からがら帰還して保田は、彼の故郷である大和桜井[6]に、落ち着くことになった。農耕生活に入ったとはいうものの、これを「帰農」と呼ぶには、かなりの無理があるというものだ。彼は仕方なく、敗戦の結果、この地に戻ったというだけであって、それまでの己の生き方を疑い、内部生命の充実のために、「農」に、自然に、大地に還ったというようなものではない。

汚濁と混迷の渦巻く大都市の生活に疲れ、また、ヨーロッパ的知の追跡に絶望し、「農」に回帰し、原初的生命の根源を求めて彷徨した知識人の数は数え切れない。江渡狄嶺、橘孝三郎、加藤一夫、石川三四郎など、あげればきりがないが、保田の大和桜井での暮らしは、いかなるものであったか。彼の農耕生活とは、およそ次のようなものであったという人もいる。

「余談になるが、保田與重郎の農耕生活といふのがどの程度のものであったか、よくわからないが、こんな伝聞がある。以前の文学仲間が心配して訪ねて行ったところ、実際に働いてゐるのは夫人で、保田與重郎当人は、稲の束を掛ける稀棒に頬杖突いて眺めてゐたといふ。これはありさうな話で、たとへば、雑誌『祖国』に連載された『農村記』といふエッセイをみても、筆者の農耕体験は窺へないのである。[7]」

しかし、問題はそんな農耕生活の実態にあるのではない。現実の農耕生活が、この程度のものであったとしても、保田がこの大和桜井の地で得たものは、けっして小さくはない。それになによりも、数々の無念さと病後の身体を、限りなく癒してくれる最高の場所が、この地であったことは間違いない。身を引き裂かれるような日常を枠外に置き、山紫水明の自然のみを語り、謳う文人の傲慢さがあろうとなかろうと、保田は大和三山の泣きたくなるような美姿によって救われたのである。わけもなく頬をつたう涙を、保田は止めることが出来なかった。

まさしく大和桜井は、保田にとって「鹿の湯」的存在であっただろう。彼の心情は次のようなものであった。

「五月に帰国してからは、村より一歩も出ず、都会を見ず、たゞ泪の出るほどに美しい故国の山野の中で、この安貞の書（宮崎安貞の『農業全書』――綱澤）を日夕の友としてゐた期間が、かなり久しかった。小生の帰国の第一印象は、美しいふるさとといふ感銘であった。三山を初めて見た時、真実に泪があふれてしかもその意味はわからなかった。[8]」

理屈をつけることさえ不可能な涙のなかで、保田は鍬を手にしたのである。本格的農民ということではないが、ここで身体を動かし、汗をかくなかで間違いなく彼の傷心は癒されていった。わが故郷に座し、飢餓も、暴力もない清浄のなかで、保田は贅沢ともいえる暮らしを、わがものとしたのである。保田のここでの農耕生活に、なにも深淵な思想的動機をあえて探る必要はないが、このことが契機となって、彼の「米つくり」の思想、絶対平和論、アジア論が捻出され、拡大され、「農」にかかわる思想が全面的に開花していったことの意味は大きい。

無残な「農」の現実に身を置いたこともなければ、「農」の貧困対策に熱い視線を向けたこともない保田に「農」を語る資格などないという説は正しいか。保田の農村、農業、農民への眼差を愚弄する人は少なくない。

「保田與重郎の『農村記』は農のリアリティを欠落させていることおびただしい凄まじい誤解の書[9]」だとしたのは、松永伍一であるが、彼は保田を「農」に関する妄想人、夢想人として徹底して弾劾している。地獄のような日常を強いられて生きる耕作農民の実態を見ることも、知ることもなく、豊葦原の瑞穂の国で、春の海にも似たような生活ぶりを夢想し、幻想的農民をうたいあげる保田などに、知ったかぶりをされてはたまらぬとの思いが松永にはある。松永は、保田の次のような文章を引き、罵倒する。

「封建時代の農業の過大な労力といふものが、案外にさほどでもないといふ事実を知ったのである。今日は多角経営輪作農法の時代である。根気をつめた労力といふ点では、今日の農法の場合の方が、はるかに過重だといふことを知った。それほど今日の農業に消費される労力は、繁雑過大にして、且つわづらはしい思考を伴っているのである。しかし役人と、その同じ思想の人々は、農民に工夫が足りないことを、農村の貧困の原因とみてゐる。真実は思考を伴った労働と、粗食生活に疲れてゐるのである。封建時代の農業は悠暢で、今より大様な労力を、大様に費してゐたのである。[10]」

この文章を読んだ読者に対し、松永は続けて、こういう。

「はたしてそうか、と反射的に切り返す想いを持たぬ人間は、農を云々する資格がないと心得られよ[11]。」

松永でなくとも、この保田の言辞を、無条件で、「その通りだ」といって納得し是認する者はいないであろう。たしかに農業も時代とともにその経営、技術の面で複雑、多岐になり、大いに研究・努力が課せられてくることはいうまでもない。しかし、そうかといって、このことが、土地制度の矛盾や、身分制度の桎梏ぬきで語られるとするならば、それは、やはり大きな間違いであるし、恐ろしい断定であるといわなければなるまい。

非在の美に幻想を抱き、阿鼻叫喚的現実を覗こうともしない保田に対し、松永は鬼気せまる地獄の風景を示してやろうという。松永の地獄紹介の一部を引けば、次のようなものである。

「同じ飢餓の折柄なれば、他郷の人には目も掛けず、一飯与ふる人もなく、日々に千人、二千人流民共に餓死せし由。又、出行く事のかなわずして残り留る者共は、食ふべきものの限りは食ひたれど、後には尽果て、先に死たる屍を切取ては食いし由。或は小児の首を切、頭面の皮を剥去りて焼火の中にて焙り焼、頭蓋のわれ目に箆《かんざし》をさし入、脳味噌を引出し、草木の根葉をまぜたきて食ひし人も有しと也。[12]（『後見草』による」）

このような世界をよそに、後鳥羽院、後水尾院、本居宣長などにうつつをぬかす保田などには「農」を語らせるな、というのであろう。保田批判、日本浪曼派批判の一つとして、このような批判があってもいいと思う。嘘だ！　騙だ！　幻想だ！　卑怯だ！　と保田を批判する松永には、彼なりの「農」への取り組み、体験、深い洞察力があってのことであろう。[13]

しかし、この松永のような批判の矢が、真に保田の心臓をぶち抜くことにつながるものであるかといえば、私は必ずしもそうは思わない。夢想人には夢想人の存在理由があり、詩人、歌人にも、また、神話の語り部にも、それぞれの生きる世界があっていい。現実的認識の甘さ、不徹底さだけを指摘しても、それだけでは有効性にかけるというものだ。同じ土俵で相撲をとることにならないのではないか、という思いが私にはある。杉浦明平らの保田批判も同様である。杉浦は、保田をファシズム協力者、「赤狩り」の名手だとして弾劾する。執拗なまでの悪口雑言を浴びせる。若かりし時、杉浦は保田を次のようにこきおろしたのであった。

保田は「剽窃の名人、空白なる思想の下にある生れながらのデマゴーグ——あのきざのかぎりともいふべきしかも煽情的なる美文を見よ——図々しさの典型として、彼は日本帝国主義の最も深刻なる代弁人であった[14]。」として、彼は多くの民衆を「征服し殺戮し強姦し焼払ふこと、それだけが天皇の御稜威であり聖戦の目的であると断言した[15]」という。しかも、これだけでは、おさまらぬ保田は、官憲と協力し、「他人の本の中の赤い臭をかいではこれを参謀本部第何課に報告する[16]」ことをやってのけたともいう。

保田に、このような、時局便乗主義者でファシズム協力者、俗流聖戦思想家としての烙印を押し、憎悪の雨を降らすのは勝手であるが、このことが保田、日本浪曼派への真の理解、批判を鈍らせたことは否めない。保田が単純な時局便乗主義者であったかどうかを、よく見極めることが前提とならねばならなかったのである。

保田に雑言を浴びせた杉浦を、後になって、こきおろす論者が登場するのは当然のことである[17]。

強権によって、徹底的に抑圧され、拘束されていたものが、解放されたわけだから、その反動が、軽率で見境ない言動が生れても、ある程度は仕方ないことではある。しかし、このことで、味噌も糞もいっしょ、というか、湯水と共に赤子をも流してしまうような状況が生れたのは不幸であった。他人によって倒されたものを、己の力によるものだと錯覚する雰囲気が、広範囲にわたって見られた。

竹内好は、そのような状況を極めて冷静に、しかも鋭く厳しく把握し、次のような忠告を公にしてくれたのであった。

「マルクス主義者を含めての近代主義者たちは、血ぬられた民族主義をよけて通った。……(略)……『日本ロマン派』を黙殺することが正しいとされた。しかし、『日本ロマン派』を倒したものは、かれらではなくて外の力なのである。外の力によって倒されたものを自分が倒したように、自分の力を過信したことはなかっただろうか。…（略）…かれらの攻撃というのは、まともな対決ではない。相手の発生根拠に立ち入って、内在批評を試みたものではない。それのみが敵を倒す唯一の方法である対決をよけた攻撃なのだ。極端にいえば、ザマ見やがれの調子である。[18]」

ところで、保田の「農」にかかわる思想とは何であったのか。保田の生命は八・一五で絶えたという人もいる。その人たちは保田が聖戦と称し、そこにあずけた己の全存在が、霧散してしまったという。しかし、私はそうは思わない。彼の文学・思想そのものの存在は、敗戦を経過しても、変らず異彩を放っている。保田の存在の根拠は非存在の美をうたうことであり、「偉大なる敗北」そのものであった。

第二次世界大戦後、保田の思いの一つは、「米つくり」の思想であった。「近代の終焉」のはてにくるものは、日本人の道義としての「米つくり」の思想以外にはないということを保田はいっているのだ。

この「米つくり」を根底で支えているところの「勤労」、「労働」に関する保田の説から見ていこう。「米つくり」という仕事を、彼は近代的労働観、つまり商品価値としての労働といったものから、厳しく区別している。

一例をあげれば、

「わが農村の生活に於て、勤労といふことを、今日の通念として単なる、労働力として考へては、利潤を考へる理の導くままに従へば、その日から農を放棄せねばならぬ結論となる。それは近代生活と相合はない過労だからである。しかもこの世界無比の勤労は、大方に運命のまへにさゝげられてゐるのである。たゞし勤労の運命は、暴虐な悪神や絶大な権力者のまへにさらされてゐるのではない。しからば、そのしば〳〵無償とさへ見える勤労とは何を云ふか。それを云ふことは、わが農のみち、古のみち、生産（むすび）のみちといふものを明らかにする謂となる。[19]」

農耕という活動は、商品としての価値があるから尊いのではなく、無償の行為であるところに意味があり、価値があるというのである。労働力の商品化を極力嫌い、金銭、利潤、を考慮の外に置いて、神聖なる行為としての農耕、それこそが日本人の道義の恢宏につながるものとなるというのだ。この保田の農耕に関する労働観は、一般的農本主義者のそれに、表面的には酷似してしまうところがある。

近代日本の農学、農政学、農業教育の世界に君臨したことのある横井時敬の言を引いておこう。

「小農者は専ら土地を耕して、その生産物を取って行くと云ふことが主であって、彼は多くの経済的思想を懐かないのである。若し彼をして経済的思想を懐かしめたならば、彼は容易にその業を持続することをせずして、之を放棄するであらうと思ふ。今日の学者は動もすれば、我が国の農民が経済思想に乏しいと云ふことを以て患として居る。併し我が小農者は斯の如き批難に対しては、御尤であると言ふことも言はれぬに相違ない[20]。」

経済とは次元の異なるところに、生産活動を置き、その貫徹と充実に、耕作者は生きるを旨とするというのである。表面的に見るかぎり、保田、横井の両者の言に差はないように見える。この表面的理解そのもの、つまり無償としての勤労観は、国家権力の最も欲しがるものであった。金銭欲、出世欲といった世俗的価値には目もくれず、黙して働く「良民」の創出こそ、願ってもない権力が期待する人間像であった。横井の農民教育の核心はそれを援助するものであったといってよかろう。しかし、似てはいるが、保田は同じ立場に立っていたわけではない。保田にすれば農耕に従事する農民、彼らの住まいする農村は、いかなるものの手段にもなってはならず、絶対的、神秘的なものでなくてはならなかった。そして報酬を期待しないこの労働こそが、政治、時務情勢を追放するところの「みち」の実践であるとしたのである。保田はこういう。

「わが原有の勤労観は、封建時代の勤労観でもなく、資本主義や社会主義の論理でもない、それは別個の道の上に立って、別個の秩序の基となるものである。物はみな汗の賜物といふ考へ方は、生産（むすび）に基く勤労観からは出ない。それは社会主義的道徳の基礎である。この人工一方の考え方は、工場生産にあたるかもしれぬが、農の生産活動では、現実的に妥当せぬのである。[21]」

保田にとって勤労とは「米つくり」であって、その「米つくり」は、神によって、「ことよされ[22]」たものであった。この「米つくり」に従事する人間は、貧困を云々することはない。その人たちは貧乏を云々することはないが、彼らの犠牲があって、はじめて近代文明、資本主義の今日があることを保田が知らぬではない。農民、農業、農村の犠牲の上に聳立する文明について、保田は次のようにのべている。

「明治の文明開化以来、日本の農民の父祖たちは、最も激しい貧困の負目を荷ってきたのである。日本の近代文明と近代兵備は、国民の六割を占める農村人口の貧乏によって償はれてきたのである。西田哲学も田辺哲学も白樺文学も、その人もその生活も、みな農民の貧乏といふ自覚された犠牲の上に開いた近代文物である。[23]」

日本の近代文明を、農民の貧困の犠牲の上に咲いた徒花だとして、保田はこれを唾棄するが、そのなかで彼は「自覚された犠牲」をいうのである。「米つくり」を核とする日常を持つ人間は、近代という生活空間のなかで貧困を余儀なくされてはいるが、それは堅忍持久といった他からの強制的道徳に従うというようなものではなく、自らの悟りに依存しているというのである。

道義なき近代生活などとは次元の違うところで生き死にする農民の生活には、奢侈、贅沢はないが、豊かさがある。つまり、農民は「米つくり」をわがものにすることによって、十全に生きることを行っているのだという。

この生き方を実践的に奨励している一人の人物を、保田は「満州」の広野に見たことがあるという。つまり、近代に沿った政治も経済も峻拒しながら、本来の「米つくり」を説いている人物を発見したというのだ。

「私は満州事変直後の満州へゆき、その赤い夕陽の広野に立って、ここでなす日本人の農業に機械力を使ってはならぬ、腕で一鍬づつ、一鍬づつ土を掘りおこせといって、頑強に軍部に抗して自説を立て貫いた水戸の大なる人を、一度は残酷をしひる固陋の人と思ひ、年をへて、この聖者の如き人の心の中に燃えてゐる、東洋の道徳の燈に、今日の人道第一の光を感銘してうけとったことだった。此類ない大なる人道の燈だった。(24)」

保田の見たのは、かかる精神を持った「水戸の大なる人」であったが、「満州」の開拓地を訪れ、開拓地および青少年義勇軍の訓練所を訪れ、のちに『満州紀行』(昭和十五年)を書いた、作家島木健作は、直に開拓に従事する人たちに接し、保田にちかい思い入れをした。ことの成就や貧困が問題ではなく、激寒の大地に無心で鍬をぶちこむ開拓民の精神のなかに、島木は神にちかい存在を想定した。その勤労そのものに絶対的価値を置き、究極の美を据えた。近代の侵攻により、腐敗堕落してしまった精神を浄化する場として、島木には農村があり、開拓地があった。可能であれば、己もその世界に埋没し、「転向」の後遺症はいうまでもなく、なにもかも忘れたいほどの心境に陥っていた。それほどまでに、島木は、この開拓地の精神を高く評価しようとしたのである。彼はこの『満州紀行』のなかで、次のような文章を遺している。

「名においても、物質においてもむくいられることなく、そのやうな生活がすでに十年にも近いといふことは！　死をかけて一瞬に事を決するといふ勇気にまさる大きな勇気を必要とするこのやうな行為が、いかに物静かに、つつましい謙譲さでつづけられてゐることであらう。何年来、見ることのなかった、行動の世界の美しさが私をとらへた。なにもかも一擲して、さういふ世界へ入って行きたいといふこころさへもゆすぶられるのだった。(25)」

島木健作と保田與重郎のこの表面的言辞だけを並べ、その類似性を指摘することによって、両者の心中の同一性をいうのは、短絡に過ぎるが、生産活動に没頭する農民への無条件的賛美は、両者が共通して心中に宿していたものであったろう。おそらく、それは、近代的知ではなく、信とか情といった世界につながるものであったろう。両者の農本思想の本格的比較検討は次の機会に譲るとして、保田のこの生産活動は、いかなる場合にあっても、手段であってはならず、それ自身が独立、自立し、自足して完結するものでなければならなかった。これを農本思想と称することは出来ても、他のいわゆる農本主義とは、この点で袂を分かつのである。

日露戦争以後、日本は農業国家から工業国家へと転換し、日本の社会構造は大きく変貌し、それを貫く価値規準も転換を余儀なくされていったが、農本主義も、この日露戦争を機に、種々の政治的潮流のなかで、己の果す役割を変えていった。その諸相を保田は見抜いていた。例外はあるが、多くの農本主義者が、古色蒼然とした精神主義を説きながらも、便利さ、改良、スピード、近代そのものを現実的には拒んではいない。尊皇攘夷を高唱しながら近代を是とした。これは日本近代化の道そのものであり、明治国家初発の姿勢そのものであった。工業化、武装化、近代化と決然と別れを告げ、徹底した精神主義に固執する域を出なかったなら、農本主義とファシズムの関係はいま少し違ったものになっていたかもしれない。

農民は貧乏を維持するよう努めているなどと保田はいうが、そのようなことが、現実世界での農民の感覚であろうはずがない。農民の多くは、農業の近代化を願いつつ、生産の豊かさを祈願している。そしてそのための祭りを維持してきたのである。化学肥料、農薬、品種改良、農機具等々に期待し、農民は保田と違って、近代をおおいに必要としたのである。

しかし、保田はそういう農民像を己の心中に結んだことはない。保田の描いた農民像は次のようなものであった。

「保田與重郎の貧しい物云はぬ農民は、封建制度の遺物などでなく、延喜式祝詞に表現されてゐる神々の意志に応へ、永遠の日本の道義をどんな観念や理屈以前に保守してゐる人々である。[26]」

永遠の日本の道義を維持、継承してきた農民は、いかなる貧困も、矛盾も、ものともせず、近代生活を峻拒しつつ、「米つくり」に専念すべきであり、それこそが、日本、アジアの基本的道だと、保田はいう。

ここに彼の「米つくり」の本格的文化確立のための日本・アジア観が生れてくる。

精神の偉大さ、光輝さを選択することなく、僅少の物的豊かさに傾斜してゆくことは、ヨーロッパ文明に服従することであり、つまり近代文明にのみ込まれてゆくことであるというのが、保田の主張である。

保田のいう通り、アジアはヨーロッパのためのものとなり、ヨーロッパの侵襲によって、肉体も魂も強奪されることによってのみ、アジアたり得るという屈辱的歴史を持った。

岡倉天心の言にもある通り[27]、ヨーロッパの輝かしい歴史は、アジアのおちぶれてゆく歴史であった。そういう意味で、自立したアジアはなく、ヨーロッパの近代文明という強権によって食い物にされて、はじめてアジアはアジアであった。アジアに停滞という烙印を押したのもヨーロッパにほかならない。略奪と強圧によって、自己拡張、維持してゆくことが、科学技術を過信してゆくヨーロッパ文明の本質であるかぎり、そこには「力」以外のものは何もなく、その「力」を正当化する諸々の情報が用意されるだけである。その「力」の格好の餌食になったのが、アジア全体であった。したがって、日本やアジアが、ヨーロッパの近代を理想とし、その後を追随しているかぎり、永久に日本、アジアの自立はないことになる。日本、アジアはこの原理、原則から身を引くべきなのである。ヨーロッパのためのアジアの位置づけを、「第一次アジアの発見」だとすれば、アジアの独自の道を、「第二次アジアの発見」だと称し、これを目指す以外に、われわれの道義はないと、次のように保田はいう。

「近代史の開始を意味する『アジアの発見』は、ヨーロッパによって、ヨーロッパのために、アジアをアジアといふ形に定めたことであった。ヨーロッパ対アジアといふ形で、アジアは一つの概念として発見せられた。かくて隆々と近代文明は太った。しかし、さうした生活様式に対する第一次アジアの発見の次に、必ず第二次アジアの発見がなければならぬ。それは道義であり公道である。…（略）…最大の思想として最大の救世主として迎へられる思想は、第二次のアジアの発見の他にない。しかもそれは自己発見の他にない[28]。」

他によって発見され、他の餌食になることによって、はじめて認識されるという悲哀の歴史を刻んできたアジアは、その屈辱の歴史を払拭し、新たな自立の道を、徹底した「米つくり」の精神に求めなければならない。それは、まさしく、近代生活の根源的否定であり、神の道への歩みである。侵略、支配、強権などのない世界、それは日本、アジアの生産活動を除いてはないという。ヨーロッパ的近代生活は、なんとしても拒否するという強力な意志をアジアは持たねばならないのだ。近代生活を甘受しようとする姿勢は、人のふみおこなう道の上からは、犯罪となるかもしれないと、保田はこうのべている。

「アジア或ひは日本に於て、近代の生活をなすことは、可能であるか、その間に平気で可能と答へて実現しようと思ふ者は、その時如何なる道義上の犯罪をなしてゐるか、といふことを反省する必要がある[29]。」

自己保存という目的のために、己の魂まで腐らせながら、侵略、支配に明け暮れするヨーロッパ近代に対し、保田はアジアの絶対平和論を展開するのである。これは、日本近代史のなかで登場した、いわゆる国粋的アジア主義ではないことを、彼は強説している。保田のヨーロッパにはない、この絶対平和論とは何か。「絶対」というのであるからには、「相対」があるはずである。相対的平和とは、保田にいわせれば、いかなるかたちで、いかなる内容であっても、それが戦火を交えていなければ是とするものである。暴力の均衡、同化、服従、なんでもありである。これはじつに政治的、外交的平和論であって、極めて現実的世界のものである。このような政治的駆け引きのなかに見られる狡知から、保田のいう絶対平和論は生れない。そもそも彼のこの思想は、政治、時務情勢とは、なじまぬものである。

第二次世界大戦後の、喧噪ともいえる平和主義や民主主義の底の浅さを知っていた保田は、それを心の底から嗤っていたし、そこに散乱する歯の浮くような「善意」や「ヒューマニズム」を軽蔑した。

国家を適当に批判しながらも、その犠牲になることを極力恐れ、結局はそれに同調し、加担してゆく姿が、戦後日本の近代主義者たちの正義であり、平和であった。彼らは、ファシズムに触れないこと、あるいはただ追放することをもって知的人間だと錯覚した。近代を口先で批判し、近代によって破壊されてゆくものに最大の恋情を寄せ、それを保存しようというポーズをとりながら、じつは近代生活という湯に首までつかり、安全地帯で生きてきたのが、彼らの多くであった。保田は、その姿勢を道義的犯罪だとする。保田の絶対平和論を印象づける言辞をあげておこう。それは、甘い誘いをかけてくる近代生活を峻拒し、「米つくり」と祭りの結合のなかにある世界である。

「近代史の進路と同じ見地に立ち、近代の歩んできた道に従って、平和を求めることからは、決して絶対の平和がこないことを了知してゐる。日本人は近代生活の誘惑をすてて、絶対平和の基礎となる生活に入る方へ歩まねばならぬといふことを、日本人の間で本気で相談する機会を作らねばならないと考へてゐる。[30]」

「憲法上で最も大切なことは、祝詞式のいふくらしと祭りとまつりごととの関係が、何を根底とし、どういふ思想道徳をうみ出すかといふことである。米つくりと祭りを一つとしたくらしは、絶対の平和生活である。支配とか侵略といふものの発生せぬ生活である。[31]」

「米つくり」と祭りとが合体したところに成立する絶対平和が、心なき外敵に脅かされ、侵入の恐怖におそわれた場合、この平和は何によって防御されるのか。防御は「竹槍」しかない、というのが保田の回答である。

この「竹槍」による応戦を嘲笑し、愚弄することは、たやすいが、保田にすれば、この嘲笑、愚弄こそが、愚論なのである。早川孝太郎（民俗学）の案山子に関する考察をもってきて、これは攻撃の手段ではなく、懸命に生産している米を、どうぞ盗まないでくれという、小動物に対する警告だったように、「竹槍」も同じ役割だと保田はいう。攻撃、侵略の意図はそこにはない。保田の「竹槍」精神はこうである。

「竹槍は農民が、鉄砲をもった侵略者におひつめられた末に、死を既定として立つ平和の意志表示の象徴である。農民は神の道を守ってゐるから、武器をたくはへない。洪水と嵐を守る竹を以て、侵略者といふ動物を防ぐのである。狩猟でなく、防御である。…（略）…戦後、進駐兵力に追従する者らが、大東亜戦争の竹槍戦術を嗤ったことは、私の驚きであった。戦争が侵略でないのは、竹槍の精神である場合だけである。[32]」

近代の一つの象徴である近代兵器を拒否し、近代生活そのものを、放擲するところに、絶対平和があるのであって、これは、「米つくり」を中心とした日本、アジアの本来的というか、根源的な道義なのである。竹槍とB29の闘いの優劣を保田はいっているのではない。

この保田の絶対平和主義に関して、桶谷秀昭は見事な発言をしている。それはこうだ。

「戦争よりはどんな平和でも平和がましだといふ相対論では、卑怯な平和よりは王者の戦争を、といふ情念の昂揚した、美意識に強く訴へる主張に対して、人の生き方を根底とする論理において対抗できまい。[33]」

保田は、侵略も攻撃も、支配も搾取も存在しない平和は、近代ヨーロッパ文明から生れることはない、としたが、彼は同時に、儒教的政治からも、この絶対平和は生れないとの認識を持っていたのである。

儒教的政治というものは、血と汗の結晶である農民の生産物を掠奪して生きることを正当化するもの、つまり、盗賊行為の理屈だというのである。「孔子の教へは、支配の哲学であった。官吏服務令の原理づけであった。支配のために天を設定し、神を設置して、天子を立てたのである。[34]」と保田はいう。これは安藤昌益の武士、聖人批判の農本思想と同種である。昌益のいう「自然世」とは、いかなる階級も差別もなく、人工を極力嫌う自然の規矩に従って生きる絶対的平和の世界であった。この平和な世界を破壊せしめたのが、武士であり、聖人、君主であった。彼らは、耕さずして、食を貪るための理屈として、儒教を用意したと昌益はいう。保田も同時に、儒教は人倫などではない。それは支配の哲学であり、悪道を正当化する根拠を与えるものだという。保田は儒教の本質を次のように説明する。

「神の道に平和に生きる者、すべての人間の生命の根源を供与するものを、何かの力によって、自ら働き生み出すことなく支配しやうとする考へ方、その考へ方が儒教によって政治学に組織されたのである。…（略）…儒教の教へはさういふ力の支配のために人工の神を与へ、それによって政治を極力道義的ならしめ、その支配の持続に必要な平和を行はんとしたしくみである。[35]」

神にことよされた生産の道、つまり「米つくり」をすべての根拠たらしめ、保田は農耕民の究極的世界に下り立った。

農本主義者の多くが、貧困からの脱却に強く拘泥し、執着し、そのために政治に接近し、憤怒の炎を燃やす。国家革新の火蓋を切ろうとした者もいた。

保田の農本思想は、極力政治を排除する。「農」による古の道は、支配―服従、利潤―損失といったものを受け付けない。保田の心中には、永久不変の日本人の「米つくり」の精神を、他のいかなるものよりも価値あらしめ、それを保守、継承してゆこうとする農民の姿勢が、あるばかりであった。鍬で耕し、「竹槍」で防御すればいい。

この保田の「米つくり」に基づく絶対平和論など、ヨーロッパ近代を崇拝し、その影響下にある現実世界にあっては、容易に破壊され、無意味なアナクロニズムとして唾棄されてゆく。敗北以外の何物でもない。したがって、こうもいえるかもしれない。現実世界に破れてこそ、保田の絶対平和は意味を持つと。

彼は「偉大なる敗北」について、こういう。

「偉大な敗北とは、理想が俗世間に破れることである。わが朝の隠遁詩人たちの文学の本質は、勝利者のためにその功績をたたへる御用文学でなく、偉大な敗北を叙して、永却を展望する詩文学だった。これは別の表現をすれば後鳥羽院のおどろの下もふみわけての御製の精神を、心のなかでかたく守り、あくまで伝へることであった。」[36]

俗世間での勝利者が、健全で美しい精神の持主であることは珍しいことである。自己顕示、私利追求に基づく平和運動が、にぎやかに展開されるなかで養われた「健康状態」とは、まさしく環境汚染の元凶となるものであった。そのなかで偉大なる敗北をうたい続ける保田は、ファシズムの支援者、「赤狩り」の名人という烙印を押され、罵倒され、糾弾され、追放されていった。

時流に乗って、豹変の繰り返しを主義として生きる「文人」たちに、保田の心は読めない。

無在の美をうたい、「偉大なる敗北」の唄をうたうこの保田の行為に、よく拮抗し、それを凌駕しうるものが、いま、あるか。いるか。

注

（1）橋川文三『増補・日本浪曼派批判序説』未来社、昭和四十年、七二～七三頁。
（2）同上書、八二頁。
（3）保田與重郎「にひなめ　と　としごひ」昭和二十四年、『保田與重郎全集』第二十四巻、講談社、昭和六十二年、八八頁。
（4）保田たちの部隊が中国大陸へ出征した最後の部隊であったようである。自分より高年令の者もいたと保田は次のようにいう。「この軍隊は一包の実弾ももたず、五十人に五梃位の割合の使用にたへない銃をもってゐた。その部隊の最年長者は四十一歳初老の人だったが、」（「石門の軍病院」昭和二十九年、『保田與重郎全集』第三十巻、講談社、昭和六十三年、三三九頁。）
（5）保田「みやらびあはれ」昭和二十二年、『保田與重郎全集』第二十四巻、一七～一八頁。
（6）この地で保田家は相当の素封家だったようである。大久保典夫が保田の葬儀に参列した時のことであるが、彼はその地で次のような話を聞いたという。「これは実証的な裏付けなどなく、世間話程度の話なのだが、おかみによると、…（略）…保田家の当主は與重郎氏の実弟とかで、駅周辺の土地のおおくは保田家の所有だという。保田氏が山持ちだということは以前から聞いていたが、おかみの話では、保田家は何でも近畿で指折りの資産家だそうで、保田家の男子は今でも羽織袴に白足袋で街を歩いているらしい。」（『近代風土』第十四号、近畿大学、昭和五十七年三月、一四頁。）
　また旧制中学時代、保田の先輩であった樋口清元は「保田さんを育てた環境」のなかでこうのべている。「元来桜井市と言う街の中心は、その南にある多武峯談山神社（妙楽寺と言った）の門前街として発達した。この神社は神仏一体時代に妙楽寺船と言う対明船を出して利益をあげたので知られるが、明治維新で神仏分離に遭い妙楽寺は廃寺になった。『金の宝は多武峯』と謂われた資金や財宝が門前街桜井に流れ出し、何軒もの豪商、財閥ができたと謂う。保田家もあるいはその一軒かと思われるし、特に保田家は大和川の簗船と言う船便と関係があったと尊父から聞いたのでそれらが豪家の基を築いたものと考えられる。」(『保田與重郎全集』第一巻〈月報〉、講談社、昭和六十年、七頁。)

(7)桶谷秀昭『保田與重郎』新潮社、昭和五十八年、一一六〜一一七頁。

(8)保田「農村記」昭和二十四年、『保田與重郎全集』第二十四巻、一〇二頁。

(9)松永伍一『土着の仮面劇』田畑書店、昭和四十五年、二六二頁。

(10)松永が保田の「農村記」より引用、松永、同上書、二六六頁。

(11)同上書、二六六〜二六七頁。

(12)同上書、二六九頁。

(13)私もかつて、保田の「農」に関して、次のような発言をしたことがある。「飢えのために死人の肉を食う、というところまでいかなくとも、首が回らぬほどの借金と多くの子どもを抱え、肥桶をかつぎ、猫の額ほどの借地に人糞をまき散らし、夜なべに縄をなうことを日常にしてきた者にとって、日本浪曼派とか、保田與重郎とは、いったいいかなるものであったか。戦後民主主義のなかで、この日常性を代弁する人たち、あるいは、それを利用する人たちにとって、保田の農にかかわる思想は、こっぴどく批判され、糾弾され、放擲されてきたといってよかろう。」(「保田与重郎と『農』」、『保田與重郎全集』第三十一巻の「月報」、講談社、昭和六十三年、四〜五頁。)

(14)杉浦明平『暗い夜の記念に』昭和二十五年に自費出版、平成九年に風媒社にて刊行、一〇五頁。

(15)同上。

(16)同上。

(17)田中克己「保田與重郎と故郷」『近代風土』第十四号、参照。

(18)竹内好『新編・日本イデオロギー』〈竹内好評論集〉第二巻、筑摩書房、昭和四十一年、二七六頁。

(19)保田「農村記」、前掲書、一〇三〜一〇四頁。

(20)横井時敬『横井博士全集』第六巻、横井全集刊行会、昭和二年、一一一頁。

(21) 保田「農村記」前掲書、一〇四頁。

(22)「ことよさし」について、保田はこう説明している。「ことよさしといふ形は、悉く委嘱するといふ形で、今の世の中であたることばも事実もない。何となればそこには契約といふ条件のきめがない、成果に対する責任も今に比して大らかである。これは神がことよされるのだから、如何やうになっても成果(生産)はつねに神の大きいお働きの領界内のものだからである。主権とか所有権といふ考へのない世界での委任である。だから米を作ることをことよされたことが、わが国の成り立ちの大本であるが、この生産された米は誰のものといふと、決して即座に神のものでない(同じ意味で天皇のものでない)民草がこれをことよされた神にさゝげる時は、むしろ民の所有と考へられるやうな形をとってゐる。」(「皇大神宮の祭祀」、昭和三十二年、『保田與重郎全集』第三十巻、講談社、昭和六十三年、三七五~三七六頁。

(23) 保田「農村記」前掲書、一一四~一一五頁。

(24) 保田「天道好還の理」『現代畸人伝』昭和三十九年、『保田與重郎全集』第三十巻、講談社、昭和六十三年、三一〇頁。

(25) 島木健作「満州紀行」、昭和十五年、『島木健作全集』第十二巻、国書刊行会、昭和五十四年、八~九頁。尚、保田と島木の類似性を指摘したものに、大久保典夫の「保田與重郎の美学」『転向と浪曼主義』審美社、昭和四十二年、がある。

(26) 桶谷、前掲書、一一九頁。

(27) 岡倉天心の言を引いておこう。「ヨーロッパの栄光は、アジアの屈辱である! 歴史の過程は、西洋とわれわれのさけがたい敵対関係をもたらした歩みの記録である。…(略)…自由という、全人類にとって神聖なその言葉は、彼らにとっては個人的享楽の投影であって、たがいに関連しあった生活の調和ではなかった。彼らの社会の力は、つねに、共通の餌食を撃つためにむすびつく力にあった。彼らの偉大さとは、弱者を彼らの快楽に奉仕させることであった。」(「東洋の目覚め」〈英文〉、明治三十六年、『日本の名著・岡倉天心』中央公論社、昭和四十五年、七〇頁。)

(28) 保田「農村記」、前掲書、一一〇頁。保田は、また、別の論文でもこうのべている。「第一のアジアの発見は、実に近代史の端初でした。近代の支配の歴史は、アジアの発見から始ったのです。」(「絶対平和論」、昭和二十五年、『保田與重郎全集』第二十五巻、講談社、昭和六十二年、三六頁。
(29) 保田「農村記」、前掲書、一二九頁。
(30) 保田「祖国正論」、昭和二十五年、『保田與重郎全集』第二十七巻、講談社、昭和六十三年、一二頁。
(31) 保田「われらが平和運動」『現代畸人伝』、前掲書、二六九頁。
(32) 保田「われらが愛国運動」、同上書、二五四〜二五五頁。
(33) 桶谷、前掲書、一二四頁。
(34) 保田「農村記」、前掲書、一七九頁。
(35) 保田「にひなめ　と　としごひ」、前掲書、八三〜八四頁。
(36) 保田「天道好還の理」『現代畸人伝』、前掲書、二九四頁。

主要参考・引用文献（保田與重郎の著作は省略）

『横井博士全集』第六巻、横井全集刊行会、昭和二年
橋川文三『増補・日本浪曼派批判序説』未来社、昭和四十年
藤田省三『天皇制国家の支配原理』未来社、昭和四十一年
大久保典夫『転向と浪曼主義』審美社、昭和四十二年
桶谷秀昭『近代の奈落』国文社、昭和四十三年
和泉あき『日本浪曼派批判』〈近代文学双書〉新生社、昭和四十三年
磯田光一『比較転向論序説——ロマン主義の精神形態』勁草書房、昭和四十三年
色川大吉編集・解説『日本の名著・岡倉天心』中央公論社、昭和四十五年

松永伍一『土着の仮面劇』田畑書店、昭和四十五年
『ピエロタ――特集・日本浪曼派とイロニイの論理』母岩社、昭和四十八年四月
饗庭孝男『近代の解体――知識人の文学』河出書房新社、昭和五十一年
日本文学研究資料刊行会『日本浪曼派』〈日本文学研究資料叢書〉有精堂、昭和五十二年
『国文学・解釈と鑑賞――日本浪曼派とは何か』第四十四巻、一号、至文堂、昭和五十四年
『近代風土――特集・保田與重郎』第十四号、近畿大学、昭和五十七年三月
桶谷秀昭『保田與重郎』新潮社、昭和五十八年
松本健一『戦後の精神――その生と死』作品社、昭和六十年
杉浦明平『暗い夜の記念に』風媒社、平成九年

農村自治と国家

権藤成卿論

序章

近代化の彼方に素晴しい未来が待望されている間は、近代化の前進は、じつに自己目的であった。そしてそこには、人類の歴史は、理性をきりひらき、同時に理性に啓発されながらバラ色の倫理的理想の実現に向かって進歩してゆくという確信があった。しかし、己の苦しみを告げ、知らせることのできない無告の民にとっては、近代への道はそのまま暗黒への旅路でもあった。近代化の過程で同じ制度的表現である資本主義とその文明とにこもる矛盾は、さまざまなかたちの病理を生んでいった。管理化、技術化の傾向のはてにもたらされたものが、人間性の喪失であり、自然と人間のアンバランスであり、人類死滅の予告であった。

この延長線上で今、わが国では、追いつめられた人間が、人間性を再発見しようとして、あわてふためいている。依拠すべき原点を求めてさまよう人々の群がある。精神のかわきをいやすべく情念の噴出がみられ、共同体、郷土、地方の発見、再発見がさけばれる風景がここにはある。日本的なるものの探索の糸口として、本居宣長、平田篤胤らの国学がみなおされ、柳田國男、折口信夫、南方熊楠らの民俗学が、にわかに脚光をあびはじめ、北一輝、吉田松陰に社会変革者の原像を追い求めるという思想的傾向も存在する。

これらと併行しながら、あるいは少しずれながら、権藤成卿や橘孝三郎、山崎延吉らの農本主義思想の復権がある。農本主義思想は、本来、思想のはでさを持たず、深く沈潜する。したがって、その影響でただちに事が起こったり、魂がいやされるということはない。しかし、つねに日本人の心理の奥底をとらえきるような粘着力をたずさえながら、のそのそと歩きまわっているようでもある。

このような方向を頭ごなしに反動呼ばわりする必要はなかろう。この精神的危機の状況にあっては、己の存在根拠の探索を過去の存在に求めていくのが、人間のごく自然の傾向でさえある。過去によりかかることが一つの幻想に依拠することであることを知りながらも人はそれによりかかろうとする。

過去の存在、たとえば村落共同体などは、たとえそれが過去において人を呪縛し、いためつけたものであったとしても、それによって救済されてきた部分がある限り、それは、今日のさまよい人たちのかわききった魂をいやしてくれるオアシスとなりうるのである。柳田國男は昭和四年の段階で次のような言辞を公にしている。すなわち、農村社会に古くから存在する「ゆい」、「手間替」、「部落単位の共同作業」などは、たしかに多く弊害を含んでいるとはいえ、共同団結によってしか生きのびることの困難な状況にあっては民衆救済のためにむしろ有効な機能を果たすのである。にもかかわらず「現在の共産思想の討究不足、無茶で人ばかり苦しめてしかも実現の不可能であることを、主張するだけならばどれ程勇敢であってもよいが、其為に此国民が久遠の歳月に亙って、村で互に助けて辛うじて活きて来た事実までを、ウソだと言はんと欲する態度を示すことは、良心も同情もない話である。」(『都市と農村』)

共同体回帰を即刻反動呼ばわりする「進歩的知識人」には、ながい民衆生活の探求のすえにはかれたこの柳田の言葉も、そらぞらしく頭の上を通りすぎてゆくであろう。たしかな例証も論証もなされないままに、一般に村落共同体は明治以降の天皇制に利用されたものであり、それ以外のなにものでもないというある種の信仰が存在する。

ここで、私は権藤成卿（一八六八〜一九三七）のもつ原始回帰、共同体回帰、自然而治の思想を通して、自然、人間、共同体、および天皇制の問題を考える糸口を探し求めてゆきたいと思う。郷土の農村共同体を讃美し、その自然との融合に人間生活の美しさをみいだそうとする権藤の思想は、単に天皇制支配の道具としての意味しかもてなかったのかどうか。そしてまた、たとえそれが結果的には天皇制のなかに吸引されていったものであったとしても、それがそのまま、今後も権力によってすいあげられてしまわなければならないものかどうか。彼の思想の核である「社稷」理念は、一方的に天皇制を正当化するという意味しかもっていないのかどうか。人間生活の原型を、もっとも素朴な段階に想定したこの理念は、権力からの自立という意志を強烈にうたいあげ、人間のあり方の極限に関する思考を今日のさまよい人にせまっているように私には思えるのだが。

権藤の思想について、ここでは国家を超えるものとしてあった彼の「社稷」の理念と柳田國男の国家像ないしは、彼の思想の核である「常民」とのかかわりをみておきたい。彼らは互いに相手を意識しながら仕事をしたわけではないし、もちろん直接のかかわりあいをもったわけでもない。権藤が思想的に脚光をあびたのが大正後期から昭和初期にかけてであり、柳田が当時の時代風潮であった農本主義的農政を痛烈に批判しながら論壇にデビューしたのが明治の後期であることからして、時期的にも二人が思想的交流を行なうという可能性は少ないわけである。しかし私はささやかな農本主義思想の検討の過程で、柳田を意識しなかったことはない。彼の「常民」の思想と農本主義思想とはどうしても別個に検討できるものではないことを思いつづけてきた。柳田が農政官僚であり、農政学者であった頃（明治三十年代、四十年代）、当時、時流になっていた農本主義的農政を批判、攻撃したことについては、今日までかなりの指摘がなされてきた。（東畑精一、花田清輝、橋川文三、後藤総一郎、中村哲らによって。私もわずかながらその点についてふれてきた。（「柳田國男の抵抗精神」『思想の科学』一九六七・一〇、「柳田國男の農政思想」『柳田國男研究』創刊号一九七三・二）

柳田の時の農政批判は、たんなる農政批判の領域を超えて、日本近代主義に対する痛烈な批判、懐疑になっている。われわれはこの柳田の農政構想を通して、日本の近代農政、そしてまた「近代主義」の虚偽性を暴露するとともに、柳田の着想のなかに、真の近代への道をさぐりあてようとしてきた。そしてそのことはそのことなりに意味をもったし、それなりの成果があげられてきた。しかし、私は柳田と農本主義思想の問題をめぐって、いまひとつそれ以外に大切な問題があることを思いつづけてきた。それは従来とりあげられた柳田の農政にかかわる思想は、いわば農政官僚的農本主義者たちとの関連であつかわれてきただけであって、権藤や橘孝三郎らの在野の農本主義者との思想的関連、交錯はなんら問題にされたことはないということである。もちろんさきほどのべたように、彼らの間に直接の面識があったわけでもないし、時代的にも多少のずれはあるのであるが、いずれも日本の「近代主義」に対する疑念をもちつづけたという点、あるいは国家を超えようとする情念をもちあわせていた点などは、比較検討されなければならないことのように私には思える。「古き良き価値」から脱出した日本人は、早くも明治二十年代には、輸入した新しい価値にどことなく空虚なものをおぼえはじめる。西洋文明の真髄にふれた人々によって、いちはやく「近代主義」が批判されたのは、なんとも皮肉なことであった。明治末期ともなれば、日本近代化への、トータルな批判が生起してくる。日本の「近代主義」は、過去の習慣や道徳、倫理をすべて非合理的なもの、前近代的なものとして排撃し、西洋近代をその模範として美化し、絶対化していった。そこには近代がゆきつくはての不安や恐怖はなかった。日本に存在するものをただひたすらに拒否し、追いはらうことにのみ、日本の近代主義者たちは勇敢であった。このような日本の「近代主義」に対しての非難や怨恨が、さまざまなかたちをとってあらわれてくる。柳田も権藤もそのうちの一つの型である。まず柳田の姿勢をみていこう。彼は「日本に於ける産業組合の思想」のなかで次のような発言をしている。

「元来世の中には舶来の制度と云へば一も二もなく歓迎する人と、また徹頭徹尾嫌ふ人と二派あるやうに思はれます。是は双方とも極端に馳て居りますから戒むべき思想であります。けれどもどちらかと申せば、後者即ち西洋の制度に不安を抱く人、舶来の制度を安心して採用せぬと云ふ傾きには多少の理由があるのであります。第一、二千年来発達の経路を異にして居る日本の現在に、隣の畠から植木を持って来るが如く、容易く西洋の制度の輸入が出来るものではないかもしれぬ。」

また、柳田は日露戦争後、内務省を中心に強引にすすめられた「地方改良運動」の一環としての「町村是」の作成（戦後の財政的危機を補うため、地方自治体の自力による更生を促進するため、統計的な町村の経済調査を官権的に行なわせるというものである）に対して次のような疑問をなげかけている。

「是迄大分の金を掛けてこしらえ上げた各地方の村是なるものは、未だ十分に時世の要求に応じ得るものではありませぬ。成ほど所謂『将来に対する方針』の各項目を見れば、一つとしてよくない事は書いて無い。之を徹底して実行すれば必ずそれだけの利益がありますから、無きに勝ること万々ではありますが、如何せん実際農業者が抱いて居る経済的疑問には直接の答が根っから無い。それと云ふのが村是調査書には一つの模型がありまして、而も疑を抱く者自身が集って討議した決議録では無く、一種製図師のやうな専門家が村々を頼まれてあるき、又は監督庁から様式を示して算盤と筆とで空欄に記入させたやうなものが多いのですから、此村ではどんな農業経営法を採るが利益であるかと云ふ答などはとて

も出ては来ないのです。」（『農業経済と村是』、傍点＝綱澤）

柳田の「近代主義」批判には、このように鋭い現状の把握と徹底した即事性がつらぬかれていたが、彼の心のうちには、そこにはとどまることのできない志向が内包されていたのである。それは彼の内面を最初からつらぬいていた祖先との共生の国家という視点であった。この視線をたずさえながら彼は明治国家の目的との接点において合理性を追い求めようとしてきたのである。しかし、そのたびかさなる説得のはてに柳田がおもい知らされたのは、「啓蒙のむなしさ」であった。そこでもはやいかなる階級的、経済的利害の軋轢、衝突が行なわれようとも、結局は、国民の一人一人がそこで生死する運命にある日本の土と、その土から生まれいずる日本人の心性に対する強烈な関心が柳田の内面をとらえはじめるのである。以前から存在していた国家の論理を超えるもの、あるいは異質の領域が柳田の精神のなかによみがえってくるのである。

さてここで問題にしたいのは、このようにしてゆきついた柳田の国家像および「常民」と、農村における有機的、共同体的人間関係が、都市の原始論的機械論的人間結合によって圧倒されてゆく過程に出現し、近代化によって喪失したものを回復しようという志向性をもつ権藤の「社稷」理念との関連である。日本の近代国家の病理を鋭敏に看取し、それを克服しようと希求する限りにおいて両者とも同志向性をもつということができる。まず柳田の国家像をみてみよう。彼は直接国家を定義しようとすることはないが、おりにふれて国家像を問題にしている。

「要するに一国の経済政策は此等階級の利益争闘よりは常に超然独立して、別に自ら決するの根拠を有せざるべからず、何とならば国民の過半数若くは国民中の有力なる階級の希望の集合は決して国家夫自身の希望すべきものなりといふ能はざればなり、語を代へて言はゞ私益の総計は即ち公益には非ざればなり、極端なる場合を想像せば、仮令一時代の国民が全数を挙りて希望する事柄なりとも、必しも之を以て直に国の政策とは為すべからず、何とならば国家が其存立に因りて代表し、且つ利益を防衛すべき人民は、現時に生存するものゝみには非ず、後世万々年の間に出産すべき国民も、亦之と共に集合して国家を構成するものなればなり、現代国民の利益は或は未来の住民の為に損害とならざることを保せず、所謂国益国是が国民を離れて存するものに非ざることは勿論なれども、一部一階級の利害は国の利害とは全く拠を異にするものなり」（『農政学』）

「仮に万人が万人ながら同一希望をもちましても、国家の生命は永遠でありますからは、予め未だ生まれて来ぬ数千億万人の利益をも考へねばなりませぬ。況んや我々は既に土に帰したる数千億万の同胞を持って居りまして、其精霊も亦国運発展の事業の上に無限の利害の感を抱いて居るのであります。」（『農業経済と村是』）

わずかな例ではあるが、これらの言辞からも読みとれるように、柳田が考えている国家の像は、階級の利害から超然独立して、みずから決すべき根拠をつねにもつべきものでなければならなかった。そしてなによりも特徴的なのは柳田の国家像からは権力機構としての面がどこにもみられないということである。これは、権藤が国家をはるかに超えるものとして、「社稷」をうちだしたのと共通する面があるように私には思える。権藤は帝国憲法をもってみずからを粉飾した明治天皇制国家の確立にともない、朝野の近代人がいずれも皇臣に編入せられ、かつて存在した国家を超えるものとしての「社稷」のために尽身することを忘却し、国家の前に「社稷」が衰退してゆくのをなげき、警告したのである。

「『天下をもっておのれの国家となす』云々とは、蘇我氏の横暴を罵った古人の一句であるが蘇我氏にあれ、藤原氏にあれ、足利氏にあれ、徳川氏にあれ、将《は》たかの薩長藩閥にあれ、みな天下をもつておのれの国家としたものではあるまいか。わが日本はある一部権力者の国ではない、ゆゑに継体天皇の詔に

『宗廟を奉じて社稷を危ふせざるを獲んや』といふことがあり、また大化の詔に『天に則り寓を御す』といふこともある。これが君臣共治の詔あるゆゑんである。しかも今ごろプロシア王の逃亡を目の前に見て、なほもその誤れる国家主義に眩惑し、わが至高至仁なる社稷体統の典範を破却するは、わが日本を賊する匪類である。」（『自治民政理』）

「社」は人の住居する土そのものの神であり、「稷」は五穀の神のことである。農耕民族の信仰、崇拝の対象であった「社稷」は次第に部落を意味するようになり、国を意味するようになるのであるが、これは支配者の権威とか勢力関係によって確定されてくる国家の観念とはその性質が根本的に異なる。権藤にとって、国家は「社稷」が便宜上つくりあげた相対的存在であって、決して絶対的なものではなかった。一般民衆の衣食住のゆきづまり、すなわち「社稷」が危機にひんしているのは、日本の自然、風土、伝統を無視して、プロシアの国家機構を無批判的に採用した明治国家体制の成立にその原因が求められる。民衆の自治を無視した国の統治ということはありえないし、民衆の衣食住の進歩が「社稷」の進歩であり、衣食住の満足と安全は、そのまま民衆道徳の振興となり、その道徳の振興が国の光輝となる。「社稷」と国家の関係について権藤がもっとも明確にしている個所を次にあげておこう。

「制度が如何に変革しても、動かすべからざるは、社稷の観念である。衣食住の安固を度外視して、人類は存活し得べきものでない。世界皆な日本の版図に帰せば、日本の国家といふ観念は、不必要に帰するであらう。けれども社稷といふ観念は、取除くことが出来ぬ。国家とは、一の国が他の国と共立する場合に用ゐらるゝ語である。世界地図の色分である。社稷とは、各人共存の必要に応じ、先づ郷邑の集団となり、郡となり、都市となり、一国の構成となりたる内容実質の帰著する所を称するのである。各国悉く其の国境を撤去するも、人類にして存する限りは、社稷の観念は捐減を容るすべきものでない。」

（『自治民範』）

「世界皆な日本の版図に帰せば」という個所をとりあげ、それをファシズム的とか侵略主義的発想だとして一蹴しようとする人がいるが、それは権藤の核心にふれる批判とはほど遠い。権藤は人間にとって、もっとも基本的でしかももっとも美しいものとして、衣食住と男女の関係というきわめて素朴な段階を設定し、それを「社稷」のなかに見出し、国家およびその他の社会諸制度を相対化せしめたのである。いわば権藤の「社稷」は、歴史的現実のなかに与えられた存在ではなく、それは悠久に存在するものの形象化であり、すべての制度、機構を超え、時間的規定を超えた原初的理念でさえあった。だから「社稷」の観念はどのような権力とも無縁の存在であらねばならなかった。「社稷」の意志、すなわち「成俗」を構成するものは、個人の純情の発露より発した良心の行為であり、それを拘束するものは一切排除されねばならない。あらゆる政治的論議、行動は、衣食住の安泰と男女の調和の実現のために集中されなければならないとして権藤は次のようにいう。

「民人の純生なる要求は、即ち安全なる生存の要求である。其安全なる生存の要求は、衣食住の安泰と、男女慾の調和とを、現在以上に進めたとき、名人各個の同一なる意欲にして、その意欲を充足させるが為に、心と形との両面の勤労に服し、孜々刻々自然の化育を助け進むるのである。古来衣食住男女を以て、我例制の根本を定められあるは、全く此の理に外ならぬものにして、古代已に一井、一伍、一里、一邑自然の衆団が出来、其衆団の中に共済共存の規律が成り立ち、其共済共存に有害なる、個々勝手の邪欲に向て制限を加へ、此の社稷の安寧を保持するのが、実に典制根本要旨である。」（『自治民政理』）

権藤の思想が、国家権力と国家の観念を超えるのは、この「社稷」の意思、すなわち彼のいう、「成俗」の根底にある個人の意志を絶対視するところからくるものである。「生」を豊かに肯定し、実践するために、人間の生存と生活とを侵しているすべての社会組織、そのなかでも最も強力な国家権力にもっとも痛烈な反抗の立場を彼はとる。（この点は大杉栄、石川三四郎らのアナーキズムにきわめて接近している。）「社稷」の意思である「成俗」を無視する統治者は、「社稷」の敵として放伐されてしかるべきだとされる。

このような権藤の「社稷」をめぐっての人間のありよう、国家との関連のなかから、私は柳田の国家像ないしは「常民」とのつながりを発見するのである。権藤が権力に対する民衆自治の伝統を「社稷体統の自治」として設定し、民衆生活の根本である衣食住と男女の関係を日本歴史のなかにうたいあげてゆくのは、権力とかかわりあいのない地点で、文字として歴史に残ることのない生活を営んできた「常民」の生活に魂をゆさぶられ、それを掘り起こそうとした柳田の「志気」ときわめて類似してくるのを私はおぼえる。権藤が権力としての国家に対して「社稷」をうたいあげたとするならば、柳田は国家と対峙はしないが国家の論理からはみだされた「常民」を己のうちなる魂として設定したのである。国家の論理というものは、己の利益になるもの以外はことごとく抹殺していく非情のものとしてある。国家の体系から放擲された者に対する国家の残虐行為は熾烈をきわめる。このような国家の論理に対して、それを拒絶し、うち破るためには、どのようなものが必要なのか。おそらく、それは論理をも無意味にしてしまうものとしてあるであろうが、柳田や権藤のはてしない思想的営為は、その一つの解答に向けての努力であったのではなかろうか。前述したように、柳田の国家に対するイメージは、階級の利益を超え、しかも、現時に生きている人間をも超えてあるものであった。彼は「社稷」という言葉は用いないが、私は彼の国家像のなかに、権藤の「社稷」と共通するものを感ずるのである。権力的要素ぬきの国家のなかでのみ、柳田の超階級的「常民」は生きている。柳田の想定する「常民」は一方では、「通例村の人たちはどんな困った事でも、それが古くからも斯うであつたといふか、銘々の力では奈何ともすることが出来ぬといふか、又は他の地方でも皆此通りだといふことを聴くと、もうそれで安心をして居た。それも実際は決して確かではなかつたのだが、兎に角この三つの想像が共に働いて、彼等を甚だあきらめのよい人とし、又批判の少ない人として居たことは事実である。」(『国史と民俗学』)といったような人々であった。国家の論理からはみだされた者には言葉がない。言葉を発するためには、国家の論理に変質しているその言葉を学ばねばならない。しかしその道はかたく閉ざされている。彼らに残されたものは、くやしさやかなしみの涙さえかれはてた、無表情な顔だけである。しかし、柳田の抱いたもう一方の「常民」像は、目に一丁字はないが、事理の明確に言える、人に誤ったことがあれば断じて許そうとしない、きわめて判断力に富んだ、それでいて表現力のないような人々であった。

このような両面をもち合せた常民の生存に柳田は限りなく感動し、その生命力に限りない愛惜の念を抱いたのである。それはちょうど権藤が「きれいなもの」としてうたいあげた「社稷」に生きる人々ではなかったろうか。

自然而治

「土地とは何か。元来、土地は人的生産によらず、天地創造に関わる神の被造物である。恩恵としての天然資源である。いかなる権力によっても、生殺与奪を絶対に許さない、神の所有物であり、厳密にいって土地は傲慢な人的権限の及ぶべき場所ではないのである。……農民は土地をもって己れの生命の源とする。生きものとしての不即不離の土地である。……農民にとっての土地問題は、深刻なもので、特に祖先伝来の農地、粒々辛苦の開拓農地ともなれば、その土着性からくる土に対する執着は格別だ。これは、土に生まれ土に生きんとする農民のみが知ることのできる苦楽である。……土に全生命を托し、全家族の労力と全財源を投入し、農民は一年の収穫を得る。これは自然と労働の法悦境であり、宗教的信仰の世界でもある。どこにこのような自然と労働の血肉化した法悦の世界を見ることができるだろうか。土地とは働く農民の心の中に捉えられた生き物であって、決して無機物的な物質ではない。土は絶えず働く農民とともに生き、ともに呼吸を続けている生物である。だから土地をコンクリートの下敷化することは、農民を生き埋めにすることである。農民もまた不断に土との呼応の中に、土とともに生きてきたのである。」（戸村一作「神・土地・農民」『中央公論』臨時増刊、一九七一・七）

これは決して「土」の名にかくれて農民をおだてあげてきたかつての御用学者的農民同情者の言葉ではない。凄惨をきわめる国家権力との闘いのなかに身を投じながら、人間を、そしてまた土を問うていった現代人の吐露である。土に生きるとか、土に生命をうちこむということは過去の言葉ではない。生の実現を希求する者の今日の言葉である。「土の思想」は今日なおこのようなかたちで生きている。いや生きなければならないのである。たんなる自然回帰としての牧歌的なものへの憧憬に終わってはならず、資本の論理にもとづく、赤裸々な権力の攻勢に対し、その論理構造を告発し、疎外状況のもとにおける人間の「生」の復権をめざすものでなくてはならない。

人間はもともと自然界の単なる一員であった。にもかかわらず、「主体性」というわけのわからぬものによって、自然界のなかでの「王座」の幻想を抱いてきた。自立した個人とその個人の連合として社会があるかぎり、その社会は人間諸個体にとってはまさにパラダイスであったかもしれない。そこには人類の歴史は、理性を開発しながら、同時に理性に啓発されながら、清澄な倫理的理想にむかってすすんでいるという進歩の観念が一つの信仰としてあった。しかし類のなかでの主体性の確立は、私的利益の追求というかたちをとらざるを得なかったのである。そこには支配、被支配という関係が生れる。この支配、被支配の関係を持続させるために、支配する者は、支配のための「正当」な論理と倫理を構築しなければならないし、社会のすみずみにまでそれを浸透させねばならない。その展開こそが「近代」の進行であり、「近代合理主義」の貫徹であった。この過程で人間が本来的にもっていた自然性は奪われ、それは同時に人間性そのものの喪失されていく過程でもあった。近代の進行が急激になされたところにおいては、それだけ自然性の失われてゆくのも速いし、荒々しいものがあった。日本がその典型的な例であることを疑う人はいまい。青くさい知識人たちが、封建制度のむこうに、明るい近代をのぞき見て、そこにある種の期待をよせていったのと対照的に、「無告の民」である一般民衆は、逆に近代を「暗黒」として体感したのである。「土民」あつかいされていた民衆たちにとって、近代とは次のようなことを意味するものでしかなかった。

「明治政府の布告は多くの民衆にとって一片の紙屑にひとしいものであった。穢多《えた》の身分解放令がもたらしたものは、江戸時代以来彼らがもっていた牛馬の皮はぎの権利をうしなうことであり、アイヌに職業と居住の自由を許したことは、アイヌを保護から解放して悪辣な日本人の自由にまかせることであった。士族授産は、失業士族の不幸をとりしずめる以外の何物でもなかったから、当座はともかく、政府の保護はながつづきしなかった。飢え棄てられてもそれは各人の才覚の乏しいためとあきらめるほかなかった。新しい輸入品のために地方の産業は没落した。しかしそれを救うべき国家の手段は、あまりにも貧弱であった。おそらく明治政府の真に目ざしたものは、このほかに存した。すなわち、部落共同体を解体の日程にのせて、これまで部落単位であった租税や徴兵を個人単位に切りかえ、富国強兵の実をあげようとすることであった。そのためには、私有の観念を前提としなければならず、入会地や部落共有林を、各戸の私有または有力者の分割にまかせ、あるいは官有地と切りかえることが急がれた。」（谷川健一『常民への照射』）

必要なものは自分でつくり、それをたくわえておくという農耕的な物資の獲得方法にとってかわって、必要なものは他人のものをかすめとり、そしてそれを正当化するという方法が優先しなければならないのが近代への道であるとするならば、人間が自然の産物としてまさに自然そのものと一体となって存在するものであるという農耕的発想は、この時点で劣性を余儀なくされてゆくのである。この近代のゆきつくはてが、くり返しくり返し行なわれてきた「戦争」という人間が人間を殺す「仕事」なのであった。この過程でもしも人間としての「生」の確執をさぐる方向があるとすれば、それはおそらく近代という人為への反逆、人為の最高傑作ともいうべき国家への謀反というかたちをとらざるをえないということだけは言っておかねばならないであろう。従来国家に不忠である者はしばしばあらわれた。しかし問題はその不忠の根源である。なんのための不忠なのか。個人のための、あるいはイデオロギーのための不忠はあらわれたが、社稷、天下のために国に不忠でなければならないとする者の数は僅少であった。反国家をもって自認した革新者も村上一郎もいうように「国に不忠であることをもってイデオロギーとした共産主義者には、イデオロギーを信奉するから当然、仁義に乏しく、社稷・天下の観念はなかった。彼らは志において草莽のこころをこころとすべき筈のものであったが、翻訳調の近代主義のために、仁や義をバカにし、暴力を道にまで高め得ず、彼らの階級戦を真に租国のものにすることはできなかった」(『草莽論』)のである。

国家の前に社稷天下の観念がうち消されてゆくのを警告した一人に権藤成卿がいる。権藤のいう「自然而治」とはなにか。この稿はそれを明らかにするのが目的である。権藤の「自治」の理念には、一般にいう市町村自治というような意味の「自治」はなく、「民自然に治る」という「無為の治」の意味、すなわち治者によって支配されるのではなく、民衆本来の「性」が「漸化」されてゆくものであるという強い確信がある。

「飲食、男女は人の常性なり、死亡貧苦は人の常艱なり、其性を遂げ其艱を去るは、皆自然の符なれば、勧めざるも之に赴き刑せざるも之を罷《ツト》め、居海に近き者は漁《スナトリ》し、居山に近き者は佃《カリ》し、民自然にして治る、古語に云ふ山福海利各天の分に従ふと、是の謂なり。」（『自治民範』）
常性を遂げ、常患を去るという自然の要求こそが人間の基本的なものであり、それ以外のなにものでもないとするところに権藤の人間観の基本がある。人は皆自ら織って衣、耕して食うという自給自足によってその生命を保持し、またそれによって本来の自由に満足する。彼にとって自然とは、他者の力を借りることなく、それ自身の内にある働きによって、そうなることなのである。そこには人が人を統治することを拒否するものがある。世の退廃と混乱の源は、知識や道徳という人為、その集積であるところの人間の文明にある。したがって為政者なるものは、民衆の自然の成俗を満足せしめるようこころがければよいのであって、いたずらに民衆の生活に干渉することはよくない。しかし多くの司宰者の権術詭謀は、この根本である天成自然の化育を助けるという「政理」を破り、礼儀は虚飾に堕し、公規は制圧に傾き、民衆の順序に漸化すべき行程を塗塞し、はなはだしきは、学術、宗教を利用して民衆をごまかし、官民の差別をつくることを政治の目的にしてしまうと権藤はいう。自然の大道が行なわれているかぎり、人為的道徳や政治は生れる余地はない。それが失われるときに作為的な道徳が生まれ、知恵が生まれ、大きな偽りの根源が生まれる。すなわち百弊の基因はそこにある。作為的につくられた「国体論」や「倫理学」、「修身書」など、権藤にとっては、取るに足らないものであり、不純なものであった。彼はいう。
「又た一派曲学の徒ありて、斯かる政容の意嚮を迎へ、修身書倫理学などの名義を借り怪《アヤシ》げなる国体論を鼓吹するものもあるが。国体とは本来何のことで有る、人の必要は衣食住と男女の性慾ではないか、衣食住と男女の性慾を離れて人はない、人を離れて郷団はない。郷団を離れて国はない。衣食住と男女の性慾の要求が風土の状況を同うする郷団の陶冶《タウヤ》によりて銑錬《センレン》せられ、我に宜しく、人に宜しき処に於て、郷団の風俗と云ふものが形成せらるゝものである。此の郷団の風俗が更らに大きく集まりて、更らに複雑なる陶冶によりて銑錬せられたるものが、若し国体と云ふ語を用ひ得べしとすれば、其れが即ち国体なのである。何等の徹底的必要もなき国体論は、其根拠が宇宙に迷つて居るものである。かゝる議論を発足点として組立てられたる修身書、又は倫理学には、何等の権威も有るべきものではない。況んや為政者の都合を割出しに、国民を去勢する方法を以て之を徳育と名づくると云ふが如きは、咄々怪事である。」(『自治民範』)

ここには明治以降のわが国の国体論、あるいはそれにもとづく教育理念に対しての嘲笑さえうかがわれる。官僚主義によって、あるいは官治制度のもとでつくられた規範とか倫理とかは、民衆の自然性を剝奪し、去勢するものでしかない。上からの画一的徳育などによって人間は向上するものではない。人為的規則や物的権力に拘束されることのない天地自然の法則によってのみ教育はある。明治以来の天皇制がその社会機構の底辺に置いて国家の基礎として重視してきたものがこの政治権力がそれ自身として独立して存在することを許さない無為自然であったと人はいうが、私はこの権藤の無為自然のなかに国家との対決の一つの契機を認めたいと思う。人間というものを徹底的に自然に還元させることを通して、すべての権力からの自立をめざす志向を私は権藤の「自然而治」の発想のなかにみる。

「自然而治」にもとづいた「君民共治」の淵源を権藤は「天安河原神集い」時代、すなわち日本原始共産制時代に置く。この原理をもっともよく大成したのが大化改新の精神であるという。「君民共治」の具体的あり方を権藤は大化改新史のなかでうたいあげている。蘇我入鹿の恣暴専制の下で瀕死の状態におちいっていた社稷自治は、三十有余年にわたる中国留学から帰国した南淵請安の思想的指導によった中大兄皇子のクーデター成功によって、社稷自治は本来の姿をとりもどし、ついで南淵の思想の導きによって、衣食男女の関係が完全に調整されたと権藤はいう。

ここで権藤の思想的根源の一つを知るために、『南淵書』について、しばらく検討してみよう。出版当初この書は、日本民族の最古の書として、また大化改新の思想的源流、さらに太古の時代よりの史跡、人類の祖源の一であることの確認、などというふれこみで、新聞紙上をにぎわした。はなばなしい宣伝とは別にこの書の真偽の問題がわきおこったのである。『南淵書』は南淵請安の著述ではなく、南淵に対する後人の仮託であるとか、あるいは、この書は権藤が自分を売りだすための偽作であるとかといった疑いがもちあがったのである。伊福部隆彦は今日（一九六一）次のような結論を下している。

「権藤自治学説が南淵書に発することは成卿自身の言明しているところであり、それは疑う余地がないが、その南淵書そのものは書誌学的に言って今日疑問の点であるとされている。人によっては成卿の偽作するところであるとするものもあるが、これは明らかに間違いで、疑問は成卿の家に伝わったものか、それとも阿蘇文庫に伝わったものであるか、それとも全く別な自伝であるかであるが、筆者はだいたい阿蘇文庫伝来とみている。」（『思想の科学』一九六一・四）

ともあれ権藤が単なる漢学的な博識博学者として終わらず思想家として登場するに至ったのは、この『南淵書』に手をつけてからであることは明らかとなっている。だとすれば史実的事実認識の問題は別にして、興味あるのは、なにゆえに権藤が南淵請安を、またこの『南淵書』を美化、理想化したのかということと、そのことがなぜ人々をしてそれに酔わせしめたかということである。（思想が現実に社会的機能を果たすということは、このようなことをいうのであり、事実認識の上で正確か不正確かという設問は、この場合あまり意味をもたない。）

それでは、この『南淵書』を権藤がどのように継承し、評価しているかをみてゆこう。『南淵書』にはいろいろな異版があるが、今私が手にすることのできるのは、昭和十二年に印刷された、いわゆる「岡山版」

の『南淵書』と、昭和十九年に出された長野朗の『南淵書解説』である。前者についてはその出版のいきさつについて、七夕虎雄氏の御親切な御教示をいただいた。ながきにすぎるが、『南淵書』が一般民衆にどのようなかたちでうけとめられていたかの一例証ともなると思われるので氏からいただいた説明書を披露しておく。

「岡山県で発行された『南淵書』について。

昭和十二年九月一日、岡山市門田一〇七三番地、岡本勘三氏の許で発行された『南淵書』について、同県和気郡和気駅前、日笠邦輔氏に発行経緯を照会したところ後掲の報告に接したので、同書を知ったいきさつと合せ、後進有志のためこれを記録しておく。私が同書の存在を知ったのは昭和十九年で、当時満州国安東省安東県合隆村（満農）の村造り工作をしていた頃、隣村竜譚村に私と同じ仕事をしていた広島県出身の川上満治氏を訪ねた折、学問上の話から『南淵書』にふれたところ氏は驚いて、これは偶然だ、その『南淵書』は私も所持している。実は先年渡満する時、或る先輩から、読まなくともよい、これを所持していることによって君の人物を高く評価される時があると言って贈られたが、難しいのでよく読んでいなかったと言って、見せてくれたのが、岡山版の『南淵書』であった。…（略）…昭和三十一年七月九日私の主催で行った権藤成卿先生の二十一年祭に間に合うよう日笠邦輔氏に、同書発行の経緯について調査を依頼したところ、岡山市野田屋町二一七番地に擬成塾を主宰している森左輔氏から、昭和三十一年七月六日付書簡にて次の調査報告に接した次第である。…（略）…

一、発行の経緯

当時岡山県保安課長秋吉敏郎氏が、愛郷塾から入手した原文を岡本勘三氏らの有志にはかり、原文は辞書にもない文字があり読み難いことから、岡本氏を中心に、同課員福田直次郎らの協力により和文に翻訳し、同課員深見久雄氏が騰写印刷に付して数十部を作製し、県幹部を中心とする同好の士に配布したところ、かかる貴重な資料を極く一部の人達が私蔵するのは惜しいとの声が高まり、前記騰写刷りの同書を岡山県和気郡、閑谷黌《旧制中学》の国漢担当教官某氏の校閲を得て、県庁関係に出入していた清水賢吾氏の岡南印刷所で、一〇〇〇部を活版印刷し発行したものであります。なお本書には岡本勘三氏と同郷だった当時の岡山県知事多久安信氏が序文を書くことになっていたが、突然転勤のため、沙汰止みとなり、また秋吉課長、閑谷の国漢教官の氏名は他をはばかって特に記載されなかったようであります。」

「読まなくてもよい」、「所持していることによって君の人物を高く評価される」というような表現に、『南淵書』の神聖化がよくうかがわれる。

まずこの二書によって『南淵書』の内容にふれていくことになるが、ここでは全体を解説する余裕はなく、権藤の「自然而治」理念との関連でのみ、必要と思われるものを引きだしてみたいと考える。

「巻上」の「民初第二」などは、権藤の『自治民範』にそのままうけつがれているところであり、『南淵書』の出発点であり、根本となるものである。

「皇子問ひて曰はく、『生民の初め、聞くことを得可きか。』と。南淵子答へて曰く、『混蒙の世、民自然にして治まる。載籍備はらず、孰か其の詳を焉に知らむ。然りと雖も、飲食男女は人の常性なり。死亡貧苦は人の常患なり。其の性を遂げ、其患を去るは、皆自然の符なり。勧めずして民之に赴き。刑せずして民之を毘む。霊智焉に発し、機巧焉に起る。居海に近き者は漁し、居山に近き者は佃す。網罟矛戟は其の器なり。陶復陶穴は其の棲なり。古語に云はく、〈山福海利は、各々天分に従ふ。〉と。是の謂ひか。后世に至るに迨び、民頗る耕種を識り、又能く畜牧を解し、民漸く縄々として居を原隰に移し、木を架して屋を構へ、布を織りて衣を制し、土に糞し草を鋤し、以て地の利を尽くし、貝を拾ひ珠を採り、以て儀観を鎊れり。…(略)…百姓顒仰して、尊んで素王と称す。是れ古、出雲氏の興る所以なり。……』」飲食男女の慾をみたし、死亡貧苦からのがれようとするのが、人情の自然であり、そこに人間文化の源がある。この原則は、人間が恣意的につくりだしたイデオロギーではなく、超時間的、超歴史的な人類普遍のものである。人類のすべてはそこから出発する。この根本的かつ絶対不可欠のものがみたされているかぎり、人の世は安定するものである。

「巻下」の「則天第四十八」は、この「民初」にのっとった政治の根本をうたったもので、大化改新の指導原理となったといわれるものである。

「皇子問ひて曰はく、『古聖王、天に則り寓を馭する、其の義如何。』と。南淵子答へて曰く、『万々世の後、大道世に行はれんか。天下公を為む、是の時に至れば、賢を選び能に与し、信を講じ睦を修め、人独り親のみを親とせず、独り其の子のみを子とせず、老に終る所有り、壮に用ゆる所有り、幼に長ずる所有り、矜寡孤独廃疾の者も、皆養ふ所有り、男に分有り、女に帰有り。貨はその地に棄らるゝを悪むも、必ずしも己れ蔵せず、力は其の身に出でざるを悪むも、必ずしも己れの為めにせず、邪謀興らず、盗竊乱賊作らず、外戸閉さず、此の如きの世を名づけて大同と云ふ。……』」

この「大同説」が『南淵書』をつらぬいている思想である。

大同の理想に至る道は遠くけわしいが、しかし人類はその大理想に向かって進むべきで、立ち止まってはならず、怠ってもならない。そして理想郷にゆきついたならば、国内の賢明な人材が抽出され、これらの人々は適材適所に配置される。親子の純情は、自然の順序にしたがって、成長拡大され、一国、全人類にまで拡大されていく。またすべての人はその天分を十分発揮する機会が与えられ、才能に応じて職につき、老いては社会の功労者としてその存在を認められ、不幸にして独立できない人も「みな養う所有り」である。

男はみな職分があり、女は結婚する。人間は孤立単独でないとする「大同説」では、社会結合の基礎を個人におかずに家族におく。その家族をつくる男女の結合は人間の出発点とみる。全人民のために一寸の土地も一人の力も利用しなければならないが、その結果については、衆と共にわかち、公共のためにあらねばならない。人が悪事をはたらくのは、生活が不安定であることから生起するので、大同の世になれば、一切の邪悪の根源がたたれ、法は不必要になる。

いま一つ「巻下」の「不言第五十」をあげておこう。

「皇子問ひて日はく、『仁義礼学、何を以て之を天の道と謂ふか。』と。南淵子答へて曰く、『言はずして運子、之を天と謂ふ。天に四時有り、春生じ夏長じ、秋斂め冬蔵す。春の生ずるや、万物私する所無し。陽暉普く照し、雨沢普く湿す。故に之を仁に取る。夏の長ずるや、万物其の秀を競ふ。競へども而も相侵さず。斐然として章を成す。故に之を礼に取る。秋の斂むるや、万物その性を遂ぐ。瓜は草頭に在り、果は樹梢に著き、物に随って功を殊にし、各々其の美を成す。故に之を義に取る。冬の蔵するや、万物以て終を成し、以て始を成す。之を用ふるに正を以てし匱からず奢らず、終を成すなり。余有を蓄へ、以て来茲を待つ、始を成すなり。物是を以て滋々殖し、時是を以て運りて窮る無し。故に之を智に取る。……（略）……凡そ民に莅む、天の易きが如く、地の簡なるが如く、身を以て懽説して民に先んず。是れ聖王の法なり。政易ければ則ち知り易く、法簡なれば則ち従ひ易し。説びて以て民に先んずれば、民其の労を忘れ、説びて以て難を犯せば、民其の死を忘る。以て位序を正しくし、以て人心を安んず。農、其の処に安んずれば、則ち穀足る。工、其の処に安んずれば、則ち器足る。商、其の処に安んずれば、則ち貨足る。故に以て財を理め、以て辞を正しくし、民の非を為すを禁ず。天地の大徳を生と日ふ。此の故に聖人の政は、生々として已まず神武にして殺さず。』と。」

ここでは四季と仁義礼学の性質役割が説かれ、仁義礼学が天の道であることが明らかにされている。日出でて働き夜がきて休み、春播き夏長じ、秋収穫し冬貯蔵するように、政治とか法というものは、天のごとく易く、地のごとく簡でなければならない。簡易と自然とが政治の基本である。

以上、『南淵書』より、一、二、三の個所を引いたが、このような自治思想の実際を日本民族の成俗の上に一つ一つ確認していく作業が、権藤の生涯にわたっての研究課題であった。

この『南淵書』が、南淵請安のものであるか、後人の仮託であるか、あるいはまた権藤自身の偽作であるかは別として、権藤はこの書、および南淵請安に対し、それぞれ「聖典」、「聖哲」の地位を与えていることはたしかである。またこの書が『皇民自治本義』とともに天皇に献上されたということは、権藤の思想ならびに運動をこの世に知らしめるために大きな役割を果たしていることも間違いない。

権藤はこの『南淵書』をそのままひきずりながら、飲食男女は人の常性であり、死亡貧苦は人の常患であり、その性を遂げ、患を去るのが「自然の符」であると自治の大源を説き、肇国の宏謨を展開するのである。

さてこの権藤の「自然而治」思想は、日本の近代国家にとって、いかなる意味を投げかけていたか、そしてそれはまた今日、いかなる意味をもってわれわれにせまっているであろうか。

周知のように日本の近代国家は、明治後半から末期、大正にかけて、「地方」の問題をにわかにとりあげはじめる。完璧、傑作を誇っていた明治国家も己の体内（制度、統治技術）に、ある致命的欠陥があるのに気づきはじめたのである。明治後期の官僚たちは、日露戦争時にみせた地域住民の自発的エネルギーに目をつけ、それにむけて政治的触手をのばし、国家を底辺からかためなおそうとする。二宮尊徳の顕彰を中心とする報徳会運動の展開（明治三十八年、日露戦争の終了直後、尊徳卒去五十年を機として、各地で記念事業が興こり、尊徳復興の呼び声が高くなる。翌年には報徳会が創設されている）、町村是運動、内務、文部両省による青年団の指導など、それはまさに「地方の発見」という言葉で形容されるにふさわしい力のいれようであった。それ以来日本の近代国家においては体制的動揺の起こるたびに、この「地方」の問題は焼き直しをされながら登場してくる。その顕著な時期としては、①明治末期の「地方改良運動」の時期、②「国民精神作興に関する詔書」を契機とする大正後半の時期、③昭和初頭の農山漁村経済更生運動の時期、があげられる。そしてそのことは、伝統的村落共同体の生活原理である非政治的情緒性を支配の基礎的素材として温存維持する「地方」を政治から切断することによって、政治的対立を解消するという政治機能をはたすものであった。このことは今日定説になっている。たとえば丸山真男は、国体の「最終細胞」を「地方＝共同体」にもとめながら次のようにのべている。

「同族的（むろん擬制を含んだ）紐帯と祭祀の共同と、『隣保共助の旧慣』とによって成立つ部落共同体は、その内部で個人の折出を許さず、決断主体の明確化や利害の露わな対決を回避する情緒的直接的＝結合態である点、また『固有信仰』の伝統の発源地である点、権力（とくに入会や水利の統制を通じてあらわれる）と恩情（親方子方関係）の即自的統一である点で、伝統的人間関係の『模範』であり、『国体』の最終の『細胞』をなして来た。それは頂点の『国体』と対応して超モダンな『全体主義』も、話合いの『民主主義』も和気あいあいの『平和主義』も一切のイデオロギーが本来そこに包摂され、それゆえに一切の『抽象的理論』の呪縛から解放されて『一如』の世界に抱かれる場所である。したがって『近代化』にともなう分裂・対立など政治的状況を発生させる要因が、頂点の『国体』と同様に底辺の『春風和気子ヲ育シ孫ヲ長スルノ地』（山県の言）たる『自治体』内部に浸透するのをあらゆる方法で防遏するのが、明治から昭和まで一貫した支配層の配慮であった。」（『日本の思想』）

たしかにこの丸山の指摘は一般論としてはみごとであるし、日本近代国家の官僚たちの認識の目も、政治的意図もこのあたりにあったことはいうまでもない。またそれなりの成功をおさめたことも事実である。では権藤の「自然而治」理念も、その域を出るものではなく、天皇制支配の補強、ないしは編成に際しての支持思想に終始するものであったであろうか。権藤が「自然而治」を個人から国家にまで拡大させていく方向は、天皇制国家が漸次完成されていく方向と完全に一致するであろうか。

「私の云ふ自治制とは現行の市町村制の様なものを指して云ふのぢやありません。あんなものは凡そ真の自治とは正反対のものです。常に上から下へではなく、下から上への組立てが大切です。さうして生活資料の安全を期した後、共存互済の社会の道を開拓すべきだと思ひます。何と云つても人間は生きると云ふ事、原始哲学とでも是を言ひませうか、兎に角生きると云ふ中心点をキチンと把握するところに人生一切の難問題の解決は可能だと信じます。」(「信州に於ける座談会抄録」『君民共治論』所収)

と権藤が言うとき、彼の「自然而治」あるいは「原始自治」は、民衆の自然な心性を発意としながら、国家権力からの永久的な訣別をねらったもののように私には思える。権力がとらえようとしてとらえきれなかった民衆の心性の基底に執着することによって、国家が、あるいは近代がつくりあげる諸種の価値を相対化していったとはいえないだろうか。資本の論理が創作した豊かではあるが欺瞞と狡知でみたされている「運命共同体」とはまったく異なった「非権力」としての「共同体」への志向と原始精神の呼び返しという部分を権藤はもっていたといえよう。もちろんこの場合の原始精神は、田園的自然の世界に散歩に行き、機械文明を呪い、都市化を恨めば発見できるようなものではない。それは原始人が原始期に獲得した精神と「等価なもの」を欲しがる精神でなければならなかったし、またそれはなによりも国家あるいは支配者の利害の枠をこえては存在しない「常識」を見破るものでなくてはならなかった。

山崎延吉と農村自治

一　『農村自治の研究』の時代的背景と本書の真価

日露戦争直後から行なわれはじめた地方改良運動が、日本近代の病理（都市における精神的腐敗、農村における経済的貧困、国家と個人の分離現象など）の克服にその目的がおかれていたことはいうまでもない。伊藤博文の憲法、山県有朋の地方自治を内包することによって、「芸術的傑作」とまで評価されていた明治国家も、この時期にいたって、重大な機能不全に陥らざるをえなかった。というのは、日露戦争における勝利という国家的興隆が、かならずしも、個人の利益につながりはしない、という民衆の生活実感に根ざした疑念が、一つのムードとして存在しはじめていたのである。「国家的人間」、「憂国の士」ということが、個人レベルにおける目標としては、いかにも空々しいイメージとして生活者の脳裡をかすめはじめていたのである。したがって、それまで、中央官庁の一部局的な法令監督で十分処理できると考えられていた地方の問題が、それでは不可能になり、国家的救済のためのキー・ポイントとして日程にのぼってくるのである。

その意味で、この時期に「地方」を問うことは、いわば、明治国家の民衆統治技術における危機意識の表明であり、その根深い病理にたいする救済対策であった。具体的なものの一つに、明治末期に、全国的流行ともなった「町村是」調査・作成運動がある。「町村是」とは、統計ならびに沿革調査により、町村の過去、現在におけるさまざまな現象、および変化を一つ一つ明確にし、それに基づいて、将来の方針をきめようとするもので、明治末期における新進官僚なりの科学主義、合理主義が貫かれているものである。森恒太郎の熱心な指導によって行なわれた愛媛県温泉郡余土村のそれは、その当時のモデルともいうべきものであった。森の筆になる『町村是調査指針』（明治四十二年）の「序」のなかで、井上友一は、「町村是」の意義について、次のようにのべている。

「我二宮翁ガ庶民安堵ノ法ヲ立テ、難村復興ノ仕法ヲ定メントスルヤ、先ヅ精細ニ実情ノ調査ヲナサザルナク、其ノ為ス所ヲ視ルニ恰モ良医ノ薬ヲ投ゼントシテ、先ヅ患者ニ就キ鄭重ナル診断ヲナスガ如キモノアリ。是故ニ良医ノ薬ハ其病ヲ治セザルハナク、翁ノ仕法ハ其ノ功ヲ成サザルナシ。…（略）…顧フニ方今ノ自治行政ニ於ケル欠陥ノ一ハ、確カニ改良方針ノ確立セザルモノ多キニ在リ。改良方針ノ確立セザルニアラズ、寧ロ実情ノ明ナラザルニ在リ。自治ノ改良ニ「足下返照」ヲ要スルハ、此ノ点ニ存ス。」

国家的危機を打開する突破口は地方にあり、そのためには、地方の実体の科学的、客観的認識が焦眉の課題であることを、明治国家は確認したのである。また、一方では、いまだ組織しえない地方民衆の心意世界に宿る祖先崇拝や氏神信仰を、国家神道という一つの信仰体系に統合しようとした。神社合併政策の強行がそれである。いわば、物心両面にわたって、地方を根こそぎ国家へ吸収しようとしたのである。

このような上からの地方把握、地方改良の真の意図を、柳田国男は知っていた。たとえば、前者、すなわち「町村是」に関して、彼は次のような疑問を投げかけている。

「是迄大分の金を掛けてこしらへ上げた各地方の村是なるものは、未だ充分に時世の要求に応じ得るものではありませぬ。成ほど所謂『将来に対する方針』の各項目を見れば、一つとしてよくない事は書いて無い。之を徹底して実行すれば必ずそれだけの利益がありますから、無きに勝ること万々でありますが、如何せん実際農業者が抱いて居る経済的疑問には直接の答が根っから無い。それと云ふのが村是調査書には一つの模型がありまして、而も疑を抱く者自身が集って討議した決議録では無く、一種製図師のやうな専門家が村々を頼まれてあるき、又は監督庁から様式を示して算盤と筆とで空欄に記入させたやうなものが多いのですから、此村ではどんな農業経営法を採るが利益であるかと云ふ答などはとても出ては来ないのです。」（『農業経済と村是』）

このような地方問題が、にわかに、国家的問題として浮上しつつあった時代のなかで、山崎延吉は『農村自治の研究』（明治四十一年）を、世に出したのである。本書の刊行動機を彼は次のようにのべている。

「当時は、農村自治に関する刊行物は殆ど見るを許さなかった。自分の先輩にて農村を指導せしむるものと雖も、これには手を触れなかったのである。また政治家にも、為政者にも、それに就て執筆の労を執るものもなかったのである。ただ故前田正名氏が農商務次官の時、町村是確立の必要を唱導し全国を八農区に分ち、各農区に逐次町村自治の調査確立を奨励したる当時、それに関する刊行物が多少あった位ひである。…（略）…自分は心より我が国家の弥栄は、地方自治体の進展にあり、我が国力の充実は、地方自治体住民の繁栄にあるものと信じ、余暇のある限り其の事につとめて講習に、講演に、自己の信念を披瀝し、以て倦む処を知らなかったが、尚ほ及ばざる所のあることを思ひ、遂に農村自治の研究を、処女作として刊行するに至ったのである。」（『我農生回顧録』）

この書は、かなりの反響を呼んで、一五、六版を数えたといわれているが、その理由は、もちろん、山崎の農村、農民との接触の密度の濃さにもよるが、前述した当時の国家的政策にうまく便乗したことによるのも、また、事実である。すなわち、本書は、日露戦争を契機とする日本資本主義の多くの矛盾をはらみながらの発展に対応する農村の体制的危機にあてがわれるべき、いわば、農村指導用の教科書として、まさに、ピッタリであったのである。農本主義の教化と農村行政の実際的手引としての役割を、本書は遺憾なく発揮した。農村指導者にとって、山崎は、まさに「救世主」であり、本書は願ってもない「トラの巻」であった。

次の評価は、少々自意識過剰のきらいがないではないが、そのことをよく物語っている。

「農村自治の研究は、新渡戸博士の著『農業本論』と併び称せられ、多くの批評の一致する所は『我国は自治制を実施されてゐるけれど、未だ農民にはそれに就ての明確なる知識と精神と信念とが無く、従って如何にすれば農村の維持を完全にして、その生活を愉快ならしめ得るかに十分の考察が及んでゐない。之を憂へて充分自治に要する知識と精神と信念を与へんとする。而も只の談議の弊に陥らず、一々手段、方法等が直ちに実施し得る様に説いてあるのが此の著である』となし、苟も農村自治に関する凡ゆる方法は遺憾なく研究を遂げられ、これを実行するに於ては農家繁栄の大策を建つるを得んとし、農村改良には最もよき良書なりとして、大衝動を与へし事は偶然ではない。俄然山崎の名は救世主のごとく、勇将のごとく、全国農村の渇仰の的となり、その怪偉な姿が全国の野に活躍するを見、その卓越せる識見は人を首肯させ、その雄弁は人を魅し、益々地方の自覚を喚起して、遂に地方改良、農村経営の問題が、燎原の火のごとく一層全国的与論となり、農村自治の確立と完備の必要を痛感せしめたのである。」(『我農生三十年・興村行脚』)

それまで、国家的統治の客体としてのみ存在するという地方農村の政治状況のなかで、この山崎の農村自治などということは、まさに驚嘆に値すべき用語であり、観念であったにちがいない。それが、結果的には、国家の狡猾な支配の手段として終ったとしても、そして、山崎自身も、そのために手を貸してしまう結果を招来せしめたとしても、その時点における農村指導者にとっては、自ら治するという明るい未来を切り拓く初々しい観念であったであろうし、カオスのなかにおける一つの光輝に満ちた己らの拠所であったろう。農村自治の目的と手段が、ほとんど完璧にちかいかたちで、本書には出そろっている。それも、けっして、西欧の輸入品によるものではなく、日本の土着的生活感覚を、かなりの程度まで採掘しての農村自治の方法であった。

二　山崎延吉の生涯と思想

山崎延吉は、明治六年、石川県金沢市小立野山崎町で、父有将、母喜久のもとに生れた。山崎家の由来について、本人は次のようにのべている。

「加賀藩士稿に依れば、自分の祖先は源氏であって、赤松則郁の出であり、世々山城の山崎に居ったので、それ故地名をとって姓を山崎と呼んだらしく…（略）…家祖山崎長徳は、吉延の子であるが長徳に至って、その血族のものが悉く世に現はれた。始め越前の朝倉義景に仕へ、朝倉氏が没落後は、友好関係のあった明智光秀に従ひ、光秀が亡んで後は、前田利家公に招かれ、遂に前田公の家臣になり、世々金沢市小立野山崎町に住んで、明治の御世を迎ふに至ったのである。」（『我農生回顧録』）

新しい時代を迎え家禄を失った士族の境遇は激変し、馴れない悲惨な生活を余儀なくされた。しかし、そのことがあったため「子供の時から倹約の訓練も出来、物を粗末にせぬことが癖づけられ、廃物利用の道も修養が出来た」（同上）という。身体は虚弱で、気は小さく、小学校に正式入学するのは十歳になってからのことである。小学校に通うようになってからも、寝小便、寝糞をしたという。そのような身心ともに虚弱な息子の将来を案じた父親は、わが子に厳しい発憤興起の教育をした。

金沢第四高等学校では農科を選んだ。その当時、農科を志望する学生は希で、四高では山崎がただ一人であった。農科を選んだのは、「己を知るものは己に如かずで自分は臆病の矯正をなし、健康を建設したが、生来の口不調法は改める事が出来ず、訥弁と云ふよりも、物が云へぬと云った方が適当である程に、話が出来ぬ男であった。それには天地を相手に、黙々として働いて居ればよい、百姓が一番よい、加之、在学中でもストライキをやって、退校せねばならぬこともある。世の中は益々複雑を極むるのであるが、其の中で尤も安全なる境地は、生命の糧を作る百姓である」（同上）という理由に基づく。

明治二十七年、東京駒場の農科大学に入学し、農芸化学を専攻する。卒業論文には砂糖の研究をテーマに選び、明治三十年の一月から三月まで台湾に行き、甘蔗に関する研究をしている。卒業前の一年間は、ほとんど大学の授業は受けず、分析室へも出ず、論文作成に全力をあげた。大学は山崎を例外的に扱い、論文だけで卒業させている。研究の成果が認められ、卒業時は、台湾の糖業の改良をするため、台湾総督府に就職することになっていた。しかし、就職の寸前、総督府がかわり、殖産部は廃止され、部長の押川則吉は帰国することになった。このような情勢の変化で、彼の台湾行きは実現不可能になり、福島県立蚕業学校へ赴任することになった。その時の模様を山崎は次のように回顧している。

「ものが云はれぬ僕は教師が勤まらぬのを自覚しているので謝絶をしたが、暫くであるから行けと強要され、止むなく赴任したのが十月であった。それが遂に教育界に身をささげる事になったのであるから不思議な因縁と思はざるを得ぬのである。」（『我農生三十年・興村行脚』）

不本意な教師生活への旅立ちではあったが、生徒からしだいに慕われるようになってくると、教師稼業に生甲斐を発見するようになる。この福島時代に妻帯し、この学校に勤務すること一年半、明治三十二年には、大阪府立農学校に転任する。大阪府立農学校の歴史は古く、権威のある学校であったが、当時、職員と生徒が通謀して、ストライキを起こし、校長を排斥するという騒動が起き、新しく山崎の先輩である井原百介が校長となり、本学の整理にあたることになっていた。その手助けとして、山崎が赴任することになったのである。この争乱を山崎は見事に解決している。

明治三十四年には、愛知県に農林学校が創設されることになり、その学校の初代校長となる。山崎二十九歳の時である。赴任したのは八月であったが、学校はまだ現実には存立しておらず、愛知県技師という辞令をもらっている。九月に文部省の認可がおり、十月に開校された。この学校に勤務すること十九カ年、山崎にとって、この学校は身体の一部のような存在となった。着任早々、当時、飛ぶ鳥も落す有力者であった県会議長（内藤魯一）との大喧嘩は有名である。山崎は次のようにのべている。

「その日に偶然県庁で内藤氏に出会い、赴任のあいさつをしたところ、内藤氏は、こんどできる農林学校について、いろいろと意見を述べられた。その意見がたまたま学校の教育方針にまでわたったので、自分は『学校の教育方針については学校長である私に一任さるべきものであって、他のものの容喙を許さず』と突っぱねたからたまらない。内藤さんはまっ青な顔をして、つと席を立ち、扇子をふりあげて早々に何やら怒号された。自分も起ち上って坐っていた椅子に手をかけ、もし扇子で打たれるなら、自分もたたきのめしてやろうと身構えたが、内藤氏はふっと気を変えたもののごとく、そのまま立ち去られた。…（略）…自分としては浅慮ではあり、年長者に対して礼を失したやり方ではあったかも知れんが、教育に対する理想と抱負については強い信念をもっていたので、権勢に屈せずという気概が、ついにこのような事件を起してしまったのである。」（『我農生五十年』）

教育の目的を「大人物主義養成」におき、特に徳育に力を入れた。修身の時間は、自ら教壇に立ち、山崎の魂をぶちこんだ。教育の三大方針として、「教育は勤労主義でなければならぬ」、「教育は学校のみに閉じ込むべきものではなく、社会に延長すべきものである」、「環境改善がなされなければならない」をあげ、教育と社会、教育と生活が結びついた愛農勤労主義をうたいあげ、次のような校訓を掲げた。（『我農政回顧録』による）

一、礼節を正し廉恥を重んじ古武士の風を養ふべし。
一、国家に貢献せんことを庶幾ふものは勤労を以て身を馴らすべし。

一、利を忘るべからざるも尚之が為めに他の迷惑を招くことあるべからず。

一、共同一致が成功の基たるを覚知すべし。

学校と社会の相互協力を念じた山崎は、校長以外に、次々と公職を兼務していった。愛知県農事試験場長、講習所長、愛知県農会幹事などを兼任し、躬行実践している。産業組合の普及と発達に貢献したのも、この時期である。日本のデンマークと呼ばれた愛知県の碧海郡が、産業組合の発達で秀でていたのは、山崎の力によるところが大きい。

また、青年団の母と呼ばれた広島県沼隈郡の山本滝之助と交際のあった山崎は、各地域に青年会を組織せしめ、明治四十三年の春には、全国青年会大会を名古屋で開催させている。全国篤農懇談会を開催せしめたのも同年であった。この年の七月、山崎は県からの命令と内務省、農商務省からの嘱託で、初の欧米視察を試みている。期間は七ヵ月で、明治四十四年一月には帰国している。フランスの農村にくらべ、イギリス農村の極度の荒廃をみて、この国の隆盛は長くないことを感じるとともに、農業衰えて国の発展のありえないことを痛感し、わが国の日露戦争後の奢侈の流行にたいし、農業の重大さを、いよいよ鼓吹するにいたる。

大正の時代になり、山崎は、はからずも天皇の即位式に関与することになった。彼は、このことを、次のように欣喜している。

「我が国の即位式は、明治天皇陛下の制定し給ひし、皇室典範によって、京都で挙げられることに定った。そこで京都を中心に、東の地方を悠紀地方とし、西の地方を主基地方とし、両地方を代表する悠紀主基の地方は、神代ながらの亀卜の式を行ふ事と定めさせらるゝのである。大正三年三月六日、悠紀地方は愛知県、主基地方は香川県と点定されたので、両県では米を作るに適当なる場所を慎重に選び愛知県では碧海郡六ツ美村、香川県では綾歌郡山田村に定めたのである。斯かる土地の選定は、技術員ならでは出来ぬので、愛知県でも香川県でも、主として農事試験場が、此の大役を承はったので、場長であり、県技師であった自分は、図らずも此の歴史的の大典に関与する光栄に浴したのである。」(『我農生回顧録』)

大正四年、三重県の鈴鹿地方に四町歩程度の土地を買い込み、「我農園」なる農場を経営する。これは、昭和四年に開塾した「神風義塾」の基盤となるものであった。

大正九年、山崎は公職をすべて辞し、「我農園」運営に全力を注入しようとした。しかし、彼が公職を辞すというニュースが中央に伝わるやいなや、帝国農会の副会長であった矢作栄蔵や、当時の農務局長石黒忠篤らは、彼を強引に帝国農会幹事に推薦してしまう。ここでの彼の業績は、米の投げ売り防止運動の展開、農政協会の設立、農政記者クラブの創設である。

昭和三年二月には、第一回の普通選挙が実施されたが、山崎は自分が候補者にあげられていることを、巡講中に知らされ、「選挙費用は一文も出さぬ事」、「絶対に出して下さいと頼まんこと」、「政見の発表はしない」という条件を出して、立候補を承諾するという奇妙な選挙戦を行ないながら、愛知県第四区で、首位当選を果たす。尾崎行雄を顧問として、鶴見祐輔、小山邦太郎らと「明政会」を組織し、「政友」、「民政」の議席数の僅少差の間にあって、キャスティング・ボートをにぎるにいたった。

昭和四年に開塾した「神風義塾」の目的は、日本民族の本然性に基づいた皇国および農民の道義を養い、愛国的農民を育成することにあった。教育方針としては、けっして知育偏重におぼれることなく、「我塾、我国農業ノ血タリ肉タル自作農及小作農ノ生クベキ道、弥栄ニ栄エ行カム道ヲ講ジ、其子弟ノ動モスレバ、農村生活ニ望ヲ絶タントスルヲ救ヒ、最モ住心地ヨキ新シキ村ノ建設、利潤多ク安定セル農業経営ヲナサシメンガ為ニ生レタルモノナリ。故ニ生徒教養ノ主眼ハ建国ノ精神ニヨル祖神ノ礼拝ト、農場ニ於ケル職員生徒ノ協力ニヨル真剣ナル労働生活ニアリテ、高遠ナル学理ノ解説ニアラザルナリ」（『我農生三十年・興村行脚』）というところに主眼がおかれた。

昭和五年には、「農業の経営」（・農業経営の現況・理想信念の確立・経営改善・売り方の改善・生産費の低減）と題して、「御進講」をつとめ、感涙にむせぶ。

昭和七年には、宇垣一成からの強い依頼により、朝鮮総督府嘱託となり、五ヵ月間現地農業の指導にあたった。その頃、国内における農業恐慌の嵐は激しく、農村の疲弊、困慾は、きわまっていた。自力更生運動が全国的に展開される。山崎はこの運動を積極的に支援し、国や府県の力に依存することのない町村自治体の自力更生を、次のように強説する。

「経済更生計画を建て、それを実行することに依って、町村の更生を図らんとする事は、政府や、府県の力に依存すべきものではなく、飽く迄も自己の力を振ふべきものである。此処に目覚めての叫びであったが故に、自力更生と唱へられたのである。今や斯かる意義が閑却されて、徒らに政府や府県の力に依らんとし、何事も役人の指示に俟つが如きは、自治自由の民として極めて恥ずべき事であり、町村自治団体としては、面目を潰ぶせるものと云ふべぎである。」（『我農生回顧録』）

敗戦後は、農地改革により、日本農村はその構造を大きく変えた。山崎は自分の所有していた土地を、働かざるものは所有すべからずの主義を貫き、全部他人に譲っている。敗戦の年の八月には、東海毎日新聞社の社長となり、昭和二十一年三月には、貴族院末期の勅選議員に選ばれた。また、加藤完治、石黒忠篤らが追放された後の、日本国民高等学校の校長を一時つとめたりした。

昭和二十九年七月、八十一歳をもって、巨星、我農生山崎延吉は墜ちた。

以上、簡単に山崎の一生に関してのデッサンを行なってきたのであるが、この山崎の生涯を貫いて流れるものは、なんといっても、農本主義的農民教育・指導の理念であろう。この農本主義的指導理念のなかに、農村の自治があり、農村計画があり、農民道がある。山崎の思想を今日問うことの意味は、この指導理念の分析にあろう。一方において、山崎は、明治以来の国家主義的路線と歩調を合せながら、すなわち、国家権力による地方把握および地方農民の吸引という至上命令下にありながら、他方では、日本農村の現実を冷静にとらえ、農民の現実的利益をきめこまかに追求し、農民利益のために必死になって東奔西走したのである。

この山崎の農業教育、農村指導の方向性のなかには、日本の近代そのものが、欠落させていった、ある確かなものが宿っているように、私には思える。土着の仮面をかぶりながら、国家権力に迎合し、天皇制国家のなかに農民のエネルギーを集結する役目を担った権力の走狗である、という山崎評価もあるが、私は、その評価は一面的にすぎると思う。

このような一面的評価は、農本主義研究そのものについてもいえることであって、慎重であらねばならないと思う。農本主義を国家統制のイデオロギーとしてのみ裁断するというやり方は、この思想の内在的究明にならないばかりか、真の意味で、農本主義と対峙する方向でもないことを、確認しておく必要があろう。たしかに山崎は、他の農本主義者と同様、自然性を現実構造に直結させ、太古の美を農村の自然性のなかに求め、都市の腐敗をつく。都市が国民の墓地であり、火事場であり、罪悪の製造所であるのにたいし、農村は国家の基礎であり、日本国体の藩屏である、という。国家、国民と農村の関係を山崎は次のように説く。

「農村さへ健全に発達すれば、国民の血統は長へに繁昌するは当然であり、農村の発展さへあれば、国民の純血は何時迄も保存が出来るからである。即ち農村の改良は国体の肥料であって、其の繁栄は忠君愛国の観念を産む。」（『農村自治の研究』）

このような点だけをみれば、彼は、たんなる尊王愛国の情を高唱する農本国家主義の鼓吹者にすぎない。

しかし、彼の人生は、そのようなことのみに終始することで終ったのではない。およそなみの人間の遠くおよばぬ講演回数だけをとってみても、学校という枠内で、机上の空論を唱えるだけの人ではなかったことがわかる。山崎は、なによりも行動の人、実践の人であった。農民との接触という実践を通して彼は、農民の自然発生的な感覚、意識を内在的に理解し、それを自分のものとして、農村の改良に結びつけていったのである。教育の社会化とは、この実践を除いてありうるものではなかった。

そのなかで、山崎は、農業の実利性、合理性を核とした農業経営、農村経営をねらっていった。耕作のみに骨折ればよし、とする従来の農業労働観を打破し、世間の事情に精通し、文明の利器を利用しながら、勘定の合う労働観を打ち立てる。農村の疲弊をけっして精神主義や根性論のみで打開しようとするのではなく、そこには、現体制内ではあるが、そのギリギリのところで、合理的、計画的営利の追求をめざす山崎独自の現状改良策があった。たとえば、「勤倹」ということについて山崎は次のような説明をしている。

「一国勤倹なれば興隆し、一家勤倹せば必らず繁栄す。勤倹の功徳亦大なる哉であるが、偖て勤倹には誤解が多い、ために其功徳を享受することが充分ならず、従って勤倹と云へば何んだか消極的に聞え、商売を不景気にするものの様に考へる者すらある。之勤倹の罪にあらずして、之をなす者の罪であり、勤倹の真義を知らざるがためである。」(『農家の経済』)

富蓄積の手段に「勤倹」をおくのは、なにも山崎にかぎったことではない。しかし、この山崎の「勤倹」には、きわめて積極的な意味が包含されており、無目的に身体を使い、消極的に倹約するというものではない。「勤」は働くことであり、稼ぐことであるが、ただたんに、朝早くより夜遅くまで体力を乱費することではなく、体力と知力と徳力とを活用し、効果の大なるものをめざさなければならない。「今日以後の勤は体力の基礎の上に於て働く智力と徳力の優劣に因って、効果の多少を来たすのであれば、智徳の劣等なる、僅少なる勤労の結果は往々労して効なく、所謂骨折損の疲れ儲けに了るものと覚悟せねばならない。故に勤の真義は体、智、徳の三力一致即ち三昧一粒丸とならねばならぬのである」（同上）という。

「倹」とはながく役に立たせることであり、粗末にせぬことであって、物を使わないことではない。「倹」と「吝嗇」を混同してはならぬ、と次のような例をあげて説明している。

「一度に三杯食ふて一人前の働きが出来る人若し二杯で我慢して、半人前の働きしか出来なければ、之れは吝嗇であって倹約ではない。」（同上）

「倹」を実践するためには、きわめて厳しい「勤」が必要となる。「勤」があって、はじめて「倹」は意味をもつ。時間の倹約の模範として、フランクリンの次の言葉をもちだしている。

「生命が大切なら時間を殺すな、生命は時間で出来て居る。眠ってゐる狐に鶏はとれぬ。墓場に行ってからは幾らも寝られる。時間の失せは見付かりやうなし。〈まだ早い〉が何時も遅くなる。時間を無益にするは贅沢の頂上なり。今日の一日は明日の二日に均し。明日為さんと思ふ仕事は今日為せ。」（同上）

このような山崎の「勤倹」に関する考えからもわかるように、彼の農村指導、農民教育の理念のなかには、尊農、愛国の情とは別に、きわめて合理的、営利的なものが含まれていて、空理空論になるのを防いでいる。この実利性、計画性、合理性というものが、耕作農民の指導に際して、圧倒的力を発揮しえた点であったし、農村指導者に受け入れられる理由でもあった。そのなかで、はじめて、山崎の農民道も生きてくるのであって、倫理やモラルをただ高唱し、農民こそ武士道を継承するものであり、農業こそが神聖な職業であるなどと説教してみたところで、農民の魂が動くものではない。農民の厳しい生活の論理は、たんなるアクセサリーを許容するほど寛容ではない。

社稷把捉の隘路

つい先ごろまで「二十一世紀は日本の世紀だ」などと外国人におだてられて、そこに一点の迷いも疑念も抱くことなく、その気になっていたおめでたい日本の「知識人」の数は、けっして少くはなかった。ところがどうしたわけか、このところ、そのような威勢のいい声は余り聞かれない。

しかし、こと戦後民主主義に関するかぎり、バラ色の将来を夢見て、依然として宙を舞っているような楽観的な評価の傾向は強い。降って湧いたような形式だけのものを表面に押し出しさえすれば、人間が本質的にもつドロドロした魔性とも呼びうるような非合理性は解消できるかのような「信仰」を抱いて「大道」を闊歩する「知識人」は跡を絶つことはない。E・フロムの次の言辞など、彼らにはまさしく馬耳東風といったところか。

「人間性の暗い悪魔的な力は、中世あるいはそれ以前の時代に追いやられた。そしてそれらの力は、知識の欠如によるとか、欺瞞的な王侯や僧侶の狡猾な陰謀によるとかと説明された。…(略)…ひとびとは近代デモクラシーの完成が、すべての陰険な力を拭いさってしまったとなんの疑いもなく信じきっていた。いわば世界は、近代都市の明るく照明された街路のように、輝かしく安全なものに思われた。戦争は前世紀の最後の遺物であり、あと一回の戦争ですべての戦争は終るものと考えられていた。経済的危機も周期的にきはしたけれども、それもなお偶然と考えられていた。ファシズムが擡頭してきたとき、大部分のひとたちは、理論的にも実践的にも準備ができていなかった。いったい人間がこのような悪への傾向や力への渇望、このような弱いものの権利の無視や服従への憧れをもつことができるなどとは信ずる

こともできなかった。」(『自由からの逃走』日高六郎訳、一九五一〔昭和二十六〕年)

近代合理主義が、あるいは民主主義が完膚なきまでに打ちのめしたと思っていたものに、嘔吐を催すどころか、それを好んで食べるという人間のドス黒くも激しい欲求は、表面が明るければ明るいほど、その虚を突いてあらわれる。このことは、E・フロムの言をまつまでもなく、ファシズムを体験した人間の知らなければならない「知的義務」でさえある。にもかかわらず、この内面的非合理性に対する熟思を怠り、あるいは切り落したままの戦後民主主義は、性急にインターナショナルなものとストレートに結びつき、押しすすめられていった。そのためもあってか、ナショナルなものへのふりかえり、ないしはたぐり寄せはほとんど試みられることはなかった。いわば、戦後民主主義は、ナショナルなものの全否定に、その存在理由を求めるようなところがないではなかった。民族的、あるいは民俗的原質とかかわりをもたない民主主義が、どのような結末をとげたかをわれわれは知っている。それが血をもって償うしかないものであったことをも。少数ではあるが、このあたりのところに気づいていた人がいないわけではなかった。竹内好や橋川文三らの一連の仕事は、その先駆けとなるものであった。彼らの仕事をふまえ、いま、われわれがナショナリズム検討のうえで前提にしなければならないのは、高畠通敏の次のような方位であろう。少々長きにすぎるが引いておきたい。

「近代日本の知識人にとってナショナリズムというのは、いわば否定の対象としてあった。自由民権を国権論で押しつぶした明治二十年代以来、また、非戦論を愛国的熱狂で封じた平民社時代以来、ナショナリズムとは国内改革の運動や戦争への理性的抵抗を大陸侵略への国民的陶酔が押しつぶす盲目的・反動的な国民感情でしかなかった。…(略)…それは、満州事変から中国侵略、大東亜戦争へとつづくナショナリズムの昂揚のなかで崩壊した日本の知識人たちにとっては、とりわけきびしい体験だったわけで、従って敗戦後の民主化ということはナショナリズムの否定を大前提としてはじまったと思うんです。しかし、こういう啓蒙主義的・合理主義的インターナショナリズムだけではうまくないという問題意識がやがて生れてくる。その第一は、戦後のアジアの植民地解放、第三世界のナショナリズムをどう評価するかということで…（略）…第二は、橋川さんたち戦中派の登場だと思う。戦中派は、日本浪曼派の再評価や『わだつみ会』の活動などを通じて、日本の知的青年たちの戦争参加が単純な侵略主義的熱狂にささえられていたというよりも、もっと複雑なと同時に純粋な感情にささえられていたことを、共に生きたものとして内側から明らかにする。第三に、六十年代末からの住民運動がある。伝統的・農本主義的感情を基盤にした住民運動のもつ革新的な力は、これまで郷土ファシズムとか農本主義的右翼とかいうことばで切りすててきた戦前のナショナリズムのある形に、あらためて照明をあたえるようになる。『伝統的革新』とか『土着主義』とかということがいわれるようになって、ナショナリズムを単なる盲目的感情、反動的な運動として切りすてるということが疑われるようになる。」（「ナショナリズムの逆説」『現代思想』一九七六〈昭和五十一〉年七月）

この高畠の状況分析はあたっている。いまも、戦後民主主義によって諸悪の根源として追放されていたナショナルな感情をはらむ数々の思想的概念が地底から引っぱりあげられ、踊っている状況を見つけるのは、そう困難なことではない。これがどのような背景と理由でもちあげられているかを、われわれは見抜かなければならないことはいうまでもないが、しかし、その傾向や雰囲気をすべて反動として直截して満足するという一見潔癖のように思えるひ弱な精神からは、ファシズムに抗しうるような力の生れてこないことだけはいっておかなければならない。

農本主義も戦後民主主義およびアカデミズムが見落してきたものの一つである。見落したというよりも、バカにして相手にしなかったといった方がよいかもしれない。桜井武雄、奥谷松治、安達生恒、筑波常治、丸山真男、藤田省三らの研究がないわけではないが、日本思想史、日本政治思想史研究のうえで、この思想と正面から対決し、格闘していった人を私は知らない。それは、もはや相手にするほどの価値を、この農本主義はもち合わせていないという判断によるのであろうか。たしかに農本主義は、輸入思想のような派手さをもたない。そうであるがゆえに、表面に踊り出て、人目につこうとするような自己顕示欲もなければ、器用さもない。つねに民衆の生活そのものと融合し、未分離のまま存在している。そして時期を見ては生活そのものを思想化するというような形で出現するのである。この無気味さ、恐ろしさに気づいていたのは、村上一郎くらいのものであろう。

ところで、これまでの農本主義へのかかわりの多くは、ファシズムとの関連をその主題としていた。私はそのことに異議を申し立てるつもりはない。たしかに、天皇制ファシズムと呼ばれる日本のファシズムは、ドイツなどのそれと異なり、農本主義がイデオロギー上の特質となっていたことは周知のとおりである。その場合、農本主義の思想的核の土壌ともいうべき、村落共同体が問題にされてきた。丸山真男は、日本ファシズムが、ファシズム固有の「国家権力を強化し、中央集権的な国家権力により産業文化思想等あらゆる面において強力な統制を加えてゆこうという動向」(「日本ファシズムの思想と運動」『現代政治の思想と行動』一九五七〔昭和三十二〕年)が、どちらかというと弱く、逆に、「地方農村の自治に主眼をおき都市の工業的生産力の伸長を抑えようとする動き」(同上)をいつもとったのは、農本主義的思想のしからしめるところだという。中央と地方のアンバランスを痛烈に批判し、反中央、反都市、反欧化の感情を昂揚させながら、明治国家が採用したプロシア的国家主義を罵倒していった権藤成卿や橘孝三郎らの登場を必然化せしめたものは、日本の近代化、資本主義化のあり方そのものに淵源があり、そのことがファシズムにも影響していると して、丸山は次のように述べたのであった。

「日本資本主義の発展が終始農業部門の犠牲においてなされ、又国権と結びついた特恵資本を枢軸として伸びて行つたために、工業の発展もいちじるしく跛行的となり、そのために、明治以後この急激な中央の発展にとりのこされた地方的利害を代表した思想がたえず上からの近代化に対する反撥として出てまいりますが、この伝統がファシズム思想にも流れ込んで来ているということが大事な点です。」(同上)

この丸山の指摘は、日本ファシズムを考究してゆく際に欠かすことのできない視点である。この「地方的利害を代表する思想」の核になるものが、国家に対する地方の村落共同体であり、農本主義者のいう社稷であった。そして、これまで、一見したところ、権力を批判、攻撃しているかに見えるこの社稷、共同体が、実は国体の細胞であり、天皇制を支えるものであり、個人の自立を許さず、ファシズムを底辺から支持する悪の基盤として、とらえられていたのである。

藤田省三も、日本ファシズムの特徴の一部について次のような説明をしている。

「この国では、ファシズムは、特定社会層（農村在地中間層）を運動の基礎的な力として出発し、農村郷土の組織化によって体制編成の単位をつくり、その原型のもとに国家の全体組織化を行おうとしたのに対して、ナチズムは、決して特定の社会層を運動の基盤とはしなかった。そこでは、資本主義社会の全般的危機状況から生れた、社会諸層全般の不安定と動揺を、現代社会の提供しうる全手段を用いて、時々刻々に組織付け、その瞬間的エネルギーの総和によって体制が獲得され、さらに維持されていた。…(略)…ナチズムは流動を前提とし、日本は郷土への定着を前提とする。」(「天皇制とファシズム」『岩波講座・現代思想V』一九五七〔昭和三十二〕年)

藤田にいわせれば、日本のファシズムが利用した農村郷土とは、無為自然の共同体であり、「政治権力がそれ自身として独立して存在することを許さない」(同上)場なのであった。権藤成卿らの社稷自治は、村の自治でありながらも、それを拡大延長すれば国家の政治となる。「郷土を離れた個人」もなければ、「郷土を離れた国家」もなく、すべては郷土の無為自治のなかに収斂されてゆく。これこそ明治以降の天皇制が利用しつくしたものであったと藤田はいう。

一九七八（昭和五十三）年、加藤諦三が「農本主義とその後の青年の国家観」（『日本のファシズムⅢ』早稲田大学社会科学研究所ファシズム研究部会編）という論文を書いている。これは、丸山や藤田らのものを踏襲しながら、権藤らの社稷の考えのなかには、ホッブス、ロック、ルソーなどに見られる社会契約論に基づく人為的産物としての国家観がまるでなく、共同体の延長、拡大として国家をとらえようとする傾向が決定的に強いことを指摘し、糾弾しようとするものである。農民や農村に深い同情を寄せ、その窮乏化をもたらしめるものを剔抉し、それに向けて強い怒りを感じながら、共同体に熱い視線を向けたのは、なにも日本の農本主義者と呼ばれる人ばかりではない。ルソーとて人後に落ちるものではないとして、加藤はこういう。

「ルソーは農民に対し同情と共感をもっていた。そしてさらに彼は農民の労働そのものの価値を認めていた。だからこそ農村を都会より重視した。…（略）…ルソーは『人間不平等起源論』のなかにおいて自然状態を讃美した。しかし同時に『社会契約論』において国家の基本法の原則を独自の社会契約説に完成させた。あくまで自由、平等な主体としての人間があつまってした最初の約束が社会の基礎であり国家形成の唯一の正当な方法であるというのである。」（同上）

契約という観念をつくりだすか否かが、反動思想家となるか、近代を切り拓く思想家となるかの分岐点だと加藤は断言する。西洋の国家論の基軸にあるのは、自由、平等、独立な主体的個人による契約論であるのに対し、農本主義者等に見られる社稷国家観は、自然にして治まる社稷自治の積み重ねであり、そこには目的意識的・合理的産物としての国家など想像することさえできないという。「人間生活の経験的積みかさねの結果でてくる風俗、伝統を中心とした行為様式」(同上)と「合理化への意志を含んだ行為」(同上)との間に断絶はなく、社稷のプリンシプルと国家のそれとが同質のものとして評価されてしまう。もし、権藤や橘らに契約の観念が存在していたらどうなっていたか。加藤は次のような推測が可能だという。

「国家権力の正当性を契約によって根拠づけられていたら、如何に民衆の生活の破綻を彼らがなげき、危機をうったえても、そのことが、たとえば昭和維新の彗星と呼ばれた海軍の藤井斉や、藤井斉戦死後海軍側領袖古賀清志につよい影響を与えることはなかったのではないか。権藤の『自治民範』に藤井斉は感激し、海軍の革新青年将校は殆どがこれを読んでいる。勿論井上日召も読んでいる。しかしもしただ農村生活の疲弊と困窮を救い現体制を打倒して国民主権の民主国家をつくろうなどというのなら、まちがっても藤井などが自治民範を天下無二の名著などというはずがない。」(同上)

以上簡単に丸山、藤田、加藤らのファシズムと農本主義、共同体、社稷とのかかわりに限定して、その一部にふれてきた。戦後、「追放タブー」として見向きもされなかった農本主義などに丸山や藤田が注目し、一定の成果をあげたことは高く評価されなければならないし、また、加藤論文にしても、日本人の国家観を検討するうえで、今後も、あるたしかな一つの視点を提供していることはいうまでもない。彼らの作業に対し、これを根底から批判しようなどと私は思わない。それはそれで間違っているわけではないのだから。しかし、私には不満が残る。不満の内容を、いまここで、すべてはきだすことはできないが、どうしてもいっておかなければならないことは、農本主義のもつ神話性を思想的にとことん掘り下げていないという点であり、具体的には、個人的な生活の場として生育していった実体的な共同体と共同幻想としての国家とのつなぎ目に対する不徹底な観察ということである。家族や郷土のために働き、生死を賭けて戦うことが、なぜ国家に生命を捧げることにつながってゆくのか。これは、いまだ未解決のまま放置されているアポリアの一つである。父母や兄弟、妻や恋人、あるいは郷土の人のために寄せる愛情や捧げる生命が、いつの間にか国家のため、天皇制のためであったりという、痛く哀しい歴史体験をもちながらも、われわれは、いまだその秘密を説き明かしきってはいない。これは、近代主義者のいうように、主体的個人の未確立、それにともなう社会契約観念の欠如や、市民社会の不完全性を四六時中嘆いておれば済むという問題ではあるまい。色川大吉も、このあたりに大きな陥穽と今後の課題があることを認めて次のようにいう。

「また、別の学友や農民兵士の手紙の中には、自分は天皇や国家や政府のために死ぬんじゃない。自分の兄弟とか妹とか自分の大好きな日本の自然や村や肉親たちを守るために、その追憶のために死ぬんだという意味のことが何度も書かれております。私はそういった、自分の国のために死ぬのではない、自分の肉親とか国土とか故郷、恋人たちのために死ぬんだという発想は、おそらくいまの青年世代がなんらかの形で持ち続けており、再びあのようなときに立たされたら、おそらくまた言うだろうと思うんです。…（略）…そこのところ、つまり個人的な心情と国家幻想というようなものとの間に、どこで原理的なけじめをつけ、何をもってそれらを剝離し、そこからふっきって出てゆくのかということが、いまなお解決されない、残された問題ではないかと思うのです。」（「〈わだつみ〉の日に天皇制を考える」『天皇制を問いつづける』わだつみ会編、一九七八〔昭和五十三〕年）

政治形態としての国家とは本来無縁であるはずの家族、共同体の生活が、いつ、いかなるものを契機にして、国家の側に吸い上げられ、それに加担してゆくのであろうか。共同体に存在する生活態としての自己規制や相互扶助、あるいは外部権力に対する抵抗という自己運動は、政治形態としての国家が押しつけてくる法や制度とは原理的に異なるものであり、そこにおける習俗、伝統を徹頭徹尾押してゆけば、両者の間には激しい確執と乖離が生れるはずである。にもかかわらず、共同体のルールと国家の法との間の境目が見えなくなってしまうのはなぜか。すくなくとも、共同体の解体がすべてを解決するなどという論は、もはや通用すまい。かといって、共同体の復権にすべてを託すというのも、きわめて性急な結論といわなければならない。われわれは、このあたりで、生活形態としての共同体におけるルールと政治形態としての国家の法とが、からみ合い、もつれあって一体となっている糸を一つ一つほぐす作業を試みるべきであろう。それは、連結しているかに見える生活と政治の間に一線を画すことにもつながるであろうし、また一見、生活よりも大きく見える政治をもとの形に戻すことにもなるであろう。その際、やはり農本主義の思想的核ともいうべき社稷の理念は、大きな意味をもってわれわれの前に浮上してくる。社稷対国家なのか、社稷と国家なのか。あるいは社稷国家なのか。この稿に結論などない。

「転向」の動機としての「農」

小林杜人と転向

強弱は別として一人の人間が、ある確かな（本人がそう思うもの）思想、信念に基づいて行動している時、その思想・信念およびその行動が、国家権力によって抑圧、弾圧され、その権力に妥協し、敗北せざるをえなくなることを転向と呼んでよかろう。

静かに日本の近代思想史を鳥瞰する時、この転向と無縁で存在しうる思想などというものが、はたして存在しえるものかという思いを抱くのは私一人ではあるまい。

私たちはこれまで、ありがたいことに、転向研究に関する貴重な遺産を持っている。なかでも、昭和三十七年に完成した「思想の科学研究会」による『共同研究・転向』（上・中・下、平凡社）は、質・量の両面においてて他の追随を許さぬほどのものであった。

本来、転向という問題は、なにも昭和の時代に限定されるものではない。この『共同研究・転向』の「序文」を書いた鶴見俊輔は、そのなかで、こうのべている。

「日本思想史における転向史は、すくなくとも百年さかのぼって、幕末からはじめ、明治の開化、さらに自由民権運動にたいする弾圧をへて、大正・昭和に至るべきである。このようにしてはじめて、日本の近代思想の原型形成においてはたらいた転向の刻印が明らかにされよう。[1]」

しかし、この鶴見らの共同研究は、昭和時代という時間的枠組みのなかで展開されていった。鶴見は、これまで転向の問題は、思想史の世界では、何か、あまり喜ばれる対象ではなかったという。その理由として彼は次のようなことをあげている。

「転向という主題をとりあげることの不快[2]」、「転向を対象として厳密な意味で学問的な研究をすることの困難[3]」、「転向研究の無意味[4]」。

こういった状況を克服して、この研究は完成されたわけであるが、鶴見は、転向の持っている思想的価値を、次のように記している。

「転向問題に直面しない思想というものは、子供の思想、親がかりの学生の思想なのであって、いわばタタミの上でする水泳にすぎない。就職、結婚、地位の変化にともなうさまざまな圧力にたえて、なんらかの転向をなしつつ思想を行動化してゆくことこそ、成人の思想であるといえよう。[5]」

ところで、鶴見たちは、転向を次のように定義したのであった。

「私たちは、転向を『権力によって強制されたためにおこる思想の変化』と定義したい。[6]」

この場合の権力で、重要なことは、国家権力ということであって、「現代日本の転向を記述する上で、中心となるのも、国家権力によって強制された思想変化であり、[7]」という。

当然のことであるが、表面的に自発的、自主的と思われるような思想的変容であっても、その前提に、あるいは基底に国家による強制というものが存在するとなれば、それはそれで、転向だとして鶴見は次のような例をあげている。

「たとえばある個人が、帝国主義反対運動の故をもって検挙されたという事実があり、それと時間的に近接して、同じ個人が当時の国策である満州国建設を賛美する文章を発表したという事実があるなら、その間の思想の変化が当人によって自発的なものと意識されているとしても、この変化は転向と言えよう。(8)」

鶴見らの、この『共同研究・転向』の「上巻」が世に出たのが、昭和三十四年一月であったが、同年の九月に、本多秋五が本書についての書評を書いている。この書評はよくある単なる本の紹介などと違って、精緻にして鋭い本格的なものであった。本多はこの書を手にした時、その質と量に驚嘆したという。本書の画期的意味について彼はこうのべている。

「この本の最大の特徴は、いまいう転向概念からの『倫理の脱色』とならんで、転向という言葉の定義――『権力によって強制されたためにおこる思想の変化』という定義――にある。これがやはり一番大きな、性格的特徴である。この定義によって、転向研究は大変自由なものとなり、無礙なものとなった。(9)」

転向に関する秀作を待ち望んでいた本多は、この書に間違いなく合格点を与えたのである。これが契機となって、この種の研究が活発化し、将来に向けて大きな展望が開けてくると評価し、本書に対して彼は惜しみない賛辞を与えた。しかし、本書の「有効性」を認めつつも、若干の疑問点がないではないと、次のようにいうことも忘れはしなかった。

「しかし、有効性の寿命は案外あてにならぬものである。やはり『革命の脱色』という一点に問題が残ると思う。…(略)…別の転向定義を要求する転向論、革命をテーマとする転向論が存在するはずである。(10)」

この本多秋五が転向を次の三種類に分けたことは、よく知られているところである。まず、「共産主義者の共産主義放棄を意味する転向[11]」、次いで「加藤弘之も森鷗外も徳富蘇峰も転向者であったという場合の、一般に進歩的合理主義的思想の放棄を意味する転向[12]」、いま一つは、「思想的回転（回心）現象一般をさす[13]」ものである。

日本の知識人たちが、日本の伝統的社会、宗教、習俗といったものの実態を精査、認識することなく、借用理論を信仰したことから転向は発生することはいうまでもないが、吉本隆明はそのことを的確に指摘している。

「わたしの欲求からは、転向とはなにを意味するかは、明瞭である。それは、日本の近代社会の構造を、総体のヴィジョンとしてつかまえそこなったために、インテリゲンチャの間におこった思想変換をさしている[14]」

ところで、この転向の日本近代思想史上での意義について言及する際、いま一つ傾聴に値する指摘を私たちは持っている。それは、橋川文三のそれである。

彼は転向という問題は、「わが国の近代思想史において、はじめて本来的な思想の意味を悲劇的に、かつ逆説的に明らかにしたという意味で、また、およそ思想とよばれるものが生の根底的現実ともっとも究極的に交渉する場合、そこにどのようなすさまじいドラマが展開するかを露呈したという意味で、おそらく幕末・明治の動乱期をのぞいて、もっとも痛烈な思想史上の一エポックを形成した[15]」とのべたのである。真の思想の名に値するものは何か。血肉化されていない借り物思想が、現実世界に直面した時、そこに如何なる状況が生れるか。如何なる悲劇、喜劇が生れるか。日本における転向の問題は、そういうことを示唆してくれていると橋川はいう。

転向をめぐって、これまで様々な定義、議論、そして日本の近代思想史上での意味が問われてきた。いま、日本には、極端な破壊活動排除を除けば、かつてのような政治的弾圧、抹殺はない。自由な思想が、運動が、学問が、それぞれの領域で展開されているようである。こういう時代には、転向研究などは、もはやいかなる意味をも持たないということになるのか。いかなる信念も哲学も思想も持つ必要はなく、むしろそのようなものを持つことが軽蔑されるような雰囲気のなかにあっては、転向など、はなから問題になることはなかろう。たしかに、いま、赤裸々な物理的弾圧、排除はない。しかし、民衆の統治技術は、マス・メディアを中心として、その粋を集め、その統治は実に巧妙になされ、民衆の側は、およそ被支配者意識など持ちえないのかもしれない。理性の狡知もいよいよその成熟度を増しているようである。管理強化と「癒し」という両刀を使いつつ、操縦するという構図が完成されている。思想の領域においても、いまや最高の権力というものは、極めて懐の深い、しかも強力な吸引能力装置を用意していて、浅慮な反権力的思想などを、喜々として吸収している。強引な物理的弾圧などで転向を強要する必要などないのである。権力というものは、いつの世においても、相当のところまで、己に向けての攻撃を許容しつつ、最終的には、そのエネルギーをも己の栄養にしてゆくといった逞しさと巧妙さを備えている。

荒ぶる怨霊をも、じつに巧妙で、持続的な「癒し」によって、次第に和霊にしてしまうというプロセスは、王権支配が採用する常套手段である。和霊と化したものは、かつての敵に忠誠を誓い、そちらの側で有効なはたらきをする。かつて燃やした生命の炎は、方向を転換しつつ、なお激しく燃えあがる。

本稿で取り上げようとする小林杜人は、転向者の一人であるが、彼はいかなる経路を辿り、いかなる和霊になっていったのであろうか。

小林杜人は、若くして己を取り巻く環境のなかでの種々の日常性に、社会的矛盾を発見し、それを疑問視し、それによって苦悩し、社会に向ける目を鋭く、広く養っていった。家業である農業、養蚕業に従事しながら、マルクス主義に邂逅し、農民、労働運動に奔走する。やがて検挙され、獄中での生活を余儀なくされる。絶え間ない苦しみの結果、身心ともにボロボロとなり、自殺を図るが失敗する。獄中での教誨師との出会いにより、宗教的救いを獲得し、やがて転向する。一転し、かつて己が信じ、行っていた社会活動すべてのプライドを放擲し、マルキシズムも清算する。自力の無力、無効を自覚し、如来への帰依、そして新しい道を選択する。出獄後は、帝国更新会という組織に入り、国家のため多くの人の転向を促し、転向者救済のために懸命の努力をしたのである。彼は単にそれまでの思想を捨て、運動をやめたという消極的なものではなく、非転向者に対しては転向の「正しさ」を説き、奨励し、転向者に対しては、社会復帰のための就職をはじめ、あらゆる援助を惜しまなかった。小林は転向前も後も、真面目で、禁欲的で、誠実を日常としていた。彼のこの資質は、社会主義運動、農民運動、そしてまた国家権力への協力の際にも貫かれていった。国家が用意する民衆統治のための真面目主義は、小林の持っていた資質そのものでもあったということでもある。次のような役割を担わされるのは当然のことであった。

「『転向』方策が起動にのり、『転向』者が増えてくると、行刑のつぎの段階として、再犯の防止と『転向』を確保するために、『保護』事業が重視されるようになった…（略）…その先駆は、東京地裁検事正の宮城長五郎の主宰する帝国更新会（市ヶ谷刑務所教務主任の藤井恵照が常務理事）で、三一年末に仮釈放された小林杜人を専従に、多数の『転向』者を受け入れ、三四年末には思想部を独立させた。[16]」

ここで、昭和の転向史のなかで、このような生き方をした小林の帝国更新会で活躍するまでの略年譜を作っておこう。（小林の著である『「転向期」のひとびと』を中心に[17]）

明治三十五年（一九〇二）
二月十五日、長野県埴科郡雨宮県村大字土口に生れる。父友喜、母ふく。農業と蚕種製造を家業とする。
大正三年（一九一四）
小学校卒業、埴科農蚕学校入学。ハイネ、ダンテ、トルストイ、ドストエフスキーなどを読む。
大正六年（一九一七）
埴科農蚕学校卒業後家業を手伝う。不当に差別されている被差別者との交流を始め、信濃同仁会雨宮支部の組織化に参加。山室軍平に注目し、救世軍長野小隊に入隊。
大正七年（一九一八）
五月より長野県蚕業取締所埴科支所の書記となる。
大正十年（一九二一）
信濃自由大学に学ぶ。土田杏村、高倉テルを知る。有島武郎、内村鑑三、西田幾多郎、倉田百三などの著作を読む。
大正十二年（一九二三）
一月近衛歩兵第三連隊に入隊するが、病のため入院、四月には第一衛戍病院に移り、看護兵となる。
大正十三年（一九二四）
七月に除隊、家業を手伝う。北信社会主義グループの研究会、政治問題研究会北信支部に参加、理不尽な転居の拒否という差別に対し強力に反対する。日常的差別の深さを知る。

大正十四年（一九二五）
全日本無産青年同盟設立の準備会が開催され、北信支部ではたらく。この同盟の創立大会に北信支部の代表として出席したが、その結果村役場の書記を解雇される。
大正十五年（一九二六）
日本農民組合を支持する長野県小作組合連合準備会、労働農民党北信支部準備会の設立が決定され、小林宅が一時的に事務所となる。「いもち」が発生し、稲作は大きな被害にあい、北信、中信に小作争議激増。小林は多忙を極める。
昭和二年（一九二七）
金融恐慌により長野県下の農民運動激化。長野県の小作組合連合会創立大会が開催され、日本農民組合に加盟。小林は組合の常務理事になる。労働農民党全国大会が開催され、委員長に大山郁夫、小林は中央執行委員となる。
昭和三年（一九二八）
労働農民党中央執行委員会に出席。日本共産党に入党。北信の責任者となる。日本共産党への大弾圧があり、小林も検挙される。家族への愛情と同志への思いの間で苦悩し、獄中自殺を図るが、失敗する。懲役三年六ヶ月の判決が下り、控訴する。
昭和四年（一九二九）
藤井恵照教誨師に出会い、敬意を抱き心酔する。親鸞をはじめ、島地大等、清沢満之らの著書に触れる。控訴を取り下げる。この藤井との出会いが、のちの帝国更新会での活動につながる。
昭和五年（一九三〇）

独房から図書室へ通うという教務課の仕事につく。

昭和六年（一九三一）

宗教への理解も深まり、苦悩脱却の光が見えてくる。健康状態も良好。母親死去。刑期は昭和七年四月ということになっていたが、年末に仮釈放となる。これより帝国更新会に勤務。本会の保護委員として業務に尽力する。

昭和九年（一九三四）

帝国更新会の中に、思想部が設けられ、小林はその責任者となって活躍する。

以上が小林の帝国更新会で活躍するまでの歩みであるが、彼の世の中の不正、矛盾への開眼は、きわめて具体的、日常的体験に基づくものであった。大学という場所で、資本主義経済、土地制度の矛盾などを抽象的に学習するというものではなかった。

小野陽一というペンネームで著した『共産党を脱する迄[18]』という本があるが、このなかで、かつての己の行動を深く反省し、懺悔する箇所がある。長野県雨宮県村における同仁会支部の創立大会時においてである。こういうものであった。

「小野の級が六年を卒業する時、記念撮影をすることになって居た。其の時全級の者共が申合せて、若し水平社の同人が、一人でもまぢると写真を買はぬと云ふことに決議したのである。そして此の同人三人を追っ払って、とう〳〵写真をとらせなかったのである。其の外のことは数限りない。…（略）…この日泣きながら、それを告白したのであった。そして、『皆さん、どうか許して下さい。此の通り謝罪します[19]』」

さらに差別の問題で、小林の若い魂を動揺させた事件があった。靴製造、修理を仕事としていた小林の友人が、水平社の同人であるという、いわれなき理由で店を他所への移転を拒否された時のことである。小林はこの理不尽な差別に対し、怒り苦しみ、東奔西走し、やっとの思いで友人有利の方向で解決したのである。『共産党を脱する迄』で、こう記している。

「この事件は小野に、水平社同人等に対し、社会に浸透せる因襲的差別の如何に根強いものであるかを覚らしめた。小野の心は一時はテロリストにならんとした程であった。小野は世間から如何に嘲笑されても、同人等と今后益々差別撤廃のために奮闘する決意を固めたのである。[20]」

いま一つ小林に社会的矛盾への開眼を促したものは、キリスト教である。苦労しつつ、同志社で学び、日本救世軍の創設に尽した山室軍平に邂逅し、彼に強く心を打たれ入信した。神の前における平等、そのために悪旧習の打破といったものに小林の心は吸い込まれていった。

小林は己の心中を、常時一点の曇もない状態にしておきたかった。いつ、どこでも、不正、虚偽、偽善などのない精神を維持し、政治の世界での駆引きなどを極力嫌った。自己反省的であり、真面目主義を通した。この差別の実態、己の加害者としての罪の重さを自覚し、これを機会に、小林は社会的矛盾を解消し、弱者への全面的支援へ向けての実践活動に全身全霊を捧げることを誓うのである。彼の農民運動、労農提携、差別撤廃など、すべて彼の日常からの発信であった。

このような外での活動をしながらも、小林は家業にも全力を傾注するのである。体力の限界まで働き、汗を流し、血を流すのである。

「彼はどんなに働いたであらう。あの山の畑に汗だくぐ〵になって働いてゐた。…（略）…春は雲雀の声を聞いて麦の草をとり、耕耘に働いた。人糞に大豆粕や、過燐酸石灰等をまぜたのを、肥桶に入れ荷車に積んで、田畑に運ぶこともあった。…（略）…一日こうして働くと、アンモニアの臭ひで身体中まで臭くなって、二日位は抜けなかった。こんな時でも小野は、集会に出ることを怠らなかった。集会にはいつも其の司会者であったのだ。[21]」

家業と社会運動との両立は、小林の真面目さゆえに、極めて過酷なものとなっていた。両者に軽重をつけることの出来ない小林は、ボロボロになった肉体を引きずりながらの日常を余儀なくされていった。このことは、後の彼の転向理由にも大きく影響することとなる。

農村問題に全生命を賭して闘う小林の活動は、地元はいうまでもなく、県下でも知られ、漸次拡大していった。そうした彼の顔を日本共産党が見逃すはずはない。遂に誘いの手が延びることになる。

「昭和三年一月一五、一六日、労働農民党中央執行委員会に出席、のちに邂逅する南喜一、浅野晃、豊田直らを知る。同一月二一日、上城寛雄の紹介で信越地方委員会オルガナイザー河合悦三より日本共産党に入党勧誘を受け承諾し、以後、日共党員として北信の責任者となる。[22]」

かくして小林は日本共産党の党員となり、ある種の使命と覚悟を感受し、大車輪的活躍を己に言い聞かせている。共産党に対する当時の一般的社会的評価とは別に、いわゆる「知識人」や学生、労働運動、農民運動にかかわっていた人たちにとっては、この組織はきわめて崇高にして、日本的近代「知」の集結した威厳のある存在であった。小林もこの組織の一員になることは、何か重々しい、大きな力の支援を獲得したように感じたようである。

「小野自身も党に加盟したことが、彼の無産運動者としての歴史の一区画となったのである。それからの小野は強くなった。何とはなしに彼は一つの魔力を自分に得た様に思へた。それから検挙さるゝ迄の小野の活動は目ざましいものであった。[23]」

大きく強い力が己の背を押してくれているという安堵の思いと同時に、頑強な拘束力という緊張感もあったにちがいない。積極的使命感と自己拘束力感とが混交していたであろう。

しかし小林が党員として活躍出来た期間は極めて短い。昭和三年一月二十一日に入党したが、同年の三・一五事件で、はやくも検挙されているのである。

昭和三年三月十五日は、いうまでもなく、日本共産党に対し大弾圧のあった日である。天皇制、国体、私有財産制などで党の方針を打ち出した共産党に敏感に反応した国家権力は、大正十四年に公布された治安維持法を改正、強化し、共産主義運動、思想の撲滅を図らんとしたのである。小林は己の検挙を次のように回想している。

「私もこの日未明、日本農民組合長野連合会本部、労働農民党北信支部事務所で、屋代警察署に検挙された。事務所責任者として家宅捜査に立ち会い日共の検挙であることを知った。…（略）…母は信濃毎日新聞記者に涙ながらにわが子のことを語りしとか。翌日、雨宮県小学校長馬場源六は、全校生徒に『わが村より不忠の臣を出した』ことについて訓辞、わが妹は衝撃を受けたりと聞く。屋代町付近の町村は、大逆事件以後はじめて恐怖震撼せりと。(24)」

国体そのものを批判し、私有財産制を否定するなどといった日本共産党が、当時の一般民衆の日常的思惟からは大きくかけ離れた存在であり、それは恐怖の対象ともなっていた。その組織に入り、しかも官憲によって検挙され、投獄されたとあっては、当時、家族にとって、村落共同体にとっても、これ以上の恥、不名誉なことはなかったのである。

ここから小林の獄中生活が始まるのであるが、検挙された時の彼の心情は、これまた、極端に正直で、素直で、己の活動が罪を犯したのであれば、正直にその罪を認め、責任を負うというのである。小林の主義、主張、そして行動が、己の確たる信念に基づいたものであったとすれば、この正直さ、素直さを勇気あることとみるのか、なんという腑甲斐無きこととみるかは微妙なところである。

「小野は今度の事件について正式に党に加盟したのは、北信では自分一人であるし、他のものに迷惑にならぬと思ったので、初めから自分のことだけは自白して、早く片付けたいと思ってゐた。またやったことを隠してゐて自白せぬことは、自分で卑怯だと思って居たために、小野の最初の煩悶は初まったのである。小野は今静かに、自分のあまりにも波乱の多い過去を思ひ出してゐる。(25)」

ここで私は、小野が獄中で苦しみ、悩み、己自身と文字通り生命がけの格闘をした内容のいくつかを取り出してみたい。それは転向そのものの動機の検討でもある。

まず、小林の心情を大きく揺さぶったのは、なんと言っても、家族への情愛である。転向者の多くが転向の動機とした家族の問題(26)が、小林の眼前においてもせまっていた。農民運動、共産主義運動か、家族への愛か。己が獄につながれることで、家族、親類縁者にかける迷惑、なかんずく、貧困にあえぎ、血涙を流しながら、無言で鍬を打ちおろす父母のやつれた姿を想像する時、彼の腸はよじれんばかりであった。それでも抽象的階級闘争やコミンテルンの方針に沿った闘いを続行してゆけるというのか。しかし、そうかと言って、共に闘ってきた同志も裏切れない。小林は肉体も精神も引き裂かれんばかりであった。父母への思いを彼はこう語るのであった。

「小野は獄中で父母を思ふ時に、俺は社会的功名心などは、かなぐり捨てゝ風呂の火番でもやろうと思った。それはどんなに楽しいであらう。父や母が一日働いた体のつかれを洗ひ落とすかの様に嬉しそうに湯に這入る、その湯の番をする。あの薪を燃やす度に、風は煙りを小野の顔に吹き捲くるであらう、煙にむせた赤い顔をして一生懸命に火を燃やす。そして父母の身体を洗ってやる。[27]」

政治支配貫徹のための常套手段として物理的強制力のほかに、心理的操作があることは、いつの時代、いかなる社会においても、いうまでもないことであるが、民主主義だの自由主義だのが声高に叫ばれる場において、後者が有効性を発揮することは当然のことである。

転向への誘動は、家族への情が巧みに利用されていった。国家権力と対決は出来ても、家族との対決は、そうやすやすと出来るものではない。国家を欺くことは可能でも、父母兄弟、姉妹を欺くことは不可能にちかい。現存する家族のみならず、現世不在の先祖たち、そして将来生れくるであろう子や孫に対しても、家の意識は連続している。

ところが、家、家族を思う心情は、多くの場合、反体制、反権力運動の支柱になることはなく、逆にその運動を阻止し、支配権力の体制のなかに埋没させられてゆく運命にある。近代日本の「家の思想」がここにはある。従って、個人の自由を拘束し、奪い、自主、自立、独立を邪魔する家からの開放こそ、近代日本への第一歩で、家を蹴れ、父母を蹴れという悲しい激情が浮上することもありうるのである。

「近代日本の知識人の思想的性格と日本特有の家族制度（家制度とよばれる）の関係というとき、すぐに思い浮かぶことがらの一つは、日本近代の知識人の思想の歴史が、いわば家からの解放を求めるさんたんたる抗争の歴史であったという印象であろう。[28]」とのべたのは橋川文三であるが、まさしく、家による拘束とそこからの個人の解放は、日本の近代精神史の上から、決して欠かせない難問の一つであった。

多くの場合、革命のため、思想のために、家族を放擲してやまぬということは、現実世界からは、かなり遠い感情であった。

小林は次のような発言をするようになる。原始共産制社会は、実は身近にあると。

「家長を中心として一家が同体である。其処には私有財産もなく、共働、共有だ。…（略）…子供を育てるためには、一家の中心にある人は労作をしなければならない。一家に病人があればその人は誰よりも多く消費するが、決して外の人は不平は云はないであらう。…（略）…かうした家族主義の特質は、今日、封建的な形骸を破って、新しく我々に受けとられなければならないのではなからうか。共産主義者が夢見た様な社会は我々の足下にあったのである。(29)」

次に問題にしたいのは、家族と連動する問題であるが、小林の故郷、農、土への思いである。農本主義的心情と呼んでもいいかもしれない。彼の獄中における沈思黙考の世界で、重要な位置をしめたものに故郷がある。具体的には故郷の山であり、川であり、田畑である。また、そこに住まいするなつかしい人たちの顔である。故郷の自然に抱かれたこの夢を小林は獄中でよく見たという。

「山はユートピアを生む。今獄中にある彼を、色々の煩悶は闘争の世界から遠ざけて静かな山に連れて行く、それから夫へと夢想して行く。菅平の様な奥地で、世間を離れて開墾事業に従事したらどんなに愉快であらう。先づ三丁歩も、それを徐々に切開いて、しかも真黒になって労働に従事する。そこには創造的農業、芸術的農業が展開さるゝ、それは土に還る生活だ。こういふ夢は、毎日小野に繰返されて居た。(30)」

近代人が傷ついた肉体と精神を癒す場は、将来ありうるかもしれぬユートピアの場合もあるが、これまでに通り過ぎ、経験してきたあの山、あの川、あの土のある故郷の風景の方が、より具体性を持ち、より現実性を伴うものとなる。どれほど貧困と矛盾に満ちた農の世界も、傷口を癒してくれる空間としては十分な機能を果たすのである。美と郷愁と慰労が、汗も血もぬぐい去ってくれる。つまり村落共同体から毒気という毒気は、すべて抜き取られ、山紫水明の空間があるだけのものとなる。貧は美と化し、糞尿の悪臭は香水のかおりと化す。ふるさとを唄いあげた文部省唱歌も大いにその役割を果たしていたのである。[31]ふるさとと農本意識は結びつき、皇国農本建国論は国是となってゆく。小林にも農本主義的精神が根底を流れている。転向と農本主義との関係は極めて強いものがある。つまり農本主義的感情は、転向の大きな動機となるということであった。転向者ならずとも、多くの知識人が、わが闘争に破れ、傷つき、また学校という場で学んだ近代的「知」の限界とその傲慢さ、無効性を知った時、彼らは農の世界、土の世界に降りていったのである。ここには、あらゆる辛酸を洗い流し、溶解してくれる空気があった。階級的闘争も、貧のリアリティーも、猜疑心も、すべて溶かしてくれる魔法の器として、農の思想、土の思想はある。

抽象的相対主義とニヒリズムの不安のなかで、身の置きどころを失ってしまった人たちにとって、この農や土への回帰する思想は、とにもかくにも絶対的価値を持ちえたのである。[32]小林は当然のことながら、農民に最高の価値を与えて次のようにいう。

「私は農民が国家的要素として最も重要なる役割を果たして居り、……（略）……其は直接生産に携って居るのみならず、国家の物質的な力（即ち国防武力）は農村出身の人に依って大部分支えられて居ると云ふ事実は、農村の健全なる発展なしには日本国の健全なる発展はあり得ぬことを示すものである。それは殊に日本精神の本質的なものを（即ち家族精神）最も多く具現して居る。[33]」

ここに来て、小林の精神は安定し、純粋にして無比の再生を期す覚悟が生じたのである。

次は家族、郷土とならんで、その延長線上にある民族、国家への認識の変容である。それまで階級的視点にのみ眼を奪われ、攻撃の対象としてしか見なかった民族的心情や天皇制が、じつは多くの日本民衆の心情と密着していることに小林は気づいたのである。抽象的人類史、階級闘争史における己よりも、具体的日本人としての現実的存在に視点が移行してゆく。共産主義運動を通じ、世界国家の平和を願うことは間違いではない。しかし、静かに己の存在をふりかえる時、小林はどこまでも日本人であり、天皇制国家の一員で、その意識は、深い心層の部分に宿っていることを改めて知る。次のような意識の転換を余儀なくされる。

「世界国家は人類の理想であるが、今急に実現さるゝものではない。吾々日本人は、日本と云ふ国土と三千年の歴史を持って、その上に初めて吾々の存在的事実があるのだから、先づ日本人たることを基礎として考へ行動せねばならぬ。[34]」

「万国の労働者団結せよ！」は立派なスローガンである。しかし、それぞれの国がそれぞれの歴史的特徴を持っていて、宗教も政治も文化もそれぞれ固有のものを有している。世界人類を画一的目標に向けて束ねることなど、所詮無理な注文ではないか。やはり祖国のために、ということに傾斜してゆく己の心情を認めざるをえない小林であった。日本人の一人としての忠誠的感情を放擲してまで、闘って獲得するに値する崇高なものが、この世に存在するとは思えないし、共産主義が高唱する絶対的理想的社会など、現実世界に存在するものではないと、彼はこういう。

「宇宙にも陰陽のある様に、国家にも絶対的な社会状態はあり得ない、皆相対的なものだ。従って差別と平等を正しく観ずる仏教の立場が正しいと考へる、従って絶対的な共産主義の社会は成立しない。[35]」

日本悠久の歴史も現実世界も把握する努力を怠り、革命だの、絶対的共産主義だのと叫んで拠所にしていた空虚な理論が足元より崩れてゆくことに、人は気付く時がある。抽象的世界永久平和を願い、そのための闘争ゆえに、次々と貧窮し、倒れてゆく家族や、民衆の日常を眼にする時、この運動は、真に己の血の部分から湧出するものに基づいているのか否か、という不安に襲われる時がある。このことを無視して行う運動の帰着するところは、自爆か転向以外にはない。

前述したように、吉本隆明が、転向は「日本の近代社会の構造を、総体のヴィジョンとしてつかまえそこなったために、インテリゲンチャの間におこった思想変換[36]」だといったのは、けだし当然のことであった。金科玉条のごとく信奉していたコミンテルンの方針に強い疑念を抱き、これまで軽蔑していた民族や国体の問題が、小林の心中を俄かにとらえはじめるのであった。

階級的視点に立脚し、同志を裏切ることなく生き抜くか、それとも、日本人として悠久の歴史に生きるのか、これは獄中の小林にとって難問中の難問であった。

生涯をこの共産主義運動に捧げることを一度は決意した小林にしてみれば、この崩れゆく己の姿に無念の思いを抱くのは当然のことである。弾圧を恐れ、安全地帯に逃げ込もうとする彼は、周囲から聞こえてくる「卑怯者」との罵声に、ただただ踞るばかりであった。

「あゝ、全国の労働者農民は何と云ふだらう。長野県の小野と云ふ奴は、労農党の中央委員にもなって居るくせに、あの階級的な行動を傷つける陳述は、彼は弾圧に恐れて、無産階級を裏切ったのだ。小野は其の声を幾回も自己の心の内に聞いた、これは恐ろしい声であった。彼の心は掻き乱された[37]。」

同志に対する裏切りという罪の意識、家族への熱い思い、日本人としての自覚など、小林の心は千々に乱れた。不眠に襲われ、廃人同様となった。獄中で彼は、ついに自殺を計画し、実行に移すが、死に至ることは出来なかった。

この自殺計画に象徴されているように、一時は己の存在そのものが許されず、消え失せることによってしか現実を回避する方途はないところまで、小林は追い込まれていたのである。この瀕死の状態を救ったのは、教誨師藤井恵照の宗教的指導であった。この宗教体験を通じて彼は転向を徹底的なものにした。この藤井の教誨によって、小林は罪深い己を知り、いかなる償いによっても償い切れない罪をわがものとしたのである。ただただ、己の無力、無効を恥じ、認識し、絶対者にすべてを委ねるしか道のないことを悟った。共産主義に絶望し、親鸞に心酔してゆく小林の姿がここにはあった。己のすべてを如来に預ける以外に道はない。正義のため、世界全体の労働者、農民のためと称し、救世主のつもりになって行動してきた己の自力など、いかほどのものでもないことに小林は気付いた。愛する家族さえ救済出来ぬ正義とは何か。後生大事にしてきた己のプライドなど、単なる幻想で、そのようなものはすべて捨てて、無力な己を如来に委ねる道を彼は歩むことを決意する。『歎異抄』、『教行信証』などが彼の周辺にはあった。念仏三昧の日が続く。教誨師藤井に、小林は如来の顕現を仰ぎ見る思いがしたという。[38]

共産主義、およびその運動は絶対的正義であり、世界人類のためであり、己はその聖なる運動の指導者であるといった意識が、いかに傲慢なことであり、それがまったくの幻想であるとの思いに小林は到達した。現実世界に完璧な人間の善なる行為などありはしない。彼はこういう。

「聖人は此の吾々を究明して行く時に、如何なる万行諸善も、其の完璧を期することが出来ぬことを知った。即ち『万のこと、みなもて空ごと、たわごと、まことあるなし』を十分に認識されたのだ。吾々の此の人生に於て、人間の行為に於ては、如何にそれが善事であっても、それだけでは駄目なのだ。否却って自己の力を信じて居る所に破綻が来るのだ。[39]」

こうして小林は、清沢満之が知および肉体による徹底削減ののちに到達したように、自力というものの無力、無効を徹底的に教えられ、如来になにもかも預けることによって、精神の安定を獲得するところに到達したのである。獄中での体験、獲得した宗教について彼は次のようにのべている。

「宗教とは、現実の不完全なる我を否定し、仏者の世界、即ち彼岸の世界——完全なる世界——への不断の進展そのものを云ふのではなからうか。従って宗教とは、彼岸への憧れである。欲望である。人間が完成されたものでない以上、常に永遠の生命と、限りなき光明への到達を望んでやまぬものである。[40]」

刑期を終え、出獄した小林は、今後、共産主義運動、農民運動といった反権力、反国家的行動は、すべて中止するといったような、消極的姿勢ではなく、他人に転向をすすめ、また、転向者の将来について懸命に援助活動をするといった積極的方向へゆくのであった。国家権力によってつくられた更生保護団体である帝国更新会での活動、その内部に設置された思想部の責任者としての懸命な努力によって、彼の転向は完成するのである。

わが信念に基づいた反体制的運動家が、国家権力の弾圧に敗北を喫し、獄中で転向して、体制擁護派の人間として再生するという、方向転換を、小林の無節操、臆病、偽善と呼ぶことは、それなりの正当性を持ってはいる。しかし、そのような結論づけだけでは、思想的に小林を見たことにはならない。ともかく、帝国更新会における小林の仕事ぶりに注目しておこう。そもそもこの帝国更新会なるものの正体は何なのか。ここでの彼の活躍こそ、転向の完成とかかわるものとなる。共産主義から身を引くことを決意しただけでは、転向は完成したことにはならない。二度とそのような行為を繰り返さないよう、体質改善をし、その上で、積極的に国家体制に協力することが必要であった。厳罰を課すだけで、転向さすことが成功するはずはない。「アメ」と「ムチ」は、政治支配の常套手段であるが、この帝国更新会は、まさしく前者であった。小林は帝国更新会をこう説明している。

「いままでの保護団体は、刑余者の保護に重点をおいたいわゆる免囚保護事業であったが、新しく猶予者の保護事業の分野をも開拓したのである。家族主義に基づいて、役員も保護される者も一つの家族であるとし、互いに助け合って更生を計ることを保護の根本理念としたのである。[41]」

小林がこの帝国更新会にかかわったのは、昭和六年の仮釈放になった直後からであり、この時点で、彼は新しく人生のスタートを切ったのである。昭和九年には、この帝国更新会に、新しく思想部が独立したかたちをとって発足した。彼はその責任者となって活躍することになる。

思想事件関与者が就職難を極めるなか、小林は当人およびその家族に対し、就職の斡旋、生活の援助など、己に可能な限りの力を捧げたのである。小林の日常は多忙を極めることとなる。彼はやがて、大孝塾[42]に関係し、さらにそれを発展させ、国民思想研究所の主事となる。「転生」（のちに「国民思想」）は、その機関誌であった。「転生」発刊に際しての「辞」に注目すべき文言がある。その一部を引いておこう。

「我等は過ぐる昭和年間、共産主義が幾多の誤謬を有したるにも拘わらず、日本思想界に多大の影響を与へ、且つこの運動に従事したるものが救世的情熱を以てその全生命を傾倒した事実を想ふ時、更に彼等が日本国民としての真の自覚に立ち、自己の完成を期すると共に、再びその全精力を傾注して国運の発展に献身し、以て奉公の誠を致さんことを切念せざるを得ない[43]。」

これまで、共産主義運動に全生命を傾注してきた人間であればこそ、そのエネルギーを国家体制擁護、尊王国家発展のために使用するならば、彼らは極めて大きな貢献をするであろうというのである。小林も共産主義運動に専念し、しかるのちに転向した人間である。そうであればこそ、今日の己があるという。獄中生活は、彼にとって修養の場であり、人格陶冶、新たなる自己発見の場であった。転向の前も後も、小林の精神の深層は変るところはない。反省を繰り返し、誠実に、ひたすら他人のために活動をしたのである。

転向後の帝国更新会などを通じて、小林に救済された人は多い。裏切者、卑怯者、権力の手先などと陰口をたたかれながらも、彼はそういう人にも救いの手をさしのべている。この行為は、もう、ほとんど宗教的営為といってよかろう。石堂清倫は小林のこの行為を次のように評している。

「一部の人は小林を司法権力の手先として非難した。しかし彼はこれに対し、一言も弁解を試みたことはない。彼は前後数千名の転向の世話をした。そこに集まる人が、彼を利用するだけのものであろうと、不純な動機によるものであろうと、一切差別をしなかった。その心情や決意を一度も問いただすことはなかった。無条件ですべての人に接した。彼のため生活をたてることのできた人は多いが、[44]」

この無償の行為遂行に到達するまでに、小林は幾多の経験を積んできたが、なかでも獄中での教誨師との出会いを通じての宗教体験は、彼をして無の世界に突入させ、自力の無効性、他を責めることのむなしさを悟る境地に立ち入らせたのである。

獄中での拘束された生活は、共産主義との決別ということを、はるかに超えて己を知り、己の無力さを自覚し、大いなる力へ己を委ねる以外に生きる道のないことを発見する時間であった。従って、小林にとって転向とは、「単に向を変へたと云ふ様な生易しいものでなしに、それは、宗教的な意味で云ふ再生とか、新生とか転生とかと云ふ言葉の方が正しいのではないだろうか。[45]」ということになるし、また、「共産主義者にとって、拘禁生活と云ふことは、じつに自己を批判する絶好の機会であったのである。[46]」ということになる。

この小林の歩んだ道は、荒ぶる霊が幾多の変遷を重ねて、ついに和霊へと変容してゆく過程のようにも思えてくる。国家権力にとって小林ら共産主義者は決して許すことの出来ない、反権力的集団であり、追放すべき集団であった。しかし、小林がこうして検挙され、転向し、国家体制に積極的に協力してゆく姿をみる時、これは日本的土壌から生れた反王権の歴史そのもののようでもある。

王権というものが長期にしかも広範囲にわたって、その体制を維持、強化してゆく際に、欠かせないものの一つに、王権そのものへの攻撃の許容とその懐柔策がある。王権が、かなりのところまで批判、攻撃され、追い詰められるという激しい憤怒とそのエネルギーを、王権自体が必要とするということである。一般的通念となっている反倫理的行為、反モラル、反人道的行為を王権は欲しがる時がある。王権という怪物はいつも春風駘蕩する環境のなかで、農耕儀礼に明け暮れしているわけではない。怨霊に戦慄しながらも、時としてその存在を許し、逆にそのエネルギーを栄養分として、強く、大きく、生気あふれるものになってゆく。怨霊の側からいえば、当初は王権に絡み、それを窮地に追い込むこともあるが、究極的には、王権と握手する。怨霊、荒ぶる霊は遂に和霊となり、霊験あらたかなる神として丁重に祀られることになる。

小林は遂に、国家権力が最も欲しがる和霊に転化していったのであろうか。それでも、王権は彼から監視の眼を逸すことはなかった。しかし小林は、もうそういう地点からは、はるか遠くの世界で呼吸していたのである。

注

(1) 思想の科学研究会『共同研究・転向』(上)平凡社、昭和三十四年、二四頁。
(2) 同上書、一頁。
(3) 同上書、同頁。
(4) 同上書、同頁。
(5) 同上書、三頁。
(6) 同上書、五頁。
(7) 同上書、六頁。
(8) 同上書、六頁。
(9) 本多秋五『増補・転向文学論』未来社、昭和三十九年、二三九頁。
(10) 同上書、二四八頁。
(11) 同上書、二一六頁。

(12) 同上書、同頁。
(13) 同上書、同頁。
(14) 吉本隆明『吉本隆明著作集』(13) 勁草書房、昭和四十四年、六頁。
(15) 橋川文三『歴史と体験』春秋社、昭和三十九年、六六～六七頁。
(16) 荻野富士夫『思想検事』岩波書店、平成十二年、六八頁。
(17) 小林杜人『「転向期」のひとびと』新時代社、昭和六十二年。
(18) 小野陽一(小林杜人)『共産党を脱する迄』大道社、昭和七年。
(19) 同上書、二〇頁。
(20) 同上書、二六頁。
(21) 同上書、四四頁。
(22) 小林杜人『「転向期」のひとびと』、二〇頁。
(23) 小野陽一『共産党を脱する迄』、五二～五三頁。
(24) 小林杜人『「転向期」のひとびと』、二一頁。
(25) 小野陽一『共産党を脱する迄』、一〇頁。
(26) 多くの資料がそのことを裏付けているが、橋川文三の指摘をあげておこう。「いわゆる転向の動機としてもっとも多く見られるのは『近親愛その他家庭関係』の動機であり、それにつづいて『国民的自覚』であったことは各種の資料から明白に知られている事実である。」(『標的周辺』弓立社、昭和五十二年、一五八～一五九頁。
(27) 小野陽一『共産党を脱する迄』、六九頁。
(28) 橋川、前掲書、一三七頁。
(29) 小林杜人編・著『転向者の思想と生活』大道社、昭和十年、一五頁。
(30) 小野陽一『共産党を脱する迄』、六六～六七頁。

(31) 文部省唱歌とふるさとの関係を鋭くついたものに松永伍一の『ふるさと考』(講談社、昭和五十年)がある。

(32) しかし、このことは近代への反逆のように見えはするが、結果的には体制内に吸引されてゆく運命を辿った。私はこうのべたことがある。「近代日本の知識人の多くにとって、帰農は具体的に農業や農村に帰ることを含みながらも、それ以上に観念世界での農に寄り沿おうとすることであり、米づくりの国への回帰を願うものであった。…(略)…しかしその営為の果てにもたらされたものは、現実回避と自慰行為の拡大のみであり、近代を総体として問い、それを真に超えるものではなかった。」(『近代日本思想の一側面――ナショナリズム・農本主義』八千代出版、平成六年、二五四頁。)

(33) 小林杜人編・著『転向者の思想と生活』、四二～四三頁。

(34) 小野陽一『共産党を脱する迄』、八〇頁。

(35) 同上書、同頁。

(36) 吉本隆明、前掲書。

(37) 小野陽一『共産党を脱する迄』、八三頁。

(38) この時の小林の心情に注目して、石堂清倫は次のようにのべている。「小林が獄中で、死をもってこれまでの共産主義思想と訣別をはかり、一転して親鸞により回信をとげた。それは刑務当局の心証をよくしたり、刑の軽減を期待しての策略ではない。罪ふかい己れが絶対者である仏陀によって救われたという信念に達したのであろう。」(『異端の視点――変革と人間と』勁草書房、昭和六十二年、三一七～三一八頁)。

(39) 小野陽一『共産党を脱する迄』、一五六頁。

(40) 同上書、一八〇頁。

(41) 小林杜人『「転向期」のひとびと』、二八～二九頁。

(42) 大孝塾とは次のようなものであった。「三菱合資株式会社であったと思うが、思想転向者の更生保護事業のために多額の寄付金が司法省に寄せられた。当時の司法次官、皆川治広がこれを基金にして、大孝塾研究所を創立したのである。」(小林杜人『「転向期」のひとびと』、一二二～一二三頁。)

(43) 同上書、一二七頁。
(44) 石堂清倫、前掲書、二三八頁。
(45) 小林杜人編・著『転向者の思想と生活』、五頁。
(46) 同上書、六頁。

主要参考・引用文献

小野陽一(小林杜人)『共産党を脱する迄』大道社、昭和七年
小林杜人編・著『転向者の思想と生活』大道社、昭和十年
久野収・鶴見俊輔『現代日本の思想』岩波書店、昭和三十一年
思想の科学研究会『共同研究・転向』(上・中・下)平凡社、昭和三十四年〜同三十七年
橋川文三『歴史と体験』春秋社、昭和三十九年
本多秋五『増補・転向文学』未来社、昭和三十九年
藤田省三『天皇制国家の支配原理』未来社、昭和四十一年
磯田光一『比較転向論序説――ロマン主義の精神形態』勁草書房、昭和四十三年
藤田省三『転向の思想史的研究――その一側面』岩波書店、昭和五十年
安田常雄『日本ファシズムと民衆運動』れんが書房新社、昭和五十四年
中嶋誠『転向論序説』ミネルヴァ書房、昭和五十五年
近藤渉『〈日本回帰〉論序説』JCA出版、昭和五十八年
小林杜人『「転向期」のひとびと』新時代社、昭和六十二年
石堂清倫『異端の視点――変革と人間と』勁草書房、昭和六十二年
鍋山歌子編『鍋山貞親著作集』(上・下巻)星企画出版、昭和六十四年

石堂清倫『中野重治と社会主義』勁草書房、平成三年
坂本多加雄『知識人――大正・昭和精神史断章』読売新聞社、平成八年
荻野富士夫『思想検事』岩波書店、平成十二年
鶴見俊輔・鈴木正・いいだもも『転向再論』平凡社、平成十三年

民俗学と農本主義

早川孝太郎と農本主義

早川孝太郎（以下早川と書く）は、いくつかの顔をもっている。一つは、画家（黒田清輝主宰の「白馬会洋画研究所」〈のちに葵橋洋画研究所〉で油絵の修業、その後日本画に移り、松岡映丘〈柳田国男の弟〉の「新興大和絵会」に入る）としての顔であり、いま一つは、『おとら狐の話』（大正九年）、『三州横山話』（大正十年）、『猪・鹿・狸』（大正十五年）、『花祭』（昭和五年）などの著作をのこした民俗学者のそれであり、最後は、早川の後半生にあたるところであるが、昭和恐慌期から終戦までの農村更生協会の一員としてのものである。

これまで早川と言えば「花祭」、「花祭」と言えば早川と言われるほど彼の名は「花祭」とともにあったと言えるし、その研究者として不動の位置をしめてきたのである。

ここで私は「花祭」研究者としての、あるいは早川の民俗学の総体を評価し、民俗学史上の位置づけを試みるなどといった大それたことを考えているわけではない。そのことは、他のすぐれた評者に任せておけばよい。いま、私の頭のなかにあるのは、早川の後半生、すなわち、農村更生協会時代を中心とした彼の農にかかわる言動についてだけである。

渋沢栄一の強いすすめもあって、採集した民俗の基底解明に必要な農業経済、農業技術などの研究のため（個人的理由がほかにもあったかもしれないが、そのことはここでは問う必要はない）、昭和八年十一月、九州帝国大学農学部農業経済研究室助手（指導教授は小出満二）となって九州にいっていた早川は、三年後の昭和十一年に帰京し、社団法人農村更生協会（石黒忠篤が中心）に入っている。

空前の農業恐慌下で農民はうめき苦しんだ。農村出身の青年将校らは政治的社会的運動を引き起こしていった。社会が騒然としていた昭和初頭のこの事態を黙視することのできなかった政府は、この対応策に苦慮したのである。時局匡救の中心は農村問題となっていた。昭和七年八月には、いわゆる救農臨時議会（第六十三議会）が召集され、農林省経済更生部が置かれ、農山漁村経済更生計画がその後の農政の基調となっていった。この経済更生計画が、農山漁村における産業、経済に関しての全般的救済をねらったものであることは言うまでもないが、この運動を真に支えるものとして国家が期待したものは村落共同体に存在する固有の美風、すなわち隣保共助の精神、協同の精神、それを誘いだすための制度、機構の修正と補強であった。「経済更生」の実体は「精神更生」であった。二宮尊徳の報徳主義が高唱され、経験主義的農業指導者石川理紀之助などの精神も恰好の材料として社会的地位をえた。

早川が所属した農村更生協会は、この政府の経済更生計画を地方末端にまで浸透させるためのパイプとして重要な役割を担うものであった。『石黒忠篤伝』（橋本伝左衛門他監修、日本農業研究所編著、岩波書店、昭和四十四年）はこの協会について次のような説明をしている。

「経済更生運動は、政府が旗をふっただけでは推進するものではない。民間の団体が、実際農村や農民の中へはいって行き、手をとり足をとって引っぱって行かなければならない、という意味で社団法人組織のこの協会が計画されたものである。」

その「目的」と「事業」は次のようなものであった。

「本協会は農村更生に関する諸般の調査研究および農村における更生事業の援助を為すを以て目的とす」(同書)

「本協会は前条の目的を達する為め左の事業を行なう

一、農村更生に関する基礎的研究その他諸般の調査研究

二、農村更生に関する諸般の資料、事例等の収集および編集

三、農村更生に関する諸般の資料の貸与、刊行および配布、展覧会、講習会の開催、その他農村更生思想の普及

四、農村更生に関する指導員の派遣、質疑応答その他農村更生に関する指導および援助

五、その他本協会の目的達成上必要なる事業」(同書)

具体的事業としては、八ケ岳「中央修練農場」(農民道場の幹部養成)の経営、負債整理組合の設立指導、農家の簿記記帳運動、「満州」開拓移民、分村計画の推進などがあった(同『石黒忠篤伝』参照)。

早川はこの協会の一員として協会創立者石黒忠篤を助け、農家簿記記帳指導、分村の推進、農民生活の実態調査などに東奔西走し全力をあげた。この協会時代の早川の仕事ぶりは、同協会の機関誌『村』の編集を担当していた鈴木棠三によって次のように伝えられている。

「早川さんと親しく接触できるようになったのは、私が農村更生協会に奉職するようになってからである。この団体は、石黒忠篤先生が、これと思う役人や学者を十人ほど集められた農村の調査、指導、実

験のための機関で、…（略）…早川さんも、席の温まるひまがないほど、よく出張した。各府県に二か所ぐらいずつ農家簿記指導部落というのを持っていたので、それをぐるぐる廻れば、いつでも出張する所があり、先きでも大歓迎してくれるのだった。…（略）…私が奉職する前から、分村計画という移民運動が始まっていた。信州大日向村が第一着手で、このプランも農村更生協会が火元だったが、すぐ満州移住協会という大きな団体が新設されて、職員をそちらに出し、更生協会は分村の推進自体には直接タッチせず、分村前と後との農家経済の変化を、簿記によって調査する側を受持った。それでも伊那の分村のときなど、早川さんもだいぶ熱をいれてやって居られ、私も竜東の分村の集りで早川さんが公演するのを筆記に行ったことがある。」（「更生協会時代」『早川孝太郎全集』月報4、昭和四十八年）

この農村更生協会時代の早川の思想と行動は、画家としての早川、あるいは民俗学者早川とは、かなり異質のもののように思われる。一言で言ってしまえば、この時期の彼の言動は農本主義者としてのそれにちかいと言えよう。日本国家および日本歴史上における農の位置づけ、またそれに基づく積極的実践活動は、他の農本主義者に優るとも劣らないようなところがある。

言うまでもなく、昭和恐慌期においては、多くの農本主義者、あるいはそのエピゴーネンが、それぞれの役割を担いながら輩出された。官僚的農本主義者もいれば、地方に在住し、耕作しながら、政府の方針を耕作農民に積極的に浸透させてゆく、いわゆるサブ・リーダー的農本主義者もおれば、「安全地帯」からはずれてしまって、政府に向って矢を放つ一連の国家革新運動と結びつく急進的農本主義者も登場した。岡田温、権藤成卿、山崎延吉、加藤完治、橘孝三郎らが、それぞれの立場から、「農」を「土」を、あるいは「社稷」を思想の核としながら、皇道国家農本建国を説き、農村救済を高唱していったのである。「神風義塾」（山崎延吉）が生れ、「愛郷塾」（橘孝三郎）が生れ、多くの「農民道場」が生れた。都市中心主義、個人主義、知育偏重、労働忌避、中央集権、西洋科学技術文明、近代日本などが、それらがもつ共通の敵であった。そして、伝統的農本社会の農耕的生活体系が共通した精神のよりどころであり、皇道文明がその極点に存在するものであった。

このような農本的情念の飛びかうなかで、早川は何を訴え、何をなそうとしたのか。農村更生協会時代と言っても、はじめとおわりとでは著作の内容もかなり違ってくる。「農事慣習における個人労力の社会性」(『民族学研究』第三巻二号、昭和十二年四月)、「農村社会における部落と家」(熊谷辰治郎編『村落社会の研究法』所収、昭和十三年)、『大蔵永常』(昭和十三年)など純粋に学問研究者としてのものから、しだいに、「分村の完遂を望み村の指導層に愬う」(『村』第八巻一号、昭和十六年四月)、「『家』から見た農村文化」(『農村文化』第二十巻五号、昭和十六年五月)、『農と農村文化』(昭和十六年七月)、「国本農家の性格」(『村』第九巻一号、昭和十七年四月)、「国本農家の理念」(『産業組合』第四四三号、昭和十七年九月)、「農と国」(『週刊朝日』昭和十七年十一月二十九日)、「須く農村的たれ」(『村』第十巻四号、昭和十八年七月)、「国本農家の創設について」(『暁天』第四号、昭和十八年九月)と言ったようなイデオロギッシュなものに移行していったのである。つまり、早川は、時の流れとともに国策に沿う農本主義者として現実の社会問題に実践的にかかわり、その啓蒙的役割を担うため、己の心情をはきだしていったと言えよう。

以下早川の農本主義者としての言動に注目することになるが、ここでは彼の農本国家論の内容、性格と「満州」(現中国東北部)への分村移民の問題に限定することになろう。

早川によれば、日本はもともと農本国家であり、農は国家国力の基礎であり、天皇の勧農政策はそのことのあらわれであると言う。

「日本上代の政治は農政が中心であって、歴代の天皇また勤農の志に厚く、諸国に池溝を設け堤防を築いて大いに土木を起こされる一方には、田制を布き開墾を奨める等枚挙にいとまなきほどである。これは農が国民生活の根本であり、国民をして農に安んぜしむることは、やがて国家国力の基礎を養うゆえんであるから、あえて不思議でない。」(「国本農家の創設について」『早川孝太郎全集』第五巻、未来社、昭和五十二年)

「農は国の基なりという言葉は、われわれ民族の国家意識をめぐって、つねに変わることのない信条であった。」(「農と農村文化」同書)

このように農は国家的信条の核であり、国民の生活の表徴であって、瑞穂の国の由来もまたそこに根源があったと言う。しかし、やがて政治の中心となる都市に集中し、非生産者が優遇されるようになり、生産を担う農民、農村は後方に押しやられるようになる。民族的伝統も国家的信条も、非生産者的文明のもとに衰退の一途をたどる。ことに明治維新以降の西洋唯物文明の襲来は、いよいよもってその傾向を強くし、農に基づく精神は後退せざるをえなくなった。「農が国の基本であり、民族存立の柱石である限り、これに携わる者をかりそめにも社会の落伍者的地位に遇するが如きは矛盾の限りである」(「農と農村文化」)と早川は怒号する。このような状態がいつまでも続いていいはずがない。許されてはならない。しかし、不幸中の幸いと言うべきか、いま戦争という人間存在そのものの危機に直面してはじめてその農の真価がかえりみられようとしている。彼の言はこうである。

「世は漸く移り変って今次の事変以来は、国を挙げて総力を尽すこととなるに至って、食糧の生産に、人力拡充に、あらゆる点に亘って力を傾ける段になって、とかく落伍者的地位に置かれていた者の担当する部門が、あまりにも重大であることがことごとに現われて来た。人間の真価が危急存亡あるいは事態の切迫に際して、はじめて示されるように、その地位の重大性が明らかになりつつあった。」(「農と農村文化」)

食う、という人間の基本的欲求が危機にさらされるとき、また、国家の生存そのものがおびやかされるにいたるとき、それまで眠っていたかに見える農本意識は、にわかに目覚め、表面化する。そのことを早川は十分認識し、農本の真髄を説いてゆくのである。当然のことながら、早川もほかの農本主義者と同様、非常時に備えての食糧確保のみに農の重大性を置いてはいない。農本の意味はもっと広く、日本民族の伝統、国家的信条としてのものであった。農の国家的意義を早川はこう言う。

「農家の担当する国家的意義は、ひとり食糧に止まらず、人口政策の上に、人的資源の求源として、あるいは伝統の護持、思想の中正等、国家存立の重大な生命線を成すことが、確認されるに至った。国本農家の創設を促す当面の機縁は、その間に胚胎するのであるが、しかしその理念の基礎は、農という職業と、それをめぐる生活環境にかかっている。しかもそれらは農は国の大いなる本なりという国家的伝統を根幹として、これを新しき科学的理念に結びつけるところに意義がある。」(「国本農家の理念」『早川孝太郎全集』第五巻)

早川がほかの農本主義者、たとえば橘孝三郎などとちがうのは、国家農本の意味づけを、いま一つ民衆の習俗そのものにもとめようとした点である。早川は民俗採集の達人とまでいわれた人物である。彼の農本意識の根底には、民俗学者としての、農村の民俗に対するごく自然で、しかもあたたかい眼差があった。その眼差によって農村の伝統文化、民間伝承を解明し、それを農本国家の裏付けにしようとしたのである。「われわれ民族の持つ農の本義は、農村生活をめぐるところの、各種の慣行習俗によって、正しい裏付けがなされねばならない」(「農と農村文化」同書)とする早川に、私は農本主義と民俗学の結合を見る思いがする。

早川は農村に旧くから存続している慣行、習俗（近代的「知」から見れば不合理極まりないと思えるような）の存在理由を、農民にたずね、存在するものには、それなりの理由があり、無意味に保存、継承されてきたものはないのであって、むしろそういった「民間の些細な慣行、習俗にしても、それがあることによって、国家的の誇らしい農の信条も多分に護持されていた」（「農と農村文化」）と確信する。こんな例をあげている。

「現在わが国土を通じあるいは村々に亘って保存されている多くの古樹古木の類がある。これは国家、民族の誇りでもあって、同時にその国土を飾り、一方人心に与えている感化はけだし少なからぬものがあろう。ことに近世山林が著しく伐採の憂目を見た事実に徴しても、大いに感謝に価いするものである。しかも、それらが保存された機縁は、国家の法令でもまたその権力の庇護でもなかった。たまたまあっても極めて限られたものである。一部の学者等からは迷信として蔑まれ、為政者からは厄介視された民間信仰のお蔭であった。それらの旧文化的思想の手に委ねられていたればこそ、今日名樹としてまた天然記念物として残り得たのである。」（「農と農村文化」）

農を中心とする文化は、土にその基礎を置き、自然の力と融合し、一体化し、場合によっては人が自然に従属することから成立していて、すべてを人知や科学で割り切ろうとする文化とは異なるものであることを早川は言いたいのである。「自己が生産せる穀物も、これに絶対の占有権を主張し得ない」（「農と農村文化」）のであって、他者の協力をまって、はじめてなにものかが生れると言う。個人主義的消費文化に依存する都市の文化とはこの点で大きく異なる。都市の文化と農村の文化を次のように比較している。

「都市の文化が、とかく生活に基調を置くに対して、農村のそれは、むしろ生産に基礎があったことも、二つの文化を特質づけるものがあった。この点生活文化は、言い代えれば消費文化で、さらに性格的に個人性の自覚に発している。これに対して生産文化は、はるかに団体性を発足点としていると言えよう。

而して前者がより物質的であり、後者が精神的であることも否み難いのである。」(「農と農村文化」)

食糧の確保以外に農が国家的信条を維持しているのは、このような農村文化存在のためであり、ここに農本国家の真髄があることを早川は強調する。

次に早川の「満州」分村移民計画へのかかわりを見ておこう。この分村移民計画は、いうまでもなく、一村あるいは数村からある程度まとまった数の農家を「満州」に送り、そこに分村を建設するというもので、昭和十三年から、農林省は経済更生運動のなかにこの計画を組み入れた。農村経済更生運動と分村移民とは次のような関係をもつものであった。

「満州大量移民事業が、一九三二年からはじめられた『農村経済更生運動』と結合させられ、日本農村の唯一の『土地飢餓』対策として採用されたのである。この満州移民事業と『農村経済更生運動』との連結は、一九三八年から本格的に実施された『分村移民』というかたちで具体化した。こうして『分村移民』形態は、一九四〇年以降、日本人満州農業移民の重要な形態となった。また、この『分村移民』形態をとることによって、はじめて満州大量移民が可能となったのである。」(浅田喬二「満州農業移民政策史」山田昭次編『近代民衆の記録6・満州移民』昭和五十三年)

早川はこの分村移民計画の推進には、かなりのエネルギーをつぎ込んだようである。三隅治雄は、ここでの早川の奮闘ぶりをこう説明する。

「孝太郎はこの分村計画の推進にはかなり熱を入れたもようで、長野県下伊那郡の泰阜・下久堅・千代三村の満州移民に尽力し、また、隗より始めよと、郷里の北設楽郡稲武町に嫁いだ実妹のタダとその夫近藤福太郎を口説いてこれを参加せしめ、北設楽から相当の人数を満州へ送った。」(『日本民俗文化大系

7・早川孝太郎、今和次郎』講談社、昭和五十三年）

拓務省や農林省の意図が奈辺にあろうとも、この分村計画が農村の極貧という現実を背景にしたもので、そのかぎりにおいてのみ農村、農民は反応を示したと言えるものなのである。したがって、極貧という現実が緩和のきざしを見せた瞬間から、この計画は霧散しかねない運命をもつものであった。そうなれば当然この計画目標には怪しげな「国策」という大義名分が用意され、なかば強制的割当の様相を呈する。

早川も分村移民のための人集めに苦慮する。彼は人の集まらない理由を、「農村の好況」、「食糧増産の急務」、「軍事工業」のための労力の必要性などにもとめている。早川もついに「国策」を口にするようになり、次のような極端な言を吐かざるをえないようになる。

「満州への分村計画の遂行には随分と極端で乱暴と思われることを、言いもし考えてもおります。本人が厭と言っても何でも、首を引括って連れて行ってもよい。何なら一時気を失なう注射でもして引舁いでゆく——気が付いたら満州の真中であった——それでもよいとさえ思う。それを遣っていかに怨まれてもよい。とにかくそうしてでも是非やらねばならぬ、最良の道なのだ——こうまで思うのであります。」（「分村の完遂を望み村の指導層に愬う」『早川孝太郎全集』第五巻）

農家出身の早川に、農村を捨てることが、あるいは極小の田畑とはいえ、先祖伝来のものを手放すことが、農民にとって何を意味するか、しかも新天地における生活の不安や恐怖がどんなものであるかが理解できないはずはない。「満州」に渡るに際しての農民の微妙な心理がわからぬはずもない。こんな心配りも彼にはあった。

「村を出発する際の移住者の服装や態度なども、女性はことに細心に注意している。したがって着物がないから恥しいからと言った類が、堂々と口に出せぬ事柄でそうして案外に強い支障となる。昨年の秋にある村の本隊が数名一団となって出発した時、その中の一人がどうしても外套がなくて立てなかった。その時役場で口を利いてやっと間に合わせた。防寒の用意さえあれば外套の有無などどうでもよいはずであるが、そう参らぬところに移住者の心理がある。」（「農と農村文化」同書）

しかし、そのような細やかな配慮もこの分村移民問題の本質の剔抉、解明に向けてのものにはなりえない。ただただ「国策」に沿うばかりであった。すべてが「善意」である。「善意」からでる言辞であり、行動である。それだけに恐ろしい。

以上早川の農本国家に寄せる想念と分村移民に関する見解を覗いてきたわけであるが、私はここで一つの興味ある問題に直面せざるをえない。ここで見せた農本主義者早川孝太郎の顔は、民俗学者早川孝太郎の顔と無縁であるのかどうかという問題がそれである。

早川には良き師がいた。柳田国男、渋沢栄一、石黒忠篤、小出満二らがそれである。それぞれにそれぞれの指導を受け、恩恵をこうむっている。早川もまた各々の師のために全力をあげて協力し、それなりの業績をのこしている。しかし、その良き師のために、振り回され、結果として彼の仕事から一貫性を欠くことになったと言う評価もないではない。この点に関して鈴木棠三（前にもあげたが、更生協会時代の同僚）は次のように言う。

「いったいに早川さんという人は、目上に可愛がられた人で、最初は柳田先生、渋沢さん、石黒先生、或いは小出満二さんなどの信任と指導をうけ、またそれによくこたえて居られた。ただ学問上の関係だけでなく、生活的にそれらの大物パトロンから面倒をみてもらっていた。それらのパトロンはいずれも学者としても、経世家としても一流であったことは、早川さんに幸した。そして早川さんもその恩顧に報いるためにベストを尽した。しかし皮肉な見方をする人は、その点に早川さんの学問の限界があると

評するかもしれない。」（鈴木・前掲書）

「花祭」は「花祭」、「農本主義」は「農本主義」、それはそれ、これはこれ、というように、その時々に全力投球をし、早川の主観においては、おそらくなんの悩みもなく、本人は一貫しているというふうに思っていたのであろう。しかし、民俗学者としての農村習俗の調査、研究と、更生協会時代のイデオロギッシュな発言、行動との間には、かなりの距離があり、果たした役割に大きな違いがあるように私には思える。にもかかわらず、早川の内面でそのことが矛盾しないとすれば、それはどうしてそうなのか。民俗学者が政治的発言をするとき、つねに農本主義的発想になるのであろうか。次のように言う者もいる。

「民俗学者が実践的活動に関係し活動するとき、あるいは現実の社会問題に対して発言するときにしばしば安易に農本主義的傾向をもつことは近年にもみられるが、早川の場合にはそれが典型的に現われたものといえよう。この時期の早川は民俗学のあり方を考えるときに心すべきことを教えてくれているのである。」（福田アジオ「早川孝太郎」瀬川清子・植松明石編『日本民俗学のエッセンス』昭和五十四年）

私もこの福田の言をうべないたい。ムラにおける民衆の日常性は、本来政治体としての国家への志向性などもちはしないし、支えたりもしない。したがって、民衆の日常に降りてゆけばゆくほど、その作業は、国家から乖離し、国家の構造原理とは異質のものの発見にも直面するはずである。しかし、早川の場合、それがそうならず、農本国家証明のための素材となってゆく。早川の民衆への接触密度はきわめて高く、彼は民衆の生活のなかに抵抗なく入り込み、同調できたのである。民間伝承採集の天才といわれるゆえんはここにあった。ところが、その民衆への密着性が、ひとたび彼が農村指導者的地位に浮上するとき、簡単に逆に作用してしまう。早川の主観的善意が、民衆をして逆に苦境に追いやる傲慢さとなる。そのことは民衆が気の遠くなるような時間をかけて、少しずつ少しずつ積み重ねてきた民俗を、偽の「伝統」に結びつけることになったのではないだろうか。

天皇制と農本主義

橘孝三郎にみる「天皇職」と「大嘗祭」

大正末期から昭和の初頭にかけて速度をました「都市化」は、前近代的原理の延長と連続のうえにすすめられはしたものの、農村の衰微や破壊を強要するものであったため、また、それは激烈な資本主義的競争を基盤とし、西欧列国と比肩しようとするところから生起したものであるため、労資の矛盾をいっきに激化させた。そのため、農村社会の側からの怨嗟や非難が生起した。あるものは冷酷無残な資本の攻勢に対して、また、あるものは、軽佻浮薄な、しかも危険思想を助長する都市文明を糾弾しながら、原始回帰への思想をつよめていった。近代日本の知識人の多くも、大なり小なり、反都市感情をもつようになり、自然性を現実の構造に直結させ、無垢な神々の棲息する聖なる領域としての太古に夢をつないだ。

橘孝三郎（一八九三〜一九七四）が、社会の根本的弊害を「土の思想」による文明の価値転換によって、のりこえようとしたのも、この状況に生きる一知識人の精神的表現の一つであった。橘は農耕的生活体系を絶対的価値とすることによって、共同幻想としての近代国家とはまるで異る観念を設定し、西欧近代の模倣としての日本近代を超克しようとしたのである。すでに、一高時代に世俗的名誉や地位、そして「享楽生活」に別れを告げ、土への回帰に真正な人間としての生き方を発見していた橘は、この期にいたり、己の「土の思想」をいよいよ急進化させていく。

五・一五事件以後、橘の「土の思想」は天皇論をだきこみながら、いよいよ強烈になってゆく。かつて橘は、「兄弟村」、「愛郷塾」において、原始回帰による共同体形成の一つの具体的プランを持っていた。共同耕作、共同居住、共同管理による理想村落の建設、そのための農村の生産者協同組合と都市の消費者協同組合の結合、提携。生産者協同組合における金肥、日用雑貨品などの共同購入、農産物の共同販売、農用機械の共同使用、精米精麦の動力機による共同作業など、ある程度成功し、県下の小売商人にもセンセイションを捲き起したといわれる。その場合の橘の理想村落の論理は、全体と個の有機組織体的結合、人格主義、個の確立であり、愛郷精神であった。

以上のような理想村落建設が、五・一五事件突入という決断によって遮断されたのち、橘の心中にじわじわと押し寄せてきたものは、以前よりさらに強烈な観念のなかでの理想郷であり、その理想郷による己自身の魂の救済であったにちがいない。そして、その幻の理想郷の奥深い神聖な場所には、こちらを上からじっといつくしみをもってながめている聖なる母の姿があり、天皇の姿があった。獄中において、天皇論への執着は決定的となる。それ以来、彼は文字通り生命を賭して天皇論ととりくむ。それはまさしく自己再生のよりどころであった。打破しようとして、それが果せず、ついに敗北を喫した彼にとって、種々の思想の輸入にもかかわらず、静かなたたずまいを依然として示している伊勢神宮は救いであった。現実社会を超えた日本歴史のなかにおける理想郷がそこにあったのである。それは一面、愛する妻、聖なる母のあたたかき胸に帰ることでもあった。橘に、西洋科学の精神がわからぬではない。凡人にはとても真似のできないほどの西洋のものを読みこなしているし、理解している。ところが、彼の天皇論への動機は、きわめて非合理的であり、宗教的であり、呪術的でさえある。人はこの彼の天皇論への接近の動機を科学的合理性という武器でもって、嘲笑するかも知れない。しかし、ことはそんなに単純ではなかろう。北一輝や井上日召はいうにおよばず、幸徳秋水や尾崎秀実らと宗教とのかかわりあいは、どう理解するのか。なるほど学問は合理的であり、伝達可能であることを条件とする。しかし、その学問をつくりだす基底には、合理性などとはほど遠い、ドロドロした怨恨や憎悪、あるいは魂の救済を求める慟哭や啜泣があるということもまちがいなかろう。この両者のせめぎあいのなかにこそ学問の厳しさが存在する。

橘にとっては、天照大神が母性神であり、母の心を心とするものであり、母性の聖愛より聖なるものはない。すめらみことは、この母の聖なる心をもって、己の心とする。神武国家において、すめらみことは、深いいつくしみをもって、われら「民」をみつめている。そのすめらみことの前で畏敬の念をもって額づくとき、己の心は救済されると橘はいう。

ここで、橘の天皇論の全貌を詳述する余裕も能力も、いまの私はもちあわせていない。ただ、橘が天皇職というものを、どのように考えていたかという一点について論じてみたい。

橘は天皇職を稲と結びつける。それは彼の天皇論のすべてに一貫している。稲を神として拝むのが天皇職の根本であり、政治権力はそこへ脱皮していかなければならないことを念じている。天皇職と大嘗祭との関連について彼は次のように説明する。

「天皇は、稲を生命とする稲の国の稲の日本人すべての幸福のために、みづほをかくまつりかくおろがむのである。ここに天皇職のすべてが厳存する。ここにすめらみこと天皇信仰のすべてが厳存する。而して、ここに皇道文明の本質が厳存する。それは『ムスビ』である。『聖霊』である。そして『聖心』であって、また『ま心』である。…（略）…すめらみことはまこと『ま心』たゞ一つにも一人の天照太神みづほを稲の日本の稲の民族日本人の幸福のために、いつきまつりおろがむところ、ここに大嘗祭のすべてがある。而して、ここに皇道文明の本質が厳存する。」（『皇道文明優越論概説』）

大嘗祭こそ、各天皇が行なってきた宗教的祭儀行為であり、それはまた日本王権がみずからを表現した一つの神秘劇でもあった。これこそが天皇が本来的に世襲してきたもので、天皇にとって、これが最大の職能であった。この大嘗祭を行なうことによってのみ、天皇は天皇でありえたともいえよう。ポツダム宣言によって、その神格を完全に否定されたと考えられる今日においても、なお神格取得のための祭儀行為を天皇は止めてはいない。大嘗祭は、もともと季節の祭りであり、稲の収穫時の祭りであった。この農耕祭式である大嘗祭をなぜ天皇の即位式は採用しなければならなかったのか。ここに農耕社会における王権の権威構造の問題があり、天皇制と農本主義の淵源がある。

大嘗祭の順序次第、ならびに詳細についての橘の説明は省略するとして、大嘗祭を構成している主要部分についての彼の所説をみておこう。

大嘗祭には奉斉対象が二つあるという。その一つは、現人神天皇であり、いま一つはみづほである。橘はこういう「天皇の服儀期間は、年の十一月の中の卯から辰・巳・午と四日間に亘る本儀と、その終り解斉の日まで十月下旬より一ヶ月に亘る散斉期間を以てする。此れに対してみづほ儀は年の八月上旬を以て始められる。先ず八月上旬、悠紀・主基国都の卜定を終ると、すぐ大祓使が全国に派遣されて、全国的大祓が執行される。…（略）…八月上旬、悠紀・主基両斉田の卜定を終ると、官主卜部と稲実卜部と禰宜卜部と三人の卜部が、抜穂田斉場に派遣されて、大祓と地鎮祭をとり行って、さかっこ（造酒児）以下数多きの雑色人をト定する。…（略）…斉場の斉院の構成は稲実斉屋を中心とするがその側に抜穂守護御膳八神殿が設けられて、御膳八神が抜穂、即ちみづほ（瑞穂）の陪神の立場に立つ。であるから抜穂即ちみづほは、三人の卜部及びさかっこ（造酒児）等のみづほ祭司と、御膳八神と、人と神とにいつきまつらるゝ大神であって、とりもなおさず、も一人の天照大神又はもう一人のすめらみことである。…（略）…抜穂は九月下旬京の斉場へはこび込まれるがその儀式形は、徳川時代の大名行列の原型である。…（略）…天皇は御膳即ちみづほ（瑞穂）、灌酒の礼を以て、之をいつきまつる。而して、後に、之を頗る頭を低くしたまひて、最敬礼、礼拝し、手を拍ち、称唯して、嘗めたまふこと三度する。」（『皇道文明優越論概説』）

　水早ととのわず、五穀が熟さないならば、それは王の咎であって、王は五穀を豊饒ならしめる責任と能力をもたねばならない。そのためには、つねに穀霊を己の体内に宿らせていなければならない。稲を生命とする日本民族の長たらんとして天皇は、神である稲を食うのである。初穂には霊力が内在し、礼典によって食べられ、神または強力な精霊との共餐によって、天皇は神化する。これはイギリスの人類学者フレイザーがしばしば指摘しているように、五穀の豊穣をもたらす力をもち、五穀とその運命を共にするような王権の儀礼的要素であろう。

　さて、この神としての稲を天皇が食うということだけでは、国の君主としての資格を取得することは、まだ不可能である。新しい能力は古いものの連続ではなく、古い身分として死に、新しい身分として生れかわるという変身の過程が必要である。したがって、天皇は稲の初穂を食べるとともに、殿内の中央の神座で衾にくるまり、そこに臥すという神秘的行為によって、霊力の更新をはかる。そのなかで、おそらく王の死と復活という神秘劇がくりひろげられるのであろう。大嘗祭は通俗儀礼の一つの典型であるが、神座のなかでの生れ変りの所作は、そのクライマックスである。この点について橘は次のような説明をする。

「何事よりも先に考えねばならぬ根本問題は大嘗祭がすめらみことの現人神就神式である点である。所で、此観点に立って天皇が廻立殿から、悠紀殿に入る時に示す形相は最も注目す可きものである。即ち、天皇は白のすずし（生絹）の斉服を身にまとい且つ頭に無文の絹幞頭をかぶってゐる。しかもす足の姿で前に敷いて後に巻かれてゆく葉薦の上を行くのである。この姿は明かに嬰児である。とすれば神座は天照大神の神なる産褥でなければならぬ。而して、神座のすぐ側なる御座のすめらみこと天皇は聖母天照大神のふところをはなれたばかりの現人神すめらみことでなければならぬ。ここにこそ大嘗祭本来の意義がある。即ち、大嘗祭は前すめらみこと天皇に代る新すめらみこと天皇の降誕祭に他ならないのである。」（『神武天皇論』）

橘のこの天皇職＝大嘗祭という説明をバカにしてはならない。戦後民主主義を無批判に信仰してきた人には、このことはまことに荒唐無稽なもののように見えるであろう。しかし、今日も天皇制は、この即位式、就神式を通じて、原初にして今上という構造でもって、日本民族の歴史の総体をくっているのである。天皇は社会そのものが、その祭儀者としての資格を認めようと認めまいと、そのようなことにはかかわりあいなく、この祭儀を営々と実行してきたのである。そして、この一見不可能な平然とした持続性というか、忍耐というか、そういうものによって、天皇は出自不明のまま土俗的農耕祭儀を、己の世継祭儀の中枢にとり入れながら、己の威力を支えてきたにちがいない。

このようなものとしてある天皇制を、制度や機構の問題として理解し、批判しようとすることが、いかに無謀で無益なことであるかを、橘は次のように私に語ってくれたことがある。

「そりゃ無理だよ、君。全然とらえられないよ。いいか君、津田（左右吉）だって古代社会の宗教的性格を知らないんだ。古代社会は宗教社会だ。その宗教的社会を知らなければ、わかるはずがない。例外なしに古代社会は宗教的社会だ。そこに生きる人間は宗教的人間なんだ。…（略）…古代社会はお祭りだよ。お祭りというと、今日のレジャー的なものを考える先入観があるが、それではない。祭りの意味がわからなければ、すべてがわからんよ。日本は現人神信仰だ。ギリシャでは人間を神にすることは絶対にない。人間は神の奴隷だ。わしは現人神信仰がどういうものであるかに注目した。ロバートソン・スミスに有力な示唆を受けた。そこではじめて大嘗祭に目をつけた。」（昭和四十六年三月二十六日）

天皇制が制度や機構として、なんら機能しえなくなっている今日においてさえ、なお、思想的に解決されないまま、深い謎を秘めながら存続しているという現実を思うとき、橘の忠告は正しく受けとめなければなるまい。原始や古代という特定の時代が終ったからといって、神話的思考や原始的思考までが人間精神の歴史から消え去るものではない。それどころか、神話的思考をもつ悪魔的威力は、文明と合理への信仰が強ければ強いほど、その力を発揮するものであるということを忘れてはならない。大嘗祭をはらんだ世継ぎのイデオロギーが、新たなスタイルで登場するのは、そんなに先のことではないかも知れない。

天皇制と「ムラ」の自治

柳田国男の名著の一つである『後狩詞記』（明治四十二年）に次のような話が載せられている。

「狩猟に付ては甲乙カクラ組の間又は狩組と罠主との間に。紛議を生ずること往々にしてあり。然れども一も警官に訴へ或は法廷に持出すことなく。慣例に依り之を解決するものなり。左に其慣例の二、三を記す。

一　狩組が他人の罠に猪を追掛けたるときは。前脚一本を切り罠杭に括り付け置き。心当りに通告すること。

一　甲カクラ組に於て負傷せしめたる猪が。乙カクラ組の区域に遁げ込み。乙カクラ組の手にて撃ち留められたるときは。甲乙両組の平等割とす。

一　甲カクラより乙カクラに遁げ込みたる猪を。乙カクラ組に於て撃ち留めたるときは。乙組の所得とす。但し甲組の猟犬が追跡し来りたるときは此限に在らず。（此場合が最も紛議を生じ易し。良犬は自ら捜し出したる物なるときは。終日追跡するものなり。然るに乙組に於ては芝苞を作り、犬に負傷せしめざるやうにして之を敲き払ふことあればなり）

一　猪を獲たるとき、其狩組に加はりし者か否かを判定するには。当日出発の際。狩揃ひの場合に出頭せし人の顔を以てす。（横着なる者は銃声を聞きて獲物のありたるを知り。蒼星猟装を為して己も狩組に加はりしものの如くに見せかけ。解剖場に乗込むことあり。本項は此場合に之を適用す。）」（『定本柳田国男集』第二十七巻）

これは、宮崎県椎葉村の話であるが、ムラにおける自治とは、このようにしてあったという一例とみてよかろう。ムラにおける民衆は、いつの時代でもそうであるが、国家権力によって、己の生活を保障されたり、助けられたりすることはなく、つねに、己ら自身がムラを守り、生きぬくために、知恵をしぼり、ルールをつくってきた。ムラが崩壊するときは、個人も死滅するときである。ムラは権力支配にたいし、自治、自衛を旨とした。そうであるがゆえに、ムラの個人束縛の力は強い。ムラ存続にとって不利となるものは、たとえそれが神であろうと、暴力であろうと、それを抑制し、埋めこむ。しかし、その抑制原理の厳しさは、国家からする一方的権力の受け売りや命令ではなく、ムラに生きる一人一人の叡智の結晶の総体である。そこには、民衆が長年にわたって築きあげてきた生活手段が宿り、それを基にした自生成的規矩があった。もともとムラにおける民衆の歴史は、国家の歴史より古く、しかも幅広く深い。ムラに住む人々の情念が国家の歴史を根底で支えたりはしない。ムラの生活の習俗は、国家における政治の論理とは異質であって、それは、それ自身として完結する。そのムラの精神には、ムラ創始以来の血が流れ、そこに生死する民衆によって、くる年もくる年も、それぞれの時代の体臭を身につけながら、伝承され、その血の炎を燃やし続けてきたのである。

このようなムラの生存論理と自治の意識を国家の論理に組み入れようとしたのが、日本の天皇制近代国家であることは、いまさらいうまでもない。まさしく、「市町村制制定にいたる自治制創設過程において、たえず論議の焦点となり、試行錯誤の場となったものが、伝統的自然村落の本質把握とその機構化の問題であった」(橋川文三「明治政治思想史の一断面」『政治思想における抵抗と統合』日本政治学会編)のである。ムラの自治にとって、地方自治制を含む日本の近代化は、けっして喜ばしいものではなかった。ムラの自治にとって、明治政府は、ムラの慣行を無視し、土足のままで入りこむ闖入者であった。たとえば、谷川健一は、この点にふれて次のような例を指摘している。

「日々の用をはたすための共有林の使用と日々の疲れをいやすためのどぶろくの製造は、民衆生活とは不可分をなすものであり、あらためて、権利などをふりかざすに価しないものにちがいなかった。なぜならそれは民衆の共同体がはじまってこのかた誰も疑うもののなかった当然至極の慣行であり、共同の作業をいとなみ、共同の祭をおこなうための最小限の要求でもあったからである。帝王神権説にたいして、人民神権説とも呼ぶべきものを、民衆は意識するとしないにかかわらず信じ、したがってこの慣行を侵すものにたいしては、国家権力であろうと法律であろうと、徹底して反抗する『抵抗権』の存在することも自明のものとしてうたがわなかったのである。しかし明治政府の手によって濁酒の自家製造は禁止され、部落共有地の多くは国有林に編入されるかまたは個人の私有地に切り換えられた。」（『常民への照射』）

それまでムラの自治のなかで完結していた数々の組織を官製化し、さらに、民衆の心意世界の核ともいうべき祖先崇拝や氏神信仰までも、すなわち、人間の生死観までも国家神道への統合ということで、すくいあげようとした。地方自治制制定の意味ならびにその補完の意味は、このような方向性において考えられなければならない。そのような理念のもとに、近代日本が出発したことは、伊藤博文の憲法制定に関する地方（＝郷党社会）のとらえ方、ならびに山県有明の地方自治の理念をみれば、明々白々である。彼らのねらったものは、ムラのもつ強力な抵抗の牙を抜きとり、春風駘蕩の場としてのムラのもつ一面を拡大しながらムラを骨抜きにすることであった。藤田省三は、日本における地方自治制制定の意味を次のように説明してくれている。

「地方自治制は、一方官僚制的支配装置を社会的底辺まで下降させて制度化するとともに、他方で『隣保団結ノ旧慣ヲ基礎トシ』、『春風和気』の『自然ノ部落ニ成立』つものであり、そこに政治的対立を解消せしめて、その基礎の上に国家を政治的にノイトラルな『家屋』として成立させる。ここでは自治とは『社会的倫理的』な国家の基礎であって、政治は専ら、『監督官庁』の指導に任せられる。」（『天皇制国家の支配原理』）

ムラを究極的には非政治的生活圏、没政治的生活圏として把握するという原則がつらぬかれたことを指摘することは、いまや常識となっている。しかし、そこに問題がないわけではない。というのは、その常識のなかには、ムラは天皇制国家を支える基礎であり、細胞であるという断定がありはしないかということである。すなわち、いつもムラは個人を呪縛し、窒息させるもので、個人の判断や決断は全体のなかに完全に埋没しており、その内部では、個人の折出は許されず、それは国体の最終の細胞である、とする断定である。そうだとすれば、そこから生まれる結論は、ムラの解体を通してのみ、個人の内面的自立は可能であり、その方向こそ、天皇制国家打破の唯一の道である、ということになる。たしかに、ムラの規制は個人を強く束縛する場合があるし、時にはその個人を外部世界へ追放する場合もある。しかし、同時に、個人を助け、外部からの侵入を防禦しようとする側面のあることも事実である。それに、権力が利用しようとして触手をのばしながら、ついに到達しえない領域がムラにはあった。そうであるがゆえに大河のうねりの歌のようなその領域にむかう権力の触手は、その巧詐をきわめる。そして、それはかなり成功した。

この過程で、種々の思想や行動が、それに対抗し、挫折し、敗北していった。その敗北の原因は、いろいろ考えられようが、その一つの大きなものは、ムラにおける民衆の自治意識を封建的なものであり、古くさいものであるとして放擲してしまった近代主義的思考であったと考えられる。民衆の精神のありようを根源にさかのぼって考えるという作業を怠ったためである。己の生きる社会を根底のところで支えている民俗的原質にかかわりをもたないような理論や思想、それにもとづく行動は、それが、どんなに美しく整えられようと、どんなに勇ましくあろうと、それは、己自身にたいしての幻想をもちつづけるはかない自慰行為であるにすぎない。民俗的原質にかかわってきたのは、むしろ権力の側であった。勝敗は最初からはっきりしていた。

ここに、私らは近代主義者によって、いとも簡単に振り捨てられた幾人かの農本主義者の情念に、こころを寄せる理由をもつ。ことわっておかねばならないが、農本主義者の情念を語ることは、そのまま私らが農本主義者になりかわることではなく、それを内部から超えたいという意欲をもっているからである。権藤成卿の「社稷自治」を少しみておこう。権藤の自治理念には、一般にいうところの市町村自治というような意味はなく、「民自然に治る」というような「無為の治」の意味、すなわち、権力者によって支配される政治ではなく、民衆本来の「性」が「漸化」されてゆくものだという強い確信に裏打ちされたものである。それは、柳田がムラのなかに発見した生活原理よりも、もっと理念化されたもので、一つのユートピアともいうべきものであった。彼は、次のような「自然状態」を描く。

「飲食、男女は人の常性なり、死亡貧苦は人の常艱なり、其性を遂げ其艱を去るは、皆自然の符なれば、勧めさるも之に赴き刑せざるも之を罷め、居海に近き者は漁し、居山に近き者は佃し、民自然にして治る、古語に言ふ山福海利各天の分に従ふと、是の謂なり。」(『自治民範』)

この基本的人間観のもとに、「国家主義」と区別して、次のような「自治主義」を説いている。

「自治主義とは如何、其自然風俗の慣例に発足して、民衆進化の順序に随ひ、漸次に組織的となれる。

一定地画に於て、其の内部の治安と外面の防禦とを目的として、組織せられたものの名称である。我日本は実に此の自治主義に依りて建造せられ、最初の原始的なるものが、崇神朝より組織化し来り、奈良平安諸朝を経て、武門八百年間休聊盛衰数多の沿革を経て今日に及んだものである。…（略）…我が古来の典型を重んずる社稷体統自治の真諦は、一般民衆の純性純情を基礎とせるものなれば、後の国家主義と称する吏僚万能組織の政治とは、全く其本質が違ゑて居る。」（『同上』）

ひとは、この権藤の自然自治を評して、ムラの内部原理に干渉せずに、それを自治にまかすような体裁をとる天皇制国家の巧妙な統治方法であったという。その「読み」が、結果的に当たっていないわけではない。そのことを私が知らぬではない。そのことを認めながらも、権藤に関心を寄せるのは、この権藤の自治理念の基底に、人が人を統治することにたいする厳しい拒否の精神と、人間という存在を徹底的に自然に還元さすことによって、あらゆる権力からの自立をかちとるという志向をみるからである。

そうだとしても、なお、ここにどうしても、つきあたらねばならぬ難問がある。天皇制と権藤の説く社稷体統の自治との関連が、それである。この点に関して、重要な指摘をしてくれているのが、菅孝行である。彼は、権藤が、近代天皇制国家にたいするラジカルな否定性をもった思想家であることを認めながら、次のようにのべている。

「しかし、後の社稷概念と自治主義は、国家的、政治的な権威＝階級独裁の幻想性の虚構としての天皇制を無限に相対化することには成功したが、自らの社稷概念と自治主義を、天皇の宗教的権威性から断ち切る契機をもちえなかった。…（略）…権藤が、自らの自治主義を、ついに天皇制の宗教的権威性から切りはなしえなかったこと、彼の自治主義が理想とする生活共同体の親和的関係が、あらかじめ封じておいた筈の政治的権威としての天皇制の物質的な掣肘力に対する対抗性を組織しえず、むしろ、その強制力に押し流される現実を、運命共同体的な一体観において肯定的にうけとめ、なだれをうって、帝国主義的侵略と、ファナチックな国粋主義へ爆走してゆくのを、むしろ加速する役割を果たしてしまったことこそが問題なのである。」(「超国家主義の命脈」『第三文明』一九七五・二)

政治権力としての、あるいは制度としての天皇制国家批判を貫徹しながらも、ついに、宗教的権威性としての天皇制に、してやられたという、この指摘は重いといわなければならない。天皇制が、社稷観念を抱き込み、己の政治的統合を確立したとき、農本主義は、近代日本の国権の支配下に組み込まれ、無数のムラの社稷観念は、ほぼ天皇制のもとに吸収されていったのである。宗教的権威としての天皇制の魔性は、今日もまた、いろいろな形をとりながら、われわれの足下にその根をはりつつある。宗教的権威としての天皇制が、天皇制の最高形態であるかどうかは別として、天皇制の常態は、ほぼ、そのようなものとしてあったことは事実である。それ自体が、権力を行使することのない位相にあった時期においても、天皇は、やはり、ある種の名目的な最高権威者であった。このわが王権と政治権力との奇妙な関係を解き明かすべく、今日の天皇制論はあるといってよい。

天皇制の今日的問題にふれて、吉本隆明は次のようにのべている。

「つまり倒れても倒れなくとも依然として宗教性としての天皇制というものは、もし手をつけなければ残るわけです。このことはいくら政治的に処理してもどうしようもないくらい重要なことで、これはやはりはっきりしておかなければならない。…(略)…天皇がじかに政治権力を同時に掌握しかつ情勢的にも手腕を発揮したというのはおそらく数えるほどしかないんで、大部分は間接的に、つまり一種の宗教性として、あるいは宗教的な色彩といいましょうか神主というような集団として存在してきた。」(「国家

論ノート」『転位と終末』明治大学出版研究会編）

吉本は、宗教的権威の持続のために、天皇制が本来的に世襲してきたものは、ある特殊な宗教的祭儀（天皇位を相続する祭儀に集約したかたちであらわれる、いわゆる大嘗祭）だけだという。この祭儀を構成している主要なものは、「所定の宗教的方位に設けられた神田からの穀物（稲）および供物を、祭儀用の式殿中で即位する天皇が食べ、式殿に敷かれた寝具にくるまって横たわることから成っている」（吉本「天皇および天皇制について」『国家の思想』）といわれる。大嘗祭については、西郷信綱の「大嘗祭の構造」（『思想』一九六五・十二、一九六六・一）というすぐれた研究があるので、祥細は省くとして、彼の研究を参考にしながら、この祭儀の主要構成部分の意味するものについて、簡単にふれておきたい。神田から抜穂された稲を天皇が食すという所作は、水旱とのわず、五穀熱さないならば、それは王の咎であったので、王は五穀豊饒ならしめる責任と能力を身につけるべく、稲を食うことによって、その稲のなかに生々する神性を己の体内に宿すという儀式なのである。また、天皇が式殿の寝具にくるまって、そこに臥す所作の意味するものは、稲を食しただけでは、みづほの国の君主としての資格を得ることにはならず、新しい能力は、古いものの連続ではなく、古い身分として死に、新しい身分として生れかわるという変身の過程を通る必要があることから、子宮の半膜に包まれた胎児の状態に一度かえり、この世に再誕しようとする模擬行為ということになる。ここにおいて、はじめて、生と死は否定的に循環する。

このような祭儀の繰り返しによって、天皇家は、あたかも自分たちが農耕社会における最高権威者であるかのようにふるまいながら、民衆の側に古くからあった土俗的農耕祭儀を中心とした心意世界を、天皇家の側にとり入れようとしたのである。その結果、己を支持することが、天皇制を支持することになり、天皇制を批判することが己自身を批判することにつながるという奇妙でありながら実存する関係を生んだのである。たしかに、天皇制の威力は、ムラにおける土俗的祭儀や秘儀を含む習俗を、ある一つの統一されたものにまで高めることによって、いよいよその地位を安固なものにしていった。すなわち、ムラにおけるさまざまなルールに、新たなルールを用意し、それらを縫い合わせることによって、統一したルールをつくりあげていったのである。しかし、その場合、前述したように、ムラのなかで行なわれていた土俗的秘儀や習俗が、すべてそのまま縫い合わされたわけではない。農本主義者の社稷理念が、権力を追いつめながら、結局は天皇制のもとに吸収されてしまったのは、彼らの社稷観が、土俗的習俗そのものに、かなりのところまで接近しながら、最後の一点で、それを理解することが出来ず、一つのユートピアにしてしまったためであった。そうではなく、ムラ本来の社稷は、みずからの秘儀に固執することによって、権力の浸透を頑強に拒否する場合もあるし、適当に妥協しながら、みずからのものに、相手を変容さす場合もある。

たとえば、川満信一は、天皇制国家の支配のための社稷吸収策にたいして、次のような抵抗の例をあげている。

「沖縄の島々にいまも存続する共同体の祭儀をみると、その社稷観念のあり方は、自らの共同幻想によって形づくった古来信仰の神に対する頑強な固執によって支えられているが、その固執の仕方は、同時に異境からやって来た〝神〟の持つ威力に畏怖し、やがてその異境神への畏怖や異境神の持つ威力の特性を、自分たちの古来信仰の領域へ変容させることで自らの社稷概念の存続を全うするという方法をとっているように思える。異境神、すなわち異なった社稷観念が、いかに権力的に強制されても、それへの対応の仕方が全き拒絶でもなければ、全き受容でもなく、そして止むを得ない範囲において社稷観念の二重構造的な分裂を引き受け、そして異境神の政治的強制力が弱まると再び自分たちの古来信仰の領域に落ち着くという経過を辿っているのは、島々の共同体の社稷観念のあり方を見るうえで、重要な点である。」(「小共同体と天皇制」『沖縄にとって天皇制とは何か』沖縄タイムス社編)
また、柳田国男の『遠野物語』(明治四十三年)にでてくるムラの習俗は、その習俗自体が天皇制支配のイデオロギー的表現の一つであった教育勅語にたいする批判の意味をもっている。『遠野物語』に教育勅語批判をみた一人に鶴見和子がいる。彼女は、次のような点で、この書は教育勅語批判になっているという。

1 教育勅語は父母に孝に、兄弟に友に、夫婦相和し、朋友相信じとあるが、『遠野物語』では、息子が母親を殺し、妹が姉を殺して、姉妹とも鳥になったりする。

2 現人神であったはずの天皇は登場しない。天皇の祖先とされる天つ神々もあらわれない。それらの神は民衆の日常生活には、まるで関係がない。関係があって、登場するのは、オクナイサマ、オシラサマ、ザシキワラシ、ゴンゲサマなど、ムラのなかの神々で、生活を直接間接に助けてくれる神々である。

3 教育勅語には、一旦緩急あれば義勇公に奉じ、もって天壌無窮の皇運を扶翼すべし、とあるが、ここには、神としての天皇が登場しないのはいうまでもなく、天皇のために死ぬことを合理化する信仰も欠如している。(「社会変動のパラダイム」『思想の冒険』鶴見和子、市井三郎編。および、『近代日本思想体系14・柳田国男集』の解説を参照。)

ここではムラに生き死にする民衆の生活それ自体が、天皇制とか忠君愛国の規範とは、まるで別のところに存在していたのである。

以上、私がムラおよびムラの自治について、とりとめのないことを書き、読者の眼を煩わしてきたのは、過ぎ去ったものを、いま一度、抱いて泣け、といいたかったからではない。また、私は、本稿でふれてきたムラの自治が、今日、そのままのかたちで存続しているなどと、いっているのでもない。私の意図は、ほかでもない、自治というものを、いまだ混沌としてあった原初の闇にさかのぼって考えるという、その糸口の探索にあった。社会構造の激変にともなうところの、さまざまな公害、都市問題などが頻出し、これまで、およそ想定することさえできなかったような問題をかかえている今日的状況のなかで、ある限界内の合理性の追求のみで、こと足れりとするのは、策のない話であるのみならず、きわめて危険なことでさえある。民衆の自治をして、国家統治と対峙せしめ、天皇制と拮抗せしめるためには、いま一度、民衆の生活体系のいちばん深いところにある岩盤にかかわる心意世界を土台とした自治意識の検討が必要となろう。その場合、きわめて危険性の多い非合理的なものを、あるいは、引っぱりこまなければならないかも知れない。しかし、その原始的とも呼べるような非合理性を看過するとき、私らは、また、いつかきた道を歩まされることになろう。

地域主義・社稷・天皇制

Ⅰ

いま、「地域主義」(あるいは「地域分権」)の動きがある。玉野井芳郎とか、増田四郎らが中心となって発足させた「地域主義研究集団会」なるものもできて、いろいろな地域で大会や例会が開催されているようである。玉野井は「地域主義」を次のように定義している。

「『地域主義』とは、一定地域の住民が、その地域の風土的個性を背景に、その地域の共同体に対して一体感をもち、地域の行政的・経済的自立性と文化的独立性を追求することをいう。」(『地域分権の思想』)

額面通り受けとめるならば、この「地域主義」なるものは、日本の近代化が大きな柱とした中央集権主義や生産力至上主義がもたらしたさまざまな社会病理の克服のために、中央志向のエネルギーを地方に向け、共同体に強い帰属感をもたせながらその自立をかちとろうとするものなのだから、これに異議を申し立てる人はいないであろう。

しかしながら、われわれは、この種の反中央、反都市などの感情や思想が、じつはより強固な中央集権のための奸知に満ちた手段であったという「歴史」を所有しているのである。中途半端な反中央や反都市感情、安っぽい「地域主義」など、たやすく中央集権の格好な餌食になることを知らなければならない。なるほど、日本近代は己の進行にとって邪魔になるものであれば、封建的残滓としてこの「地方感情」や「郷土意識」を放擲するが、さまたげにならず、利用できると判断するや、それを「非政治的空間」の美風として、大いにもてはやし、国家支配のための基盤にするのである。このあたりの巧妙な手口は、すでに橋川文三や藤田省三らによって繰り返し忠告されてきたことである。たとえば、藤田は日本近代の地方自治制定の政治的意味を、かつてこうのべたのであった。

「地方自治制は、一方官僚的支配装置を社会的底辺まで下降させて制度化するとともに、他方で『隣保団結ノ旧慣ヲ基礎トシ』、『春風和気』の『自然ノ部落ニ成立』つものであり、そこに政治的対立を解消せしめて、その基礎の上に国家を政治的にノイトラルな『家屋』として成立させる。ここでは自治とは『社会的倫理的』な国家の基礎であって、政治は専ら、『監督官庁』の指導に任せられる。」（『天皇制国家の支配原理』）

地方を非政治的空間と断定するという、きわめて政治的な方法で、そこに存在する「生活」を引っぱり込みながら、政治化していったのが、日本の近代化という名の国家的政策であった。都市や中央への反感を拡大して利用しながら、中央集権的近代化を推し進めていったのである。したがって、もしも、都市化や中央集権化を正面から賛美し、擁護する感情や強力な思想が存在していたら、芸術作品とまで評されるような明治国家は逆に完成しえていなかったかもしれない。

「中央―地方」、「都市―田舎」、「工業―農業」というような単純な対立構図で、日本近代の総体を根底から批判することなどできはしない。できないだけではなく、それはいよいよ中央集権国家を堅固なものにしてゆくてだてとなるであろうことを銘記すべきである。

いずれにしても、この地方をめぐっての難問にたいして、われわれはいまだ適格な解答を持ち合わせているとはいえない。社稷と天皇制とのかかわりも、この難問解決に向けての一つの試みとなる。

農本主義者と呼ばれる人は、牧歌的平和を強く希求する。工業化、都市化が進むなかで彼らは、伝統的農耕社会に恋心にも似たような感情を寄せ、憧憬し、社稷という旗をかかげる。この社稷の旗にもっとも自覚的であったのは権藤成卿であろう。『皇民自治本義』にこういう。

「社稷は国民衣食住の大源である、国民道徳の大源である、国民漸化の大源である、国家建立の大源である基礎である、日本の典墳たる記紀に神祇を『アメツチノカミ』と訓せるは実に社稷の意にして、アメツチは天地、天地は自然である其自然に生々化々無限の力がある、我国の建立は悉く社稷に遵由して起れるものである。…（略）…皇室の深く社稷を尊重せられ玉ふ所の大旨と、国民の厚く社稷を尊重する本意は、実に同一同軌である。」

土と人間が一体となって生産活動にいそしむ農民の日常性そのものであるかのようにみえる社稷は、すべての根源であって、この社稷の盛衰が、日本歴史の命運を決定すると権藤はいいたいのである。日本は「実に社稷の上に建説されている、故に農本である。農の字を細かに味へば、国民衣食住製造の意、国民大多数の意、又た古代に於ける国民の総称」（『自治民範』）であって、社稷を基礎にした自治が政治の究極であり、それはもはや政治とはいえないような「民自然にして治る」というような「無為の治」にいたるものだと権藤はいう。これが藤田らのいう天皇制国家が格好の細胞として利用したものと等質のものであるのか、どうか。もし等質のものであるとするならば、権藤の社稷理念で日本の近代国家を撃つことは不可能であるのみならず、それを補完する役割を果すことで終ることになろう。いま少し先へ行ってみよう。

すべての中心に位置するこの社稷を離れた国家はどうなるか。何処へ行くのか。権藤は答えていう。

「凡そ社稷を離れたる国家は、必ず吏権万能の国家にして、其民衆は権力者の奴隷となるのである、且つ民衆の生存すべき天与の物質は其アラユル階級的特権者に奪ひ去らるゝものである。乃ち多数民衆は其偽善的施与、護身的慈恵等、不自然極まる恩義の重荷を負はねばならぬことになり、随て一般道徳が不自由なる標準を幻出する様になる。現代我国に於て、殊更窮屈なる忠孝説、若くは不合理なる秩序論が行はれて居るのは、社稷観の勦滅と認むべきものである。又た一般国民が其自治権威の廃頽に気付かぬ様になったのも、社稷観の勦滅と認むべきである。」（『同上書』）

社稷をはなれた国家はない。社稷を忘れた国家は確実に滅亡する。社稷は国家以前のものであり、国家を超えたものである。人間の生にとって絶対的なものであると同時に、近代を超える契機となるものであるという理解が権藤にはあった。

社稷理念は純粋に平和的である。平和的であるがゆえに、はげしく権力を拒絶する。社稷を奪うものにたいしては、闘争宣言にも似た強烈さを吐露する。官治制度、官治主義は権藤にとって不倶戴天の仇敵でさえあった。権藤は権力にたいして権力で応戦するのではない。権力にたいして「自然」を向き合わせるのみである。「飲食男女は人の常性なり、死亡貧苦は人の常艱なり」（『同上書』）という人間の基本的欲求を満足させ、その欲求をさまたげるものを除去すること、これ以外に人間社会の目的はない。これは徹底した政治の拒否であり、政治権力と無縁の地に生きる民衆の日常性の代弁ではなかろうか。人はすべて耕やして食うという基本的前提に権藤は執着しているようである。このことを武器にしながら、人が人を支配しようとする典型としての官治制度に人間社会の堕落と混乱をみて、次のような批判を加える。

「官治制度は、役人が人民を治むる組織なので、人民が役人に心服せざる限り、一人民に一官を付けても、満足なる監視は出来得られぬ。官治制度の終末点はいつも是である。由来官治制度は、法の強制力に依って施行さるゝ。故に其施政上に夤縁を雑へ、役人が法を弄ぶこととなれば、民間の或る者は法をくゞる工夫を始める。かくなれば一般良民は、法を尊重する観念を失ひ、却て法を畏怖し、役人を忌避する様になる。是よりして役人も人民も、恒常自然の公徳を失却して、社会は滔々として悪化するのである、我現今に於ける地方自治の情況より、政党政治の推移、文武官の風紀等に見て、細かに過去を省みれば、彼の普魯士式国家主義を基礎としたる官治制度の行詰りが、此の変体現象を造り出したことが明瞭に分るのである。」(『農村自救論』)

世の中の退廃と混乱の淵源はすべてこの社稷を忘れた官治制度にあり、根拠が宙を舞っているような国体論、倫理、修身など、すべてこの官治制度の影響を受けた曲学の徒の鼓吹するものであって、不純そのものである。「本」へ帰るべきである。自然の自治に帰るべきである。

この権藤の徹底した自然への執着は、すくなくとも人為的国家から「生活」を無限に遠ざけ、人間疎外状況を極度に現実化せしめた近代の「知」、および思想のイデオロギー化を鋭く撃つ。

しかし権藤の社稷理念のなかに国家権力からの永久的自立の指向をのぞきみようとする方向にたいして次のような批判があることを忘れてはならない。

「社稷とはけっして古代的遺制あるいはイデーとしての『無政府社会』なのではない。それはアジア的専制権力の補完物であって、下級構造たる村落共同体の内部原理に干渉せずそれを『自治』にまかすような関係こそ、専制的国家の強力な権力の源泉だったのである。」(渡辺京二「権藤成卿における社稷と国家」『伝統と現代』昭和五十二年一月)

「この社稷的共同体はけっして国家から〈自立〉するものではなく、仁徳と恣意的暴逆の双面神たる東洋的デスポットの君臨をむしろ根拠づけるものであった。」(『同上誌』)

この渡辺京二の指摘は当然すぎるくらい当然のことであって、うわついた権藤のかつぎだしには十分注意しなければならない。あらためていうまでもなく、権藤は官治主義的国家を批判、攻撃したのであって、天皇の存在を不要としたのではない。「君民共治」が理想なのであるから、これはどこまでいっても国家改造の視角にはなりえても、天皇制そのものに矢を向けるものにはなりえない。

さきに私は権藤の社稷理念をもって、政治権力とは無縁のところで生き死にする民衆の日常性の代弁と称した。たしかにそれは代弁であった。しかし代弁はあくまで代弁であって、民衆の日常から湧出する肉声ではない。民衆の肉声を生みだす具体的、土着的社稷は、権藤のそれとちがって、衣食住と男女の関係を基本にした生活の核となるものにはちがいないが、必ずしも「君民共治」のために役立つ方向で進むとはかぎらない。進まないがゆえに、天皇制はその具体的社稷を必死になって吸収しようとして気をもむのである。この社稷は官治主義の台頭、徹底によってのみ崩壊するのではなく、天皇制的社稷によって廃棄統合され、地域に根ざした具体的社稷本来の機能が阻止され、はく奪されてゆくのである。

地方収奪にとって社稷の侵略、吸収はきわめて大きな政治的意味をもっていたのである。天皇制側からの社稷攻撃がすべてうまくいったわけではない。具体的土着的社稷は己の秘儀に固執しながら、あるいは面従腹背を手段としながら、生きのびるという知恵をも発揮したのである。

いったい権藤の社稷理念とはなんであったのか。ほかの社会革命家たちが気がつかず、気がついていたとしても放擲していった人間の生の根源のところまで降りたかのようにみえた彼の社稷理念とは。明治以降の天皇制が国体の細胞として重視した共同体と権藤の社稷とは符合してしまうものであったのか。私はそうは思わない。彼が明治国家をラディカルに批判し、近代史の時間に対峙し、近代化のなかで生れたさまざまな価値を相対化してゆくことに烈しくあったことは大きく評価しなければならないと思う。しかしながら、権藤の抱いた社稷の理念は、具体的民衆の生活原型をとらえきってはいない。すなわち彼には共同体にすまう人間の生の根源を透視する力において、なお欠けるものがあったといわざるをえない。したがってそこには、権藤の社稷という網目からこぼれおちる暗く哀しい民衆のくらしと情念があったのではなかろうか。

とはいえ、私にはなお、日本に輸入されては消えてゆく多くの革新思想に較べ、権藤の社稷への思いの強烈さは、権力に拮抗する可能性をより多く内包していたように思えてならないのである。

III

はじめに私は玉野井や増田らの「地域主義」なるものにふれたが、権藤の社稷をみたいま、ふたたびそこへ帰らなければならない。

玉野井は「地域主義」は農本主義のように、保守やファシズムの温床となるものではなく、「今日私たちがその原理と方法について解明を迫られている人間と自然の共生の理論は、後にもふれるように、むろん農本主義という戦前イデオロギーと根本的に異なる。保守やファシズムとつながるかどうかという点を理解するためには、地域主義が地元利益主義とはほんらい性質を異にする考え方だということが認識されなくてはならない」(「地域主義のために」、玉野井芳郎・清成忠男・中村尚司共編『地域主義』所収)という。

地元利益主義と無関係な「地方主義」とはいったいいかなる謂か。徹底的に地元利益的であることがなぜ悪なのか。生産力至上主義、中央志向、量的経済成長などをはらむ日本の近代化への反省のうえに立った「地域主義」などといいながら、地域を国家に先行させようとしないのはなぜか。国家の身体諸機関を強力にし、国家に加担してゆくための手段としての「地方主義」なのか。反国家権力を志向しないような「地方主義」が、どうしてよく共同体の修羅やよじれが解せようか。国家と拮抗する緊張度においてこの「地方主義」は、権藤の社稷に劣る。農本主義を糾弾する資格などあろうはずがない。

次のような素朴な疑問に玉野井らの「地方主義」はどう答えようというのか。

「地域主義が、一見大風呂敷を広げてあらゆる問題をとりこんでいるように見えながら、実はほとんど地域の問題について切り結び得ていないのは、『地域主義』の中の実践例や、松本大会シンポジュウムの質疑討論で出された各地の地域活動の若干の報告を見ればすぐわかることだ。各地の活動・実践は、地域主義だといって行なわれているのではない。その地域のやむにやまれぬ事情があって派生している例がほとんどであると思う。それを地域主義という網をかぶせてすくいあげようとするのは、昔から行なわれてきた、中央の文化人による集権化と何ら変りないではないか。〝主義〟をとなえながらアジテーションもなし得ず、地域主義とは何ぞやと問われて弁解がましいことを述べたり、ただ地方・地域の具体例を地域主義だとするのは、やめて欲しいと思う。」（金子万平「住民不在の地域主義は困る」、雑誌『地域と創造』昭和五十三年七月、所収）

こういう疑問に答えられないとするならば、これはやはり松本健一もいうように、民衆のにおいのしない啓蒙主義的な思想におわるであろう。

変革への志気

「農」への回帰と変革への志気

農本主義とは、稲作を中心とした農業、農民、農村に高い価値を付与し、その「農」が国家存立の根本であると考えるものである。農業が人間の生活を支え、国家の基幹産業としての役割を現実に果している限り、農本国家という概念は、時の為政者ならずとも、多くの人々の理解と同意を得るものといえよう。

しかし、問題は、農業、農村の衰退が著しくなっていく過程で、農本国家尊重の気運が盛上ってくるところに、農本主義の農本主義たるゆえんがある。したがって、農本主義は「農」の危機的状況に際して、それを救済しようとして、また、それを衰退に追いやったものへの対抗、攻撃の思想として生れてくるものでもあるといってもよかろう。

「農」という言葉が、現実的な農業、農村という実体を超えて、幻想としての牧歌的農耕社会となる場合がある。現実世界における「農」の衰退が、その激しさを増せば増すほど、農本主義的情念は、その生きる場を執拗に希求しながら、急進的行動となって噴火することもある。

昭和初期の未曾有の経済危機は、日本の将来に凶事を予感させた。昭和五年十月、「中央公論」は次のような民衆の声を掲載している。

「暮しのたたない村の二十七戸の中、四軒は戸を閉ぢてゐる。街へ逃げたのだ。古い森の中に真昼さむざむとした人の住まない家を見るのはさびしいことだ。都会の只中へ食を求め去って行った彼等に、然し、何が待ってゐやう。行衛さへ判らぬその人々の噂は冬の囲炉裏ばたで人々の口に乗った。…だが三年目の去年の冬、憔悴しきったNの一家が悄然と帰って来た。都会での苦労のために健康はすっかりメチャ〳〵だった。…（略）…女房はこの早春子供を道連れに首を縊って了った。[1]」

うめき苦しむ農民の心情を代弁し、「農」の奪回、復権を希求し、農耕社会を地獄へ追いやり、破壊しようとしたものに対し、強く激しい疑念を抱き、反逆の情念を燃やしつつ登場した農本主義者たちがいた。「愛郷塾」と五・一五事件とのかかわりで有名な橘孝三郎は、その代表的人物の一人である。

橘はもともと、多くの知的青年がそうであったように当時の時代精神のなかで育った若者の一人であった。いわゆる「煩悶」する自己内省的若者であった。橋川文三は、若き橘孝三郎について、こうのべている。

「橘はもと多感な文学青年であった。第一高等学校在学時代は、その上級生に当る倉田百三とともに、一高文芸雑誌に数々のエッセイを寄せ、しばしば青年たちの心をゆさぶっている。…（略）…この二人が、いずれも間もなく一高を中退し、そしてのちに昭和期になると、いずれも国家主義的傾向に赴いたということは、初めに述べた大正青年の精神史ということに照らして、興味ぶかいことであろう。[2]」

橘は、名誉欲、金銭欲などといったいわゆる世俗的な欲望を空虚なものとして放擲し、純粋に人生と向き合い、美しいものを求めて生きようとする若者だったのである。そのために彼は遊民的、享楽的生活に決別すべく決意したのである。第一高等学校時代に、次のような心情を吐露している。

「さらば享楽の生活よ、痛快の生活よ、自惚の生活よ、すべての不真面目なる生活よ、私は今君等と永久に訣別せねばならない。私は君等の黒き影に於てなつかしき私を観る事が出来る。そして君等は蔭に居て私をたすけてくれるであろう。しかし蔭ならぬ君等にして私の前途に現われんとすれば私は一撃の下に君等を打ち破らねばならん。さらば永久に。私は一人の道求者としてのアクティフィストでなくてはならん。(3)」

ここには国家へ忠誠を誓う国士的人生観もなければ、出世、蓄財といった世俗的欲求もなく、ただ、ひたすら小児のごとき純粋さと真面目さをもっての求道の精神があるばかりであった。この求道のはてに彼が見い出したものは、あの牧歌的、平和主義的農耕社会の実現であった。これは彼にとって本格的自己認識でもあった。

橘は第一高等学校から東京帝国大学へという、ほぼ確実に予測出来る栄達の道を、みずから放棄し、大正四年、茨城県茨城郡常盤村に帰農するのである。兄弟、親友などが彼の志に共鳴して集まり、「兄弟村」と呼ばれる一つの共同の場が形成されていった。昭和四年に「愛郷会」が、そして同六年には「愛郷塾」が生れている。

農業に従事しつつ、純粋に求道的生き方という橘の時間は、そう長く続くものではなかった。やがて、当時の農村の現実は、橘の心情を激昂させ、彼をして直接的行動に向かわせるのであった。国家改造運動への突入である。昭和初期における農業、農村の現実は、橘を牧歌的農耕社会に安住させてはくれなかった。農民との直接的交流が頻繁になるにつれ、橘は阿鼻叫喚の現状をより鮮明に知るにいたるのである。彼は当時の状況を次のように回顧している。

「昭和六年度の世界的デフレは日本農民を、ひとたまりもなくひしぎつぶしてしまった。実に悲惨だ。たとえばブタに例をとってみよう。一頭七円で買い込んだブタコロを六ヶ月育てて二十貫にする。その二十貫の親ブタを売るだんになると、何と六円。ブタコロ代七円の支払いに一円の足が出る。当時の一円は大変なものだ。…（略）…だから二十貫の親ブタをどんどん鹿島灘にほおりこんだ。鹿島灘には二十貫のオヤブタが累々とそのしかばねをさらした。が、小作争議に血道をあげて来た社会主義者や共産主義者は何もやりゃしない。(4)」

こうした状況をもたらした元凶の一つを、橘は西洋都市文明の拝金主義の影響を受けた日本近代の都市中心文明においた。土を忘れ、農を忘れ、日本の固有性を喪失し、ただ拝金主義の道を疑うことなく走り続けた結果がこの状況だと彼はいう。農村、農民、農業を犠牲にしながら太っていく金力支配、都市中心の文明は、橘によって次のように批判される。

「日本もよくここまで腐れたものだと思います。実にひどすぎる。何でも金です。金の前には同胞意識もなければ、愛国精神もない。国体の光のごときはどこをどうしてしまったのだか、すでに認識の領域をすらかすめないように思えます。…（略）…いっさいは金力によって独占化され、支配者の堕落はその極端に達して万民枯死せんとしておるの現状はまた我々をして黙視することをゆるさんのです。(5)」

純粋に理想的農耕社会建設をベースに置いていた橘にすれば、この農村の疲弊と政財界の腐敗堕落を、もうこれ以上黙認していることは出来なかった。将来にわたり、理想的農村の建設と若者の教育に専念せよ、との周囲の忠告も聞き入れず、彼は突入を決意するのである。いうまでもなく五・一五事件のことである。その時の心情を、のちに彼は次のようにのべている。

「当時、こういう計画をたてていた。…（略）…世にいう愛国陣営はすぐ組織化できる。農民を組織することには確信がある。元来農民運動は茨城と信濃をおさえれば大体決る。だから、軍部と農民と愛国陣営とを国民主義的に組織して大きくクーデターをやってのけようというわけだ。…（略）…わしが立たなかったら、この純真な青年将校を犬死させるほかない。日本の将来にとってこんな重大なことはない、『よし』といってわしはひきうけた。[6]」

西洋文明のインパクトによって農耕社会の保全、皇道国家建設の必要性をより強く自覚していた橘は、この時期、あふれ出る「己がやらねば」という志士意識を押しとどめることは出来なかった。このような行動に人間の「数」を期待してはならない。少数精鋭主義にかぎる。一握りの志士たちの命がけの行動のみが必要であることを橘はよく知っていた。[7]

己の犠牲など省みることなく、国家革新運動に突入しようとする青年たちにとって、耕作農民の塗炭の苦しみは、己の苦しみでもあった。橘の農本を核とする革新運動の方向は、彼らの心情をかなりの程度代弁するものであったし、この方向が国民国家救済の道であることを、彼らもまた確信していたのである。「農」や「土」を無視する国家は、やがて死滅する以外にないという、橘の「土の哲学」は、駆逐されつつある農耕社会の奪回宣言であり、西洋文明に対する、ある種の闘争宣言でもあった。西洋合理主義の日本への激進が、現実化せしめたものは、人間疎外そのものであり、魂の渇きそのものであった。近代合理主義の枠内における知的方法によっては、人間の根源的生の回復は望めないことを知った人たちは、久しく忘れていた日本的なるもの、つまり「土」や「農」への回帰に身を寄せ、そこに依拠しながら、生の根源的回復を希求するのであった。

橘は、滅びゆく瑞穂の国、天皇制農本国家日本に、かぎりない同情と郷愁の念を寄せ、そこに美しくも哀しい共同体理念を想定したのである。繰り返しになるが、彼はもともと、農耕の原初の素朴さと人類愛を熱烈に追い求める、いわば絶対的平和追求者であった。はなから、暴力的破壊活動などを橘が欲するわけがない。

しかし、この「非常時」に際しては、物理的力、暴力的手段も、やむをえないというところまで追い込まれていったのである。傍観的立場でいることは卑怯者であるとの声が、なによりも彼自身の体内から聞こえ、国家革新の突破口を切り開くべく立ち上ったのである。

北一輝流の軍部独裁は橘の憂慮するところであった。(8) 牧歌的ロマンシズム、求道の色が濃ければ濃いほど、醜悪な権力、資本への対抗意識は強まり、直接的政治行動の日は近くなる。

否定の根拠も、怒りの理由も持つことのないような、ふやけた知識や思想によって、ぬくぬくと無難な場に安住するには、彼はあまりにも純粋すぎたのである。小児のごとくにして血気盛んな若者に依頼されて、否といえない橘の思いは、常識的大人の世界からすれば、それは単なる愚行であるにすぎないであろう。しかし純粋であることの救いは、強烈な超人間的エネルギーを秘めていて、時として日常的規矩を打ち破り、爆発的行動に変容する恐ろしさを含んでいることである。それは時として神的存在ともなる。

昭和七年五月十五日、「愛郷塾」が引き受けることになっていた亀井戸、田端などの変電所襲撃は失敗し、橘は昭和九年、無期懲役の刑を受け、獄中生活を余儀なくされる。

死に場所と覚悟していた獄中で橘は何を思ったか。家族のことはいうまでもないが、天皇道の絶対的必要性であった。昭和十五年の仮釈放以後、昭和四十九年の死にいたるまで、天皇論の執筆に没頭したのである。天皇論五部作（『神武天皇論』、『天智天皇論』、『明治天皇論』、『皇道文明優越概論』、『皇道哲学概論』）は、彼の情念と英知の結晶であり、文字通り命がけで完成した記念碑であった。橘のこの天皇論執筆の動機を保阪正康は次のようにのべている。

「孝三郎は獄中で霊示を受けていた。独房の中で、彼は夢を見た。その夢にあらわれたのは明治天皇であった。その夢がまたしだいに彼をとらえるようになった。彼が自らの転回点に立ったとき、あらわれる霊示――それがまた彼をとらえたのだった。彼がいきついた先は天皇道を書きあげることである、というのであった。仮釈放はそのために、天が与えた機会だというのであった。[9]」

止むに止まれぬ心情が優先し、行動に走らざるをえなかった己の思いを、静かに回顧するとき、橘が己の心奥に見たものは、奪い取られた農耕社会の平和の復活、土への回帰、稲つくり社会への回帰と同時に、それらをすべて総合する天皇道への恋着であった。

生きとし生けるもの、すべての生命の根源は土である。土に密着していて、そこを離れないかぎり人の世も安泰である。したがって、利己主義、拝金主義によって、腐敗してゆく物質文明、西洋文明は、稲つくり、土に生きることを主義とする文明によって超克されるべきものであると橘は考えている。土への恋情と人類の救護は統一されるべきものである。五・一五事件の直後に書いた『皇道国家農本建国論』のなかで、彼はこういう。

「この一大人類的転換期に於て、人類救済、人類解放の大道は唯一に永い間捨て去った人類生存の本源根拠たる『土』に再び還り、『土』に再び還って歩行の新たなるものを歩み出す外に、良道なき事を全霊的に強く感じ、全霊的に強く信ずるために外ならなかったのである。[10]」

そして、この大事業をやってのけることの出来るのは、日本そのものであると続けて彼は次のようにいうのである。

「この人類救済、人類解放の大転換期的世界革命運動なるものが、如何なる所を中心に巻き起されなくてはならんかの、それがたゞ日本を中心とせざる可からざる宇内の大勢を余りにも強く感じ、余りにも強く信ずるがために外ならなかったのである。…（略）…その急を告げつゝある病根が一にかゝって農村に置かれてあると同時に、その救済の方法もまた一にかゝって農村に存する現状を余りにも切実に、余りに深刻に見且つ知れるが故に到底黙視し得ざるが為めに外ならなかったのである。[11]」

この橘の農本的革命的志気は、大都市中心の西洋文明を模倣しようとする日本の近代の軽薄さと欺瞞性とを見破るに十分であった。日本が長期にわたって育んできた農耕社会の伝統を短兵急に捨てていいのか。捨てて日本の将来はあるのか。日本は肇国以来、農本を根源的精神としてきた。この精神をかなぐり捨てての日本の将来はない、と橘はいう。

この橘の思念は、もはや産業としての農業云々の次元を超えたところの、彼のロマン主義的政治的課題であり、憧憬であった。土を奪われた者の、奪ったものへの決闘宣言でもあった。

彼の『皇道国家農本建国論』などに見られる、反資本主義、反都市文明、反西洋文明的視点を、ありもしない牧歌的農耕社会に寄せるユートピアに過ぎないとして、こきおろしても、それは意味のないことである。それはそれ自体が幻想であったとしても、現実的政治世界において、ある種の対峙力、説得力を持ちうることがあることを知らなければならない。次のような発言にも注目しておく必要がある。

「今、客観主義的に、近代農本思想の、ア・プリオリな伝統回帰や、日本の農本的神話の物神化を批判するのは易しい。…（略）…農を本とする王道の理想を以てする、西欧的な覇道への批判は、王道それじたいが、たとえ虚妄にすぎなかったとしても、覇道に対する批判としての正当性を失うものではなかったし、覇道と化した近代日本の権力構成に対する批判としても、一定の説得性を維持しえたのである。[12]」

近代合理主義をして文明の発達の原基と考え、その貫徹が全世界の歩むべき道すじであるとの確信を抱いてしまう近代の知と橘は敢然と闘う。西洋の物質強権文明によって、いかなる犠牲を被ろうとも、日本は

「農」をベースに置く王道国家で、他を圧倒し、他から奪いながら太ってゆくという覇道国家ではないという心情のなかに橘は生きているのである。

日本の農業、農村、農民に絶対的価値を付与する橘の情念は、日本の生活根本を揺がそうとする強者の論理に依拠し、模倣する日本の近代化へ向けて噴怒、悲哀の涙を流すものとなるのである。この橘の「農」に対する熱い思いは、あまりにも当然のことではあるが、日本農耕社会の祭主としての天皇、そして天皇制への賛美となって飛翔してゆくのである。強権保持者、軍事的政治的天皇、天皇制ではなく、橘の想定するものは、日本人共通の意識と彼が考えるところの稲作社会の祭主としての、また、稲作文化の象徴としてのそれであった。

理性や合理主義を神的なものとしてきた近代は、洋の東西を問わず、歴史認識上、大きな誤りを犯したことになると彼はいう。人類の原初的生活においては、祭祀の研究、宗教的研究が不可欠であることはいうまでもないが、その中心となるものは、祭主のありようということになる。天皇道、天皇職の問題が日程にのぼり、中心的課題になると彼はいうのである。

稲と天皇職のつながりに関して、橘は次のような説明をしている。

「天皇は、稲を生命とする稲の国の稲の日本人すべての幸福のために、みづほをかくまつりかくおろがむのである、ここに天皇職のすべてが厳存する。ここにすめらみこと天皇信仰のすべてが厳存する。而してここに皇道文明の本質が厳存する。それは『ムスビ』である。『聖霊』である。そして『聖心』であって、また『ま心』である。[13]」

日本人すべての幸福を願って、天皇が稲を敬い、奉り、拝む祭祀に大嘗祭があるが、橘は、この大嘗祭こそは、各天皇が即位の際に執り行ってきた宗教的祭祀行為であり、世界史上例のないものであって、天皇職の最大のものであるという。天皇、大嘗祭、神、の関係を彼は次のように説明している。

「天皇は大嘗祭の全行程を一貫して、何神をもおろがむことをしないのである。…（略）…天皇は八百万神にいつきまつらるゝ所の大現人神であるからである。而して、天皇が大嘗祭の全行程を一貫して、をろがみたてまつる最高至神は唯一つ、実にみづほ（瑞穂）そのものである。[14]」

この祭祀を執り行い続けることによって、天皇はその地位を存続してきたという。

あらゆる王権というものは、物理的支配力のみで長期にわたって維持出来るものではない。呪術的、宗教的、神秘的要素がそれに加わることによって、そのことは可能となるのである。

橘に近代的、法制的合理主義的支配や、物理的支配権力がわからぬではない。彼は同時に宗教的世界における王権の姿に注目しろといってるのである。彼は大江匡房の『江家次第』のなかの大嘗祭についての記述を参考にしながら、次のような発言をしている。

「その大嘗祭の記述によると、聖殿の真中にあるものは神座のみで、神座のわきに玉座がある。そして、その玉座の前に御稲を据へるのだ。そこには八人の処女が同室している。その中の祭姫が、スメラミコトに瑞穂を提供する。そして最後に、スメラミコトが酒を四回にわたって御稲にかける。また酒を柏の杯にもかける。それが終ると、スメラミコトは頭を垂れて、手を拍って、そして三回なめる。[15]」

ここでいま一つ注意しておかねばならないのはスメラミコトが稲を崇め、拝むだけで、この祭祀は完了するのではないということである。新しい王の力は、単に古いものの連続で保持出来るのではない。古いものに代る新しい力の生誕が必要不可欠となる。ここに神座が問題となる。橘はこの神座を天照大神の産褥だという。この神座のなかでの神秘的行為によって、新しい霊力、能力が生誕すると橘はいう。彼はこう説明している。

「天皇は白のすずし（生絹）の斎服を身にまとい且つ頭に無文の絹幞頭をかぶってゐる。しかもす足の姿で前に敷いて後に巻かれてゆく葉薦の上を行くのである。この姿は明らかに嬰児である。とすれば神座は天照大神の神なる産褥でなければならぬ。而して、神座のすぐ側なる御座のすめらみこと天皇は聖母天照大神のふところをはなれたばかりの現人神すめらみことでなければならぬ。ここに大嘗祭本来の意義がある。[16]」

このようなセレモニーを荒唐無稽で、非論理的、非科学的といって一蹴してはならない。豊穣であることを感謝し、祈り、新穀および酒を食し、なめることによって、新生命を再生するなどといった穀物（稲）にまつわる土俗的農耕儀礼を執り行うことを通じて、天皇制は農本国家、農耕社会と共に存続してきたのである。

私はかつて（昭和四十六年三月）、橘本人に、天皇論に関する制度的、法的、機構的研究の是非を問うたことがあるが、彼は次のように断言したのであった。

「そりゃ無理だよ、君。全然とらえられないよ。いいか君、津田（左右吉）だって古代社会の宗教的性格を知らないんだ。古代社会は宗教的社会だ。その宗教的社会を知らなければ、わかるはずがない。例外なしに古代社会は宗教的社会だ。そこに生きる人間は宗教的人間なんだ。…（略）…日本は現人神信仰だ。ギリシヤでは人間を神にすることは絶対にない。…（略）…わしは現人神信仰がどういうものであるかに注目した。[17]」

橘の、この忠告に私どもは静かに耳を傾けるべきだと思う。天皇制の是非を云々するという意味ではなく、人間生存の根本にあるものを、神秘的、原始的、前論理的思考抜きで考察することの危険性を知らなければならない。つまり、人間の精神史から神話的、非合理的なものを、決定的に排除、抹殺することは、大きな危険性をはらむことだということを認識してかかる必要があるということである。

近代的知への疑念を次のように語る久野昭の発言は注目に値する。

「市民社会の発展と技術文明の発達を導いてきた近代的知性は、すべてを、あまりにも平板的に照らし出していた。その均質の光のなかで、原野も峡谷もローラーをかけられて平坦になり、もはや、神々の怒号、悪魔の呪詛、地霊のうめきも響くべき場所をもたないようにみえる。…（略）…かつて一種の精神強壮剤の役割をはたしていた儀礼さえも見世物に堕し、日常性からの超脱という本来の作用を失ってきた、と言っていい。(18)」

注

（1）寺島彦市「俺の村」『中央公論』昭和五年十月。
（2）橋川文三編集・解説『超国家主義』〈現在日本思想大系（31）〉筑摩書房、昭和三十九年、四六〜四七頁。
（3）「アクティフィスト」〈大正三年〉『土とま心』第三巻、橘孝三郎研究会、昭和五十年八月、一八頁。
（4）谷川健一・鶴見俊輔・村上一郎編『支配者とその影』〈ドキュメント日本（4）〉学芸書林、昭和四十四年、一六頁。
（5）橋川文三、前掲書、二一七頁。
（6）谷川健一・鶴見俊輔・村上一郎編、前掲書、一七頁。
（7）橘はこうのべている。「かような国民社会的革新はただ救国済民の大道を天意に従って歩み得るの志士の一団によってのみ開拓さるるものであるという一大事であります。…（略）…かような大事をただ一死をもって開拓いたすなぞという志士は申すまでもなくいつの場合でも数において多くを求め得るものではありません。」（橋川文三、前掲書、二二三頁）。

（8）橘が蹶起した理由を、鈴木邦男は次のようにのべている。「それは、北一輝の『日本改造法案』を読んでからだという。そして陸海軍の青年将校がその本を読んで心酔し、軍部独裁に進展することをおそれた為、これをさとらしめようとして軍部急進将校と接していたが、純粋なる青年将校から手をさしのべられてはどうしてもこれを振り切ることは出来なかったために、農民をひきつれて蹶起したという。」（「〈五・一五〉その『革命的』論理」『土とま心』第二巻、橘学会、昭和四十九年八月、四九頁）。

（9）『五・一五事件――橘孝三郎と愛郷塾の軌跡』草思社、昭和四十九年、三七四～三七五頁。

（10）『皇道国家農本建国論』建設社、昭和十年、三五頁。

（11）同上書、三五頁。

（12）菅孝行「超国家主義の命脈」『第三文明』第三文明社、昭和五十年二月、四一～四二頁。

（13）『皇道文明優越論概説』天皇論刊行会、昭和四十三年、九九六頁。

（14）『皇道哲学概論』天皇論刊行会、昭和四十三年、一八八～一八九頁。

（15）「天皇道」『土とま心』夏季号、橘学会、昭和四十八年七月、一三頁。

（16）『神武天皇論』天皇論刊行会、昭和四十年、九八七～九八八頁。

（17）『土とま心』第二巻、二〇～二一頁。

（18）『近代日本と反近代』以文社、八八頁。

主要参考・引用文献（橘孝三郎の著作は省略）

『中央公論』中央公論社、昭和五年十月。

桜井武雄『日本農本主義』白揚社、昭和十年。

橋川文三編集・解説『超国家主義』〈現代日本思想大系（31）〉筑摩書房、昭和三十九年。

谷川健一・鶴見俊輔・村上一郎編『支配者とその影』〈ドキュメント日本人（4）〉学芸書林、昭和四十四年。

松沢哲成『橘孝三郎――日本ファシズム原始回帰論派』三一書房、昭和四十七年。
久野昭『近代日本と反近代』以文社、昭和四十七年。
保阪正康『五・一五事件――橘孝三郎と愛郷塾の軌跡』草思社、昭和四十九年。
菅孝行「超国家主義の命脈」『第三文明』第三文明社、昭和五十年二月。
斎藤之男『日本農本主義研究――橘孝三郎の思想』農山漁村文化協会、昭和五十一年。
菅孝行『日本の思想家・近代篇』大和書房、昭和五十六年。
芳賀登『日本の農本主義』教育出版センター、昭和五十七年。
岩井利夫『大嘗祭の今日的意義』錦正社、昭和六十三年。

超国家主義と「農」

農本的超国家主義にみる「日本」と「自然」

今日、われわれは死刑執行日までのごく限られた期間をどうにかこうにか生きながらえているかのようである。近代合理主義を基軸とする資本の論理は、人間の生の母胎ともいうべき自然の破壊を飽くことなく追求してゆく。自然のなかで、その調和のある生命の秩序の許容する範囲内で生きることがかろうじて許されているという謙虚さを忘れ、「ヒューマニズム」という人間の思いあがりを旗印にかかげながら、人類は今まさに自然の復仇を受けようとしている。人間の無限の欲求が限りある地球をこなごなにしているかのようである。人間の勝手なふるまいが、自然の復元力の限度をはるかにこえているかのようである。

日本に限っても、経済の高度成長ならびに繁栄は、すべての罪を回避できるかのように、もてはやされ、己の生命を謳歌している。しかし一方には、その国家の論理からはみだされた人々の、暗く哀しい生きざまがある。彼らはいつも排除され、抹殺されてゆく運命のもとで、凍てついた手を己のあたたかくもない頰によせながら生きている。彼らを救わんとする知的青年たちは、強大でしかも狡猾な権力に行く手をはばまれ、ほこりだらけの都会の片隅で、己を含めた現実に向って、「チクショウ！」と音にならない声でつぶやきながら、自然への郷愁に身をやつし、日本古来の自然性を現実に直結させ「土」に帰ることを通して、太古の美に幻想をつないでゆく。こういう状況のなかで、近代合理主義の価値相対性を呪咀しながら、絶対的価値と想定された自然性の復権を求めての「日本への回帰」運動が、いらだち、あせりながら展開されている。この傾向を正とみるか悪とみるか、そんなことは早急にきめられもしないし、きめるべきものでもあるまい。さしあたってなされなければならない大切なことは、そのような傾向が、あるたしかさをもって存在するということを認識し、そのよってきたる原因を究明することでなくてはならない。それは、戦後三十年近く、「戦後民主主義」といういわば、啓蒙主義によってつくられた人間の本質とゆくえにかかわる問題となるであろう。この問題を考えるにあたって、一つのヒントを与えてくれるものとして、大正期から昭和初期にかけての思想の解明がある。しかし、それは単なる歴史学的なアナロジーに満足するというような、精神の堕落というかたちでなされるのでなく、その頃の歴史と思想を己自身が追体験するということでなければならない。

私に与えられたテーマは「農本的超国家主義にみる『日本』と『自然』」であるが、それにこの紙面でおこたえできるかどうか、多分に不安である。私なりの解答の準備をしてみたいと思う。

よくいわれることであるが、大正から昭和にかけて、日本の思想界は、一種の病的変調を呈してくる。超国家主義の生誕はその一つの大きな表現である。人間が国家を超えるという思想的欲求を抱くのは、いうまでもなく、現存する国家にもはや期待できなくなった場合である。その場合、国家が近代をもっとも典型的に体現したものであれば、それを超える思想は、当然反近代、超近代の色彩をもつ。しかも日本の近代が西欧化であってみれば、それは「日本への回帰」という方向ですすむことになるだろう。超国家主義が極端なかたちをとって現われるのは、いうまでもなく、昭和初期であるが、しかしその発想を生みだし育くんでゆくのは、一世代前の明治の後半からであろう。日露戦争前後から、かつて存在していた憂国的緊張感はゆるみ、それまで隠蔽されていた国家と個人、都市と農村というような問題が、日本資本主義の相対的安定のもとで露呈しはじめたのである。国家を離れて個人を問う方向がそこにはあった。明治前期においては、いうまでもなく人間が人間としてその「生きる衝動」を希求し、模索し、内面からの倫理的完成をめざすというようなことは、ほとんど無意味であるのみならず、禁忌でさえあった。しかし明治の後半から大正にかけて、かつて人間が生きることの美徳、ないしはその人間にとっての精神安定剤となっていた「国家的人間」の実体性が、きわめて曖昧になってゆく。人間とは何か、個人とは何かという問いかけが一つの状況として存在した。これは明治国家にしてみれば重大な病的機能不全であった。その治療策の一つとして明治国家は、二重の青年層の養成をこころがけた。一つは日露戦争の勝利による「大国日本」形成の中枢機関を組織する細胞としての「エリート青年」の養成であり、いま一つは圧倒的な多数をしめる「田舎青年」の教育であった。

「田舎青年」とは、山本瀧之助が規定する次のような青年層である。

「均く是青年なり、而して一は懐中に抱かれ、一は路傍に棄てらる、所謂田舎青年とは路傍に棄てられたる青年にして、更に之を云へば田舎に住める、学校の肩書なく、卒業証書なき青年なり、学生書生にあらざる青年なり、全国青年の大部を占めながら今や殆んど度外に視られ、論外に釈かれたる青年なり。挙世滔々、青年を以て学生の別号なりとし、青年と云へば一も二もなく直ちに学生を以て之に答ふ、ここに於てか、学生にあらさるものは青年にして青年たることを能はず、今や都会僅々数万の学生、独り時を得て膺揚濶歩し、全国青年の大部幾百万人の田舎青年は殆んど自屈自捨蟄居縮小せり。」（『田舎青年』）

かつて放擲されていたこのような青年層が明治の末期になって、にわかに注目されはじめたのである。青年集団の官制化がはじまる。明治三十八年四月、時の内務大臣、芳川顕正は、明治天皇の勅命によって地方の青年の活動を視察し、同年七月、視察の結果を「時局の地方経営と内相の巡視談」と題する小冊子として発表した。これは、政府が文書をもって発表した最初のものである。その内容の一部は次のようなものである。

「軍国に対する一般人心の作興は之を時局記念の為めに創設せる事業の甚た夥しきに視るも亦其一斑を知るに難からす時局の徴募に最必要なる壮丁の予備教育を創め又一般子弟に実科教育を与ふるか為めに夜学校を設け若くは補習科を附設するものゝ如き日を逐ふて益々其数を増すの趨勢たり…（略）…時局以来九十八個所四千三百余人の青年団体踵を接して興り地方の風化農事の改良より軍人の後援に至るまで之を実行し共同散髪所を設け其収益を以て団体の基金を造成するか如きあり。」（『大日本青年団史』）

青年団の訓練、教化はこのように内務省を中心とする地方改良運動の一環として展開されたのであるが、この青年団運動の精神主義の徳目となった「真正なる人間」や「積極的精神にみちた無名の人物」などは、大正期以降の知識人たちの追求課題でもあった。この課題は、社会心理的ムードとして沈澱していったため、権力的人間像ないしはそれに類する人間像の追求は、強い心理的抵抗をもって語られ、それが語られる場合でも、必ず逆機能についての伏線がはられていなければならなかった。こうした「真生なる人間」を追い求めた大正期の自我の問題状況を日本の超国家主義に結びつけ、明解な説明を行なったのは橋川文三である。安田善次郎を殺した朝日平吾、原敬を暗殺した中岡艮一、井上準之助を殺した小沼正らの精神史からくみとれるものは、明治国家成立期における萩の乱、佐賀の乱、神風連の志士のような志士仁人的プライドではなく、彼らの発想の根底は、自我対絶対の一元的基軸の上におかれ、ある意味では個人主義の様相さえおびているという。このような状況を作りだしたものこそ大正期における自我の問題状況であり、特にその時期における下層中産階級のおかれた社会的緊張の状況であったと指摘する。(『昭和維新試論』参照)

清水多吉との対談においても橋川は次のようにのべている。

「大正デモクラシー下での民衆の抱いた社会的不遇感が、実は広い意味でのファッショの意識を生み出したという風にみているんです。…(略)…明治時代の社会的に不遇な人々が自己主張する時のスタイルと、大正期の自己主張のスタイルの違いとして〝人間として〟〝真正の人間として〟という表現が後者の場合には多いという気がするわけです。つまり、明治時代についても〝個人の自覚〟〝自我の覚醒〟などといいますが、その場合の〈個人〉というのは、どっちかというと〝志士仁人的人格〟というか、社会的に何事かをなしうる地位というイメージなんですね。ところが大正期の〝人間として〟というニュアンスは、マス化された状況のなかでの無名の人間性の追求という、そういうスタイルに変ってきたように思うんです。」(『情況』一九七一・三)

私はこの橋川の指摘を継承しながらも、なおまだ明らかに分析されてはいない農本的超国家主義の特殊性を追ってみたいと考える。大正から昭和に出てくるこの「人間らしく」という意識を共同体ないしは自然にる日本国家を超越した価値を追求しようとしたのである。権藤は「社稷」に絶対的価値を見いだし、「本に極端なかたちで結びつけてゆくのは、権藤成卿や橘孝三郎らに代表される農本的思想である。彼らは現存す反へる」ことを通して国家を相対化させ、橘は「土」にかえり、その土の新鮮なる生命の泉によって、この腐り切った血液を一新しようと考える。いわば原始に帰ることによって、現実世界を超えようとしたのである。もっともこの時期に「土」や「自然」への回帰を問題にしたのは、権藤や橘らの農本主義者のみではない。彼らと前後して、大杉栄、石川三四郎らのアナーキストたちによっても、するどいかたちで展開されていた。簡単に石川の思想にふれておこう。彼によると、人類の歴史は、原始人に典型的にみられる自我と環境とが無自覚のうちに渾融した「自然我」の時代から、自我の分裂と無明の迷いとが交錯している現代を経て、将来は自覚的な「自然我」の時代に達するという。そのためには、自我と自然との直接的交流、すなわち「土に還る」という「原始生活の回復」が行なわれなければならない。回復しようとする原始とは何か。彼はいう。

「私の回復したいと思ふ『原始』は過去の特殊な存在ではない。それは今日まで吾々の生活を維持して来た——外界の変化や、災害や、社会悪や、国家の弊害やに堪えて——原理其ものゝことである。所謂文化人から忘れられ、否な寧ろ軽蔑されつゝも、更に迫害されつゝも吾々の生活を今日まで維持して来た処の一種の原動力である。それはアダム、イブ以前の、渾然一味を成せる自然我である。原始人が無意識的に持って居た此『自然我』、文化人が無意識的に逆に棄てた其『自然我』、それを意識的に全的に回復しやう、といふのが私の志望であります。我の社会運動、私の個人生活、私の言ふ事、書く事、行ふ事、総て此『自然我』の生活を全的に回復し完成する為であると言っても可いのであります。」(「原始生活の回復」『虚無の霊光』所収)

この「原始」のなかで、人ははじめてすべての迷い、汚れを捨てた土着の生活ができるのである。ならば現在土着の生活をしているのは誰か。それは「土民」である。彼は「土民思想」にデモクラシーとふり仮名をつけた。「土民生活」とは、政治上では自治の生活ということであり、農民が土地を耕しつつ自分たちの社会生活を営み、労働者が己の仕事に努力しつつ、組合生活を発展させてゆくことであった。この生活は、それ自体が芸術であり、しかも最高の芸術であった。石川は次のようにのべている。

「土民生活は生活の芸術として最高のものである。宇宙的にして、原始的にして無限に直接したる地の子たる土民の生活こそ、宇宙芸術の直射的表現と見るべきである。此無限の原始を生活する者にして、初めて至高、至大なる美的感激に満され、而して其感激の生活を更に社会に実現し拡充するの能力と資格とを保持することが出来る。」(「土民芸術論」『前掲書』)

マルクス主義が封建遺制の根強く残る現実をせっかちに割り切ろうとしたり、農民を見捨てて、都市中心的な運動に傾斜したりして、現存する慣習から反ぱつをくらっていたときだけに、石川のとなえる「土民思想」、「土着主義」は、社会主義思想が農村でどれほどの妥当性をもつかということで、かなりの期待をもって迎えられたのである。

石川より少しおくれて、橘は都市をもって農村の生き血を吸う吸血鬼と呼び、都市文明、機械文明に激しい憎悪の念を燃やす。

すでに一高時代に、名誉とか地位という物質を追う「享楽生活」にわかれを告げ、「土回帰」の生活に、真正なる人間としての生き方を発見した橘は、昭和初頭の農村恐慌の悲惨な現実をみることによって、「土」の思想をにわかに急進化させてゆく。形而下の問題としての農村の崩壊は、彼をして素直に「日本回帰」の方向にむかわせる。憂国の情はつのる。「どっからどこまでくさり果ててしまった。どっからどこまで困り果ててしまった。全体祖国日本は何処へ行く。我々はどうなる。——祖国日本は亡びるというのか。我々はどうにもこうにもならんといふのか。」(『日本愛国革新本義』)

日本はもともと愛国同胞主義によってここまできたのである。それは決して歴史的社会的実在性をはなれた虚構的空論ではなく、神武天皇以来の歴史的事実であると橘は高唱する。

「畏れ多くも我が神武天皇が国をお肇めにあいなりました事情を拝察いたしまするに、かの西洋諸国において普通示されておるような、いわゆる征服国家と申しまして、農耕部民を武力をもって征服いたし、これを奴隷化してこれに経済的給付いっさいを負わしめ武力を有するものはその上に君臨して一国家を打ち立てましたのとは根本的に相異なっておるのであります。かえってその正反対を成就なさりましたので、すなわち長髄彦が農耕部民を切り従えて征服国家の芽を吹き出そうとしておったのを東征あそばされてこれを打倒し、奴隷化された農耕部民を解放なされた、換言すれば国民解放の実を行なわせられて、ここに私された覇道化された日本をはじめて王道化し、以来万世一系世界に比なき国体の基礎を定めさせられ給ひしものと解せざるを得ないのであります。でありませんで、もしも征服国家を神武天皇が打ち立てられたものと仮定いたしますならば、大化の革新をどう考えてよろしいでしょうか。」(『前掲書』)

日本は「征服国家」にあらず、愛国同胞主義にのっとった「解放国家」であり、以来日本はひとたびある支配者によって危機がせまると必ず君民一体で「愛国革命」を断行してきた。ところが現実はどうか。金銭の前には同胞意識も、愛国の情も消えうせ、売国奴があふれている。すべてが金力で動き、支配者の堕落は極端に達し、国民はいまや枯死しようとしている。この悲しむべき現実は、資本主義西洋唯物文明に日本がとりつかれたためもたらされたものである。元来、西洋唯物文明というものは、農耕をもとにして発達したものではなく、むしろ農村または農村国に寄生することによって、発達してきたのである。農村を土台として成立している東洋の文明とは本質的に相容れないものである。日本はその典型的なものである。「制度」、「機構」としての日本国家がどのように発展し、都市における商工業がどのように農村を圧倒しようと、「大嘗祭」、「新嘗祭」に象徴される天皇の祭儀行為が存続するかぎり、日本は農本国であり、「土の日本」であると彼はいう。

「日本の建国が農本的であった事実は、日本の歴史が神世をぬけ出してからこっち、誰もの知ってるとほりである。そしてこの事実は明治維新から此方、日本がまるで英国の東洋に於ける出店見たやうになって、資本主義的成熟を今日まで逐げ来った過去六十数年間に於ても少しも変る事はないのである。どんなに大東京が背土的性質を帯びた形で脹れ上り、そして謂ふ所の都市商工業が発達し、どんなに農村がふみにじられやうと、本質的に申すならば、日本は依然として農村国であり……」（『皇道国家農本建国論』）

「土の日本」に対する執着は、ほとんど狂信的ともいえる。これはもう単に崩壊する農村、農業に対する政策的な気持ではなく、もっと精神的、宗教的なものに近いものといえよう。そもそも彼が一高を中退し、帰農する動機となったものは、「土」のなかに自我の実現、真正な人間の生き方を希求してのことであった。その頃より彼には、強力な自然信仰があった。この自然からはなれて漂泊する都市文明など、彼にとっては真正なる人間を破滅させてゆく以外のなにものでもなかった。したがって人為による社会的構成物、創造物は、たとえそれがどれほど豪華をきわめようとも、つまるところは霊気を欠いた無常の煙でしかなかった。いままさに人類社会はその極限に達している。人類はながい間、土をふみにじり、土に背いてきた。そして今日の資本主義社会はそのもっとも恐るべき病態化のもとに、自己否定をせまられている。「世界は再び土に還らねばならんのである。土に還って新なる歩行を起さねばならんのである。その土の新鮮なる生命の泉によってこの腐り切った血液を一新せねばならんのである。土を離れたる不安定極まりなき社会を土の安定に持ち来らせなくてはならないのである。」（『農村学・前編』）

彼の「土の哲学」は感傷的色彩のものではあるが、彼は彼なりの理想的農村建設の具体的プランをもたないではなかった。それどころか現実の日本国家を改造して、明治国家を超えようとする価値をみずからプランニングするという情熱をたえずもっていた。それが同じ「日本回帰」、「自然回帰」でも、日本浪曼派などと異なる一つの点であった。もし橘がかりに日本浪曼派的人間であったなら、この時点で土の思想を現実とかけはなれた幻想のなかで展開し、それに終始したであろう。そして現実の農の貧しさの自覚をふり捨て、抽象としての「美しい日本」を、本居宣長の「みち」の思想の延長線上に想定し、その非政治的な構成の徹底により、イロニーを形成し、幻想的自己回復の方法をつくっていたかも知れない。しかしそうするには彼は現実の農村、農民の多くの状況を目撃し、凶作・飢餓にうちのめされていく農民の焦りを体感的に知りうる在野の知識人でありすぎた。彼の「土」への憧憬や執着は、現実を超えんとする変革のバネとすべき唯一の素材であった。

次に「社稷」の理念によって、明治国家を相対化させ、それを超える価値を追求していった権藤の思想について検討し、この小論を閉じたいと思う。「社稷」によって、なぜ明治国家が相対化できるのか。それは権藤が「社稷」にこそ、人間生存の絶対的価値を置くからである。彼はいう。

「制度が如何に変革しても、動かすべからざるは、社稷の観念である。衣食住の安固を度外視して、人間は存治し得べきものではない。…(略)…社稷とは、各人共存の必要に応じ、先づ郷邑の集団となり、郡となり、都市となり、一国の構成となりたる内容実質の帰着する所を称するのである。各国悉く其の国境を撤去するも、人類にして存する限りは、社稷の観念は損減を容るすべきものでない」(『自治民範』)

国家は社稷が便宜上つくったところの、あくまでも相対的な存在であり、「社稷」こそ人間が生きるための原型であり、必要不可欠の絶対的存在とみる。「社稷」のなかでこそ「民性」の要求である衣食住の安泰と男女欲の調和が行なわれる。政治と制度の眼目はすべてこの「民性」の要求を満足さすことになければならなかった。「社稷体統の自治」とはそのことであった。権藤はそのような「社稷」自治はすでに原始古代からみられるという。

「民性の純正なる要求とは、安全なる生存の要求である。其の安全なる生存の要求は、衣食住の安泰と男女欲の調和とを、現在以上に進めたい各人各個の同一なる意思である。…（略）…古代已に一井一伍一邑一落。自然の衆団が出来、其衆団の中に共済共存の規律が成立し、其共済共存に有害なる個人都ての行為に向て制限を加へ、此の社稷の構成を見ることになったのは、実に我建国の最大要素である。」（『前掲書』）

このように人間は原始において、個人の真情を発露しながら、「公義」との調和をとりながら、「人類安定の公則」にのっとって、満足な生存の仕方をしていたのである。にもかかわらず、いつの日にか「社稷」の意志である「成俗」（＝風俗、習慣）を無視する統治者があらわれる。しかしその都度、民衆は君と共にその統治者を「社稷」の敵として、つねに放伐してきた。その典型を権藤は大化改新にみる。古来より存在した「自然而治の成俗」によってつちかわれた君民関係における一体性、すなわち「君民共治」の理念が日本の精髄である。したがって、それと矛盾する官治主義、官僚主義、国権主義というようなものは、日本の指導理念になりえない。けれどもかなしいかな明治国家体制は、日本古来の伝統である「社稷体統の自治」を排除し、それとはまったく相容れない「プロシア式官治制度」を採用してしまった。そうして「社稷」存続の基盤である土地を私有化させ、また兼併をみとめることによって「社稷」を破壊してしまった。明治国家の「翻訳制度」を批判して権藤は次のようにのべている。

「我日本民俗の安寧は、忠厚なる共存的自治を以て維持されたのである、…（略）…其民衆衣食住の資源たる財物の措置に重きを置き、切実に民衆一般の共存を認めて、可成的其独占、兼併、私慝、壟断等の我慾行為を防止することに努めたものである、幵は貧富の懸隔は、必ず民衆衣食住の調斉を傷り、労逸の偏辟を生じ、我共存的自治の大本を破壊する結果となるが為である。

明治の翻訳制度が此の治己的典範を捨てゝ、彼の利己的公則を取りしは、実に我政本の基礎を変更したものである、乃ち利己的組織の上に当然確認さるべきものは、言ふ迄もなく、私有財産権の確認である、且独占兼併の許容である」(『皇民自治本義』)

明治国家体制をつくりあげた官治主義者、官僚主義者たちは、「肇国の御制謨」である君民共治に対し、利害上より私説をうちたてることによってその厳正高明なる典範の紹統を推究することを忘れ、国体を曲解してしまった。土地を私有独占することなく、これを自治集団の熟談協議による古来わが国に存在するに自然自治の「成俗」を彼らは忘却してしまったのである。ならばどうするか。「本に反へる」のみである。「本」とは「社稷」を主義とする自治である。ここまできて私は、この権藤の「社稷」理念に安藤昌益の「自然世」の観念との共通性をみるのである。昌益は現存する封建社会を「法世」とよび、それは支配階級の農民搾取を是認する社会にほかならないと批判し、労働にもとづかない支配機構を否定し、農民の「直耕」にありうべき自然の姿をみいだし、この理想社会を「自然世」と呼んだ。かつて理想とする「自然世」は存在した。しかしその「自然世」を「法世」に変えたものがいる。それは武士であり、聖人であり、その「学理」すなわちイデオロギーだという。彼はこの「法世」を弁護、正当化しようとするもの一切を否定する。なかでも儒教の慈恵的仁政に対しては、そのイデオロギーを徹底的に攻撃する。『統道真伝』のなかから一節を引いておこう。

「聖人、仁を以て下民を仁むと云ふ。甚だ私失の至りにて笑ふべきなり。聖人は不耕にして、衆人の直耕、転業の穀を貪食し、口説を以て直耕転職の転子なる衆人を誑かし、自然の転下を盗み、上に立ちて王と号す。故に己れの手よりして一粒、一銭を出すこと無く、我物と云ふ。持たざる者は聖人なり。然るに何を施してか、民を仁むべけんや。故に笑ふべきなり。民の直耕を貪り取りて、之れを以て民に施し之れを仁と曰ふなれば、則ち大失の妄悪なり。」

すべてのイデオロギーに虚偽をみている。昌益の理想とする「自然世」にはイデオロギーは不必要なだけでなく、有害極まりないものであった。権藤の思想のなかにも一貫して流れているものは、思想のイデオロギー化への執拗な反ぱつと警戒である。思想は衣食住という最低基本の欲求に還元されている。昌益と同様権藤もユートピアンであることはまぬがれなかった。たどりつきえない理想とのへだたりを権藤自身よく知っていた。しかしその願望対象と現実の隔絶性そのものに、かえって権藤の生命を私は感ずる。ともかく彼が明治国家を根底から否定し、民衆の自然的な心性を基底とする共同性すなわち「社稷」を現出せしめたことは大いに評価しなければならない。それは共同幻想としての国家を西洋の借物なしに否定できる東洋の唯一の抵抗核かも知れない。その意味で権藤は日本におけるもっともラディカルな革命原理へ向けての素材を提供したともいえよう。

以上簡単に橘、権藤の思想を中心にのべてきたが、最後に問題にしなければならないのは、彼らの思想が反権力、反国家、あるいは超国家の様相を呈していながら、結局は権力路線の先兵になってしまった理由についてである。自然の根拠にさかのぼろうとする志向がなぜ天皇制に吸収されてしまったかという問題は、己の内部においても外部においても自然を破壊しながら、ひきさきながら生きている今日のわれわれにとって、その意味は大きいといわなければならない。「共同体」を停滞性の根源であるかのようにみなす知識人には、この問いは意味をなさない。なぜなら彼らは日本の社会から「共同体」がなくならないかぎり、天皇制の根源は絶てないと考えているのだから。「共同体」が抵抗の核になりうるとか、変革のバネになるというようなことは最初から考えられないのである。はたしてそうであろうか。私には日本の「共同体」は天皇制に全面的に領有されたとは思えない。ただそういう可能性（危険性）がより強いというだけのことである。それは天皇制がその「共同体」の自然性をあらゆるものを総動員して精いっぱいに模倣するし、そのための条件がそろっているからである。この模倣はあくまで幻想でしかないのであるが、支配される個々の人間も、権力が用いるその自然性を素材とした幻想のなかでしか生きられないとすれば、権力の幻想過程が個人の幻想過程を呑み込む可能性の大きいのは当然といわねばならない。橘や権藤の「原始回帰」の思想は、この権力の幻想にうちかつだけの意気込みは十分もちながらも、「社稷」の網の目からこぼれおちた個々の民衆の心性をとらえきれなかった。それが国家を超えようとすればするほど国家におぼれ、敗北していった理由の一つであろう。しかし日本の多くの革新思想よりも、天皇制にまともに対峙する可能性を彼らは多く提供していることをいってこの稿を閉じることにする。

土と心を耕す思想

江渡狄嶺の思想

気の遠くなるような、ながい年月にわたって、煮えたぎる叛逆の思いを自らの内へ押え込みながら生きてきた耕作農民の熱い情念を誰がよく代って表現し、伝えうるであろうか。代表者とか代弁者というものは、どこまでいっても代表者であり、代弁者であって本人ではない。この自覚が欠落するとき、代表者、代弁者たちは取り返しのつかない罪を犯すことになりかねない。日本近代史に限定しても、この限界を忘れ、傲慢な態度で舞い上がり農民を窮地に追いやった自称代表者、代弁者の数は少くない。己の青春期の「甘い」煩悶解消のための手段として、わずかばかりの田畑を耕作をし、帰農の詩を高らかに唄いながら、無意識のうちに多くの農民を苦しめていった田園詩人などもどれほどいたことか。彼らは土地制度の矛盾にともなう桎梏のなかで喘ぐ耕作農民の地獄ともいえる日常世界を、山紫水明の田園風景などにすりかえ、恥じ入ることを知らないのである。

いま農業見直し論、地方主義（地域主義、地方分権）研究が流行している。農業、農政関係の旧著の復権なども見られる。この現象をもたらしている淵源の一つが、生産力の向上のみを目標にしながら走りつづけた近代日本の生み落した社会病理への疑念にあることは言うまでもない。日本の近代化が工業優先、都市中心、中央集権化のかたちをとってきたことから、その反動として、それらの対極にあるとされる農業や地方が持ち出されてくるのは当然である。ただ、この傾向が「内省」というかたちをとることなく、再び知識人の田園賛美という遊びにおわる危険性がないとは言えない。農にかかわる思想の扱いは、そういう意味で、いまなお、きわめて困難な状況に置かれていると言えよう。

ここにとりあげようとする江渡狄嶺《えとてきれい》（以下狄嶺と書く）の扱いも例外ではない。昭和五十四年九月、『江渡狄嶺選集』（上・下、狄嶺会編、家の光協会）が出された。編集委員を代表して瀬下貞夫は、「あとがき」で次のように述べている。

「農業を軽視すること今日より甚しきはなし、とでも言いたいような今の日本では、もう一度、われわれは人類の原点『額に汗して汝の食を得よ』という箴言を生涯の信念として生きぬいた江渡狄嶺の如き人の『生き方や思想』を学ぶべきではあるまいか。そこには偉大な何かがあると私たちは確信して、狄嶺の旧著書、未発表の原稿などの出版刊行を数年前から計画していた。」（狄嶺会編『江渡狄嶺選集』〔下〕）

この編集の動機に私はなにも異を唱えるつもりはない。たしかに、戦後三十数年に限っても、農業の衰退ははなはだしく、高度経済成長の熱風のなかで、あわや焼きつくされようとしていた。そして、そのことは、たんに農業衰退という次元をはるかに超えて、自然の産物としての人間の生の根源にある自然性をも喪失させ、管理化社会の厳しいしめつけのなかで、人間疎外の極限化をもたらしている。資本主義、共産主義を問わず、管理化社会における人間のゆきつく姿を、E・フロムはかつて次のように予言していた。

「われわれがありありと目に浮べることができるように、つぎの五十年か百年のあいだに、資本主義と共産主義の発達にともなって、自動機械化と疎外の過程が進むであろう。二つの社会は管理的な社会に発展し、その居住者は、衣食も十分であり、自分たちの欲望は満たされ、満たされないような欲望はもたず、強制されずにしたがい、指導者なしに指揮され、人間のように行動する機械をつくり、機械のように行動する人間をつくる自動人形である。また、そこでは、人間の知能は発達するが、理性は退化し、したがってそれを用いる智慧もなしに、最大の物質的な力を人間にあたえる危険な状態をつくりあげることになる。このような疎外と自動機械化は、ますます狂気を増大させる結果になる。人生はなんの意味ももたず、なんのよろこびも、なんの信仰も、なんの真実もない。感ずることも、思考することも、愛することもないことをのぞけば、誰もが『幸福』なのだ。十九世紀においては神が死んだことが問題だったが、二十世紀では人間が死んだことが問題なのだ。十九世紀において非人間的なことは残忍という意味だった。二十世紀では、それは精神分裂的な自己疎外を意味する。人間が奴隷になることが、過去の危険だった。未来の危険は、人間がロボットとなるかもしれないことである。」(『正気の社会』加藤正明・佐瀬隆夫訳、社会思想社、昭和三十三年)

このE・フロムの恐怖の予言は的中しているように思える。いまこそ、人間の生の根源のところに降りきった問いかけがなされなければならない。狄嶺の農に賭けた生命から発せられる閃光は、この問いかけに、ある一つの意味を提供することになろう。しかし、狄嶺を、自然回帰や牧歌的田園賛美といううわついた時流に沿わしめて解釈するだけでは、余り意味がない。意味がないばかりか、ある種の危険がともなうかもしれない。近代に対して土着を形式的にもってくるだけで、近代が超えられたり、人間性が回復されたりするものではあるまい。それどころか、いいかげんな反近代や反合理は、逆の作用と結果をもたらす場合がある。

日本近代に疑念や怒りを投げかけた思想家の再発と、それらを媒介にした思想的営為が開始されてから、すでに、かなりの時間が経過した。声高に叫ばれるわりには、いまだ、その営為が新しい時代を切り拓く力になりえていないのは、そのあたりに一つの理由があると思われる。狄嶺への照明が、新時代開拓に向けての鍬入になりうるかどうか。

長谷川如是閑が、「狄嶺の語る言葉」に着目して、次のような興味ある評をくだしている。

「君方インテリの耳に聞えていることばは、悉くただことばを語る人たちのことばである。生きることをはたらいて生きている人たちの耳には聞えないことばである。生きることをはたらいて生きている人たちは、聞くことばももたなければ語ることばももち得ない。ことばをもたないのではない、彼等は、『太初にことばありき』という、そのことばしかもたないのだ。…（略）…狄嶺は、生きることをはたらいて生きている人たちの、ただのことばでない。ことばに終らないことばを語る人である。だからそのことばは、君たちの耳に聞えない。…（略）…舌から出たことばでなく、頭から出たことばでなく、身体から、生活から、汗のように滲み出したことば、それを狄嶺は語るのである。」（『江渡狄嶺研究』第十三号、狄嶺会、昭和四十四年四月）

これは長谷川如是閑が狄嶺の語る言葉のなかに生活事実への徹底的こだわりによって可能となる近代的・啓蒙合理主義的「知」に対するラディカルな批判の意味を読みとったものともとれよう。それはともかくとして、このような身体からにじむようにして生れてくる言葉を、狄嶺は最初から使っていたわけではない。こういう地点に達するまでの狄嶺の精神史は、そう単純なものではなかった。ここに到達するまでの狄嶺の歩みをふりかえっておきたい。そのことが本稿の主題でもある。

狄嶺は、明治十三年十一月十三日、青森県三戸郡五戸村に、江渡庄次郎と妻エキとの間の長男として生れている。江渡家は「別に大した財産のあるといふ程のものではなかったが、それでも、町一流の尊敬を払はれて居った家柄の呉服屋であった」（狄嶺会編『江渡狄嶺選集』〔上〕、家の光協会、昭和五十四年）ようである。祖父は明治三十年の死ぬ日まで丁髷を切らなかったというから、並みの頑固さではなかった。商品を値切るような客に対しては罵声をあびせ、追い返してしまうようなところがあったと狄嶺は祖父の思い出を綴っている（同書参照）。この祖父は狄嶺を異常なほどに可愛がったという。鳥谷部陽之助は、この祖父の溺愛が狄嶺をわがままな性格にしてしまったと、次のように述べている。

「彼（＝狄嶺）の祖父は一風変った我儘爺であったが、孫の彼を愛することがひどく、そのため一切彼の成すままにまかせていた。店員共は祖父の信任を得たいばかりに、争うて彼の機嫌を取った。だから幼時、彼は遺憾なきまでのタイラントだった。例えば彼は幼時、太閤様召し上れといわぬと食卓につかなかったり、ナポレオン様お休みなさいといわぬと、床につかなかったりした。かかる彼が、長じて今日の如く自分本位の（たとえ理想の生活を追うものにせよ）生き方をしている事は、或は当然の帰結なのかも知れない。つまり今日の彼の生活は、彼の幼児の我儘の延長であり、大きくなったものに過ぎぬのだとも考えられない事もない。」（『続・春汀、狄嶺をめぐる人々』北の街社、昭和五十二年）

明治二十七年に、青森県尋常中学校八戸分校に入学する。この中学入学に際しては、かなりの抵抗があったようである。父親は家業である呉服商を継がせようとして彼の中学進学には反対であった。この反対を押し切って進学を可能にしたのは、狄嶺の叔父鳥谷部悦人の力であった。当時小学校校長であった鳥谷部悦人は、自校の優秀児であった狄嶺を新設なった地元の中学に入学せしめたかった。極力、父親、祖父を口説いたという。「鳥谷部悦人先生は、是非とも、私を、その中学に送りたかった。何故なら、郡役所からの勧誘もあったし、最初その中学に、自校の優秀児を送って、他校に優れた成績を示すのは、校長として、決して、不愉快なことではなかったのだ。で、極力、私の父にそれを説きつけた」（狄嶺会・前掲書）と、狄嶺は言う。

この中学時代の前後に、狄嶺は会津の遺臣倉沢平治右衛門（「文政八年二月十五日生れで、明治六年二月十日、斗南藩士として藩主松平容大に従って五戸に来住し、五戸中の沢に住居を構えた。当時四十八歳、翁の前半生は維新の動乱場裡に馳駆し、後半生は遺臣としての節をまもり、子弟の来り求むるものには、書を講じて静かな余生を送っている。」〔鳥谷部陽之助『春汀、狄嶺をめぐる人々』津軽書房、昭和四十四年〕）の「中の沢塾」においで、四書五経の素読を学んでいる。

明治のはじめ、朝敵の烙印を押された旧会津藩士たちが、この激寒の地で、どのような生活を強いられたかは、よく知られている。たとえば、石光真人編の『ある明治人の記録——会津人柴五郎の遺書』（中央公論社、昭和四十六年。なお柴五郎は『佳人之奇遇』を書いた明治の政治小説家柴四朗〔東海散士〕の実弟で陸軍軍人、後に陸軍大将となる）などは、旧会津藩が被った流罪に等しい処遇をよく伝えている。この逆境のなかで、新政府の側に尾を振って憐れみを乞うことなく、節操を守り、子弟の教育にあたった倉沢平治右衛門の魂は、少年狄嶺の心中深く宿ったのである。狄嶺自身そのことを次のように回想している。

「私の性格の方面は、全く、需学から来て居るといふよりは、その需学の骨髄、道議的精神を、生きて、その人格の上に、無言で示して呉れた、会津の遺臣、故倉沢平治右衛門先生の感化であった。私は、この節を守って名利の念を断ち、一生貧乏でくらした老先生の許にわからないながらも、四書五経の素読を受けて、幼い性格の上にも、更に他の意識と相俟って、後年、私の良心となるもの丶種子を播き付けられたのである。」（狄嶺会編・前掲書）

この倉沢平治右衛門から受けた影響は相当大きいようで、憂国の士たらんとして東京帝国大学に進学する動機となっていることは言うまでもないが、のちに、トルストイ、クロポトキンなどに引き寄せられながらも、つねに狄嶺の内面を強く拘束し、生涯消え去ることはなかった。また、一方、狄嶺は彼の父が、いまだ帝国主義的・国家主義的主張をするにいたらず平民主義の立場から藩閥政府批判をしていた頃の徳富蘇峰主幹の「国民之友」(明治二十年創刊)、「国民新聞」(明治二十三年創刊)を愛読していた関係で、西洋思想にも目を向けることになった。明治二十九年に東京府城北尋常中学に編入学し、明治三十一年には仙台の第二高等学校に入学している。聖書耽読を日課とした狄嶺の純粋無垢の青春とは次のようなものであった。

「それは、明治三十一、二年の頃、私の未だ二十にならない時代であった。私は、土井晩翠の詩で名高くなった、広瀬川の清流に臨んで下宿して居って、仙台の学校に通ってあった、毎朝早く、流れに下って、口すゝぎ、顔洗ふてから、其儘其処に、暫く、静かに、聖書を読むのであった、それから午後は、学校の帰りを直ぐにその足で川向ふの八幡の森の奥深くに分け入って、日の暮るゝ迄、黙禱と瞑想と、聖書を読むのを以て、その頃の、私の毎日の課程としてあった、…(略)…この時、私は、独り自ら潔しとして、世は皆濁れりとした、その経験は、決して、宗教的経験の至れるものではない、然し、その時の、極度に純な、若々しい、ウブな心持ちは、未だに慕はしく、忘るゝことの出来ない『純粋感情』である。」(同書)

雑誌「北星」(明治三十三年創刊)を同郷出身の仲間とつくり、郷土へのふりかえりの眼を養っている。この頃より、トルストイへの傾斜が激しくなる。土と心を耕す思想の典型であるトルストイへの共感と熱狂は、近代日本の多くの知的青年の一度は出合う一つの節であった。つまり、国家的人間、志士仁人的生き方から私的人間、自我の自覚へと傾斜してゆく際に、そっと寄りかかりたくなる絶好の慰安場所であった。狄嶺は、この時流とは無関係にトルストイに近づいたと言明してはいるが、いずれにしても、トルストイへの感服の時期があったのは事実で、彼はこう述べている。

「それ迄、物理的な結合にしか過ぎなかった、思想と性格とは、漸く、廿代の半ば、三十前期の後半に近づくに従って、化学的な化合変化を起しかけて来て、私の生活転換の真剣な悩みは、徐々に生じて来た、私の今の生活は、この悩みを通じて、内なるものゝ、産れて来た、当時のものゝ成長であるのである。それには、何といっても、直接な原因は、段々私が深くトルストイおぢいさんのものを読み耽って行ったといふことであらねばならぬ。…（略）…感じ易い、理想的な若い青年の私には、只だモー、感激の眼を以て、何等の批判なしに、一も二もなく、トルストイのいふところに、感服したものだ、ソシテ、ドーしても、このトルストイの良心を、自分の生活の中に生かさねばならぬとの念が段々と深くなって行った。」（同書）

明治三十四年には、東京帝国大学法科大学に進学。それは、当時のナショナリズム昂揚のなかで、経世済民の志を抱いていた青年狄嶺の選択であったし、家族、郷土の期待でもあった。同郷の学生仲間と「精神窟」なる共同生活の場をつくったりしている。この頃から、「日本人」（明治二十一年創刊、明治四十年には「日本及日本人」に改称）に多くの論文を寄稿するようになる。この多くの論文のなかで興味を引くのは、狄嶺の社会主義への関心内容とその批判である。日本の社会主義の源流とも言えるものには二つのパターンがあることは周知の通りである。一つは、自由民権左派から発するもので、藩閥政府およびその権力機構に対する反発の性格を強くもつものであり、いま一つはキリスト教的改良主義からのものである。狄嶺の場合この両者を合わせもちながら、しかも、日本の尊敬する四農の一人として田中正造（他は佐藤信淵、安藤昌益、二宮尊徳）をあげていることから見ても、足尾銅山鉱毒事件の直接的影響もあったのではないかと思われる。「社会主義者の徳性」より、彼の社会主義への関心の方向を探ってみよう。狄嶺は、「社会主義なるものは極めて佳なる主義也、殊に人豪を没却せざる社会主義は最も善良なる主義也」(「日本人」明治三十六年二月五日)と社会主義に共感を寄せながらも、社会主義を唱える人間の品性のなさ、徳性のなさ、および熱誠、激情、不惜身命の精神の欠如を指摘するとともに、彼らの持する理論なるものが、日本の土壌から生れたものではなく、西欧の学説の受け売りにすぎないことを指摘している。そこへゆくと大塩平八郎などは、貧民救済への熱誠と激情によって、一種の社会主義者であったと言う。狄嶺は続けて言う。

「今ま本州の北端青森の県下、南部三郡の地に於ては、天明以来嘗て見ざる所の飢饉に襲はれつつある也、民や飢えて、又将に死せんとす、その惨状は殊更らに余の説くを持たず、世多くこれを知れり…(略)…然るに、社会主義を唱ふる所の卿等の行動は何ぞや、何人かこの地を見舞ひしや、何人かこれが為めに満都の義侠心に訴へしや、何人かこれが為めに救済の策を講ぜしや、吾人未だ不幸にしてその事を聞くを得ず、嗚呼、社会主義なるものは此の如きものなりや、徒らに会堂に立て、名を売らんが為めに声を大にするにある呼、此くの如くんば吾人は寧ろこの主義の世に無からんを望む」(同誌)

狄嶺は、この論文において、「幸徳某」、「阿部某」、「木下某」といったように、名ざしで当時の社会主義者を攻撃している。攻撃の基は、前にふれた倉沢平治右衛門から受けた禁欲的憂国の士の感情であった。この狄嶺の社会主義者攻撃は、同誌上においても、当然のことながら反論を呼んだ。「万朝報」の黒岩周六(涙香)の社会主義者弁護の論に対して狄嶺は、さらに「社会主義者の徳性附言」を書いた。

「社会主義の事業は単に経済的政治的に非ず、実に宗教的道徳的也と、故にこの主義を宣伝するものは、須らく殉道者の覚悟と品性とを以てせざるべからず、世の政治家輩と同一線上にある特性を以て満足すべきに非ず、一度び演壇に立たば、不言の裡に満堂を風化するの気品なかるべからず、」(「日本人」明治三十六年三月五日)

これより少しおくれて狄嶺は、「社会主義者の非戦論」を書き、実利主義が跋扈する風潮に対し、大理想を掲げる社会主義に彼はここでも彼なりの賛意を表しているのである。

大理想をおおいに歓迎し、社会主義に共鳴しながらも狄嶺は対露開戦の立場をとる。トルストイへの心酔や社会主義的正義への共鳴と日露開戦論支持の立場とが、狄嶺の心中では矛盾することなく共存していたのである。このことを狄嶺の論理的矛盾、思想の未消化と呼んで放擲することは容易である。しかし、それは余りにも当時の日露両国の国勢を無視し、小国日本から生起してくるナショナルな感情の微妙な響きを無視したやり方であると言わなければならない。高橋菊彌もいうように、当時「先進列強に伍して、新興民族国家の独立を護るという課題は、大国ロシヤの国権意識とは比較にならぬものがあったとは言えよう。日本の明治に出発した社会主義は、時あたかも日露戦争の前夜にあたり非戦論という重大な試金石を課せられ」（「江渡狄嶺研究」第十四号、狄嶺会、昭和四十四年十二月）ていたのである。しかし、やがて狄嶺は「当面の問題」（「日本人」明治三十九年一月一日）などにおいて、日本の帝国主義的膨張主義に対して歯止めをかけるべく批判的見解を表すようになる。

それはともかくとして、この狄嶺の社会主義者に対する批判、あるいは注文は、じつに精神的・道徳的なものからなるものであり、ちょうどそれは河上肇が明治末期に示した国士的発想を基底にして、社会主義を政治経済以外の道徳的・倫理的問題として見たのと似ている。たとえば、河上が「今日極端なる社会主義者の道徳観に至っては、物資を重んずる甚しきに過ぎたり。其の弊や、個人の道徳的責任を解除して之を社会制度の責に帰せしめ、個人をして正心誠意の修養を無視せしむるに在り、甚しきは則ち良心の明暗を目して食物の良否に因ると為すに至る」（『河上肇著作集』第一巻、筑摩書房、昭和三十九年）というところなどは、狄嶺の所論とよく符合する。社会主義的心情と国士的心情および国家主義的心情とが、彼らの胸中には混沌としてあったのである。これは二人がそうであったと言うよりも、多かれ少かれこの当時に生きる経世済民的志向をもった明治の知識人の志士仁人的気負いとも言うべきものであったように思われる。
大学時代に狄嶺の心を大きく動揺させた思想家にナロードニキ的無政府主義者のクロポトキンがいる。
「私の生活良心に、トルストイと相俟って、決定的な影響を与へたものに、今一人の恩人がある、それは、矢張り露西亜の、クロポトキンである、トルストイは、殆んど九分通り迄私の生活良心を決定した、然し、私は、トルストイの宗教的、倫理的な根柢の上に、今少し、社会的経済的な理由をほしかった、それを与へたものは、クロポトキンで、この二人で、最後の、私は性格と意識とを一にし、全良心を動かして、生活を転換せしむる力をなしたのである。」(狄嶺会編・前掲書)
『パンの略取』、『田園、工場、仕事場』などは、トルストイの作品以上に狄嶺の心を奪い、彼の行くべき道を強力に指示した。クロポトキンとの出合いは観念的に帰農の詩を唄う詩人狄嶺を生活実践人狄嶺に転換せしめる一つの大きな要因となっている。
「トルストイにはぐくまれた、私の生活良心は、クロポトキンに至って、今は只だ、その実行、開闢、着手を待つばかりに育て上げられた。生活の転換！　“V-Narod”――人民へ、先づ、これ等の多数と同じ労働の生活へ。Exodus! 一切の過去には終りを告げ、新しき将来に、始めをなさねばならぬ。」(同書)
もちろん、狄嶺をして大学を去らせ、帰農せしめたものが、このクロポトキンの影響のみに限定されるものではあるまい。そこには大西伍一が言うように、関村ミキとの恋愛、結婚という問題も大きく影響していたようである。大西の言はこうである。
「わたしどもは今までに狄嶺の大学中退について、よくこんな勇ましいことを言った。『トルストイやクロポトキンに感激して、大学を放棄して、決然として鍬をとって武蔵野に立ったのだ』と。しかし狄嶺の伝記をよく調べてみると、そんなに単純な思想的動機からだけではあるまいと思う。もっとも大きな原因は、ミキ夫人との恋愛に端を発した違算のためであったろう。お二人とも旧家の跡継ぎであったので、どちらも籍を変える許しが出なかった。…(略)…若きミキ夫人は、翌三十九年三月には女学校を卒業して袴をぬいだ。翌年八月には長女不二を出産。やがてこの子を抱いて郷里の実家へ帰っていった。狄嶺は一人東京に残って学生生活をつづけていたが…(略)…そのうちに狄嶺は、とうとう自分も大学を捨てて、夫人の実家へ身を寄せるようになった。そのころのやるせなさは、想像するさえ気の毒である。」(『江渡狄嶺研究』第十七号、昭和四十六年十二月)

いずれにしても、狄嶺は明治四十四年三月二十一日、徳冨蘆花の世話で、東京府千歳村船橋に一軒の空家とわずかな土地を借りて帰農する。家族はもちろんのこと、郷里全体が彼のこの決断を常軌を逸した行為とみなし、無頼漢視した。父親は息子のこの行動にショックを受け、死期を早めたという。狄嶺、ミキ、そして青森県五戸から迎えた狄嶺の親友小平耕次郎の弟小平英男の三人による農耕生活がはじまるのである。農場を「百姓愛道場」と名づけた。大正二年には家主の都合で高井戸へ居を移している。

農耕生活への道はこうして曲がりなりにも実現可能となった、しかし狄嶺にはいま一つの内面的もつれがあった。なぜ、己はクロポトキンのように社会革命家としての実践の道を歩まないのか。なぜ、己の全生命を労働運動、社会運動に没入しえないのか。厳しい問いかけをもつ時期があったのである。この問いの解答として、狄嶺は、かつて堺利彦が「日本人」誌上で社会運動からの逃避者について論じた「四種の半無意識運動」への感想文をあてている。狄嶺の弁明はこうである。

「僕はドーもマルクス以後の科学派といったやうなものより、その以前のユートピア派といったやうなものだ、で、僕には、社会進化の理法といったものよりはより多く社会進化の理想といったものゝ方が目につく、ソシテ僕はその理想を直ちに行はうとする、…（略）…モ一つある、その唯物史観が、態度が純客観的であればある丈けドーしても永久の支配手段を認めねばならぬといふことだ、いふ心は一つの支配手段が他の支配手段を予想せねばならぬといふことだ、で、唯物史観の解釈する事実は決して全然の解決ではない、只だ現在の関係の解決だ、その解決のあった暁、他の知らざる関係が又生ぜぬとは誰がいひ得よう、」（狄嶺会編・前掲書）

この考えは狄嶺の終生変らぬ基本的生活態度となっているもので、社会主義者、アナーキストたちとの接触を多く保持しながらも、彼らとの間において、つねに一線を画するものとなっている。あらゆる権力、あらゆる支配から自由でありたい、権力を奪うとか奪われるとか、といったような場所とはできるだけ無関係で、土と心を耕しつつ生命の充足をはかろうとするのが、狄嶺の希求する世界であった。柳田国男が狄嶺を評して、「土に親しむ穏健なアナキストともいふべきタイプ」（『定本柳田国男集』別巻第三、筑摩書房、昭和三十九年）と述べたのは、けだし至言と言うべきであろう。多くの人が認めているように、狄嶺は、いわゆる「運動ぎらい」なのである。俗にいう「運動家」が純粋に働く人を食い物にしてきた史実を狄嶺は知っていたのである。「運動ぎらい」のゆえで彼の卑怯さを云々するのは当たるまい。

農民としての狄嶺の生活は楽ではなかった。牧歌的田園賛美主義者の遊戯的農業など、どこにもなかった。麩を食い、堤の草を食みながら露命をつなぐ。しかし、この外的障害は、それほど狄嶺の内面をおびやかすものとはなっていない。むしろ真の苦悩は、生計が成立するようになってからはじまる。理想に燃えての農耕生活も、結局思想的には他からの借り物に依存してのものでしかないその己の生活に激しい不信を抱いてしまうのである。

「最初の四、五年の間は、経済的には最も苦んだが、他人の借りものではあつたけれど思想的には実にいゝ気なものであつた。…（略）…本質的には、生活は生活、思想は思想である寄木細工の戯論に過ぎないものであり、賽の河原の子供の石積みたやうなものであつた。丸で内面は散々の体であつた。」（狄嶺会編『江渡狄嶺選集〔下〕』）

そしてなによりも、己自身の生活転換に際しての、ある種の驕慢さが許せなかった。常人とは別格の犠牲をともなった美的生活であるという思いに自己満足し、陶酔していたトルストイアンの亜流の域を出ない、己自身を恥じ入るにいたる。過去の一切を捨てたとはいっても、その過去とは己のある種の特権を利用して他から借用してきたものにすぎない。借り物による農の正当性、農の価値づけがなんになる。ここに狄嶺の新たな悩みがはじまる。しかし、この悩みは、彼独自の世界を切り拓くための決定的礎となるものであった。

狄嶺はついに農は農でよいという境地に到達する。農の価値を他から借りてきたものによって位置づけ、国家存立の精神的基盤であるなどと大言壮語する必要はない。農本主義者特有の神がかり的な農の高唱、宣伝は狄嶺のとるところではない。ましてや、国家製作に便乗して、一つの組織的権力を志向するために、農を抱き込むようなことは断じてしない。ただ黙々として、生活そのもののなかから生れる言葉のみを語り、信じて生きようとする。帰農後十余年にして狄嶺が到着したこの世界は、まさしく道元の「祇管打坐」の境地であった。くる日もくる日も、ただ、黙々と土を耕せばそれでいい。如何なる理屈も、意味づけも不要である。「僧堂」での祇管打坐ではなく、「畑」のなかでのそれであった。

以後、借り物による生との訣別を告げ、無理することなく、「ホントーによい事」をして生きようとする。生活と思想の間に、一分の隙孔も許さない世界を狄嶺は築いてゆくのである。さきにあげた長谷川如是閑の「舌から出たことばではなく、頭から出たことばではなく、身体から、生活から、汗のように滲み出した」言葉を語るところまで狄嶺はきたのである。

満州開拓

昭和の農本主義者――加藤完治の場合

昭和の農本主義が昭和初頭の農村恐慌にその出自をもつことは、いまさら、いうまでもない。未曾有ともいえるこの期の農村恐慌は、それまでの「農」を孕みながらの鬱屈した情念を、さまざまなかたちで噴出させていった。井上準之助を暗殺した小沼正の「国家革新」の動機にも、明らかに窮迫した農村の現状があった。小沼は「上申書」の中で、次のような農村風景を描いている。

「六月私は農村の実地を知りたいと思ふて〈わかめうり〉に出かけた、茨城県下の農村、千葉、東京近在の農村を視察した、驚く勿れ農村には五十銭玉一つない家が多かった。農民の語る処によれば、〈不景気で生産物は安価で、購入する金肥などは高い、税金はかさる、でやりきれない、何とかよい世の中でも出来ませんかね〉と望んで居る、六月であるから田植時であるが農家の倉庫に米一ツブない、倉は空っぽだ、今後どうして暮すのか？　肥料は？　借金だ、高い利息のつく金を、肥料はこの米の出来るのをかたに肥料を借りる、出来ると借金の利子と肥料代と納税にとられて仕舞ふ、残った物は掌にまめ位な物であると、悲しい話だ、百姓が米をつくって、米食へんと云ふのだから、日本の国も末になった。」（『現代史資料5――国家主義運動〔2〕』）

事態は来るところまで来ていた。昭和七年六月、非常事態収拾のために召集された第六十二臨時議会には、種々の農民団体の請願運動があいついだ。借金の棒引き、軽減、償還延期、農産物の価格引き上げ、国家の損失補償、肥料資金の国家補償、利子および税の軽減などが農業恐慌対策の合言葉として全国に流され、時局匡救の焦点は農村問題に集中された。農山漁村経済更生運動が産業組合を中心に展開され、精神主義が高唱された。

農本主義がこのような農村危機を心情的に理解し、その救済のために登場することはいうまでもない。しかし、昭和期における農本主義の出自をこの点にのみもとめることは、農本主義を底の浅いものとして過小評価することになるし、なによりも農本主義の魔性を見失うことになる。たしかに、権藤成卿、橘孝三郎などの農本主義者が、農業経済崩壊の実体に無関心であったわけではない。彼らはそれぞれの立場からの農村自救論を唱えているし、自ら主導的立場に立って行動もしている。しかし、彼らの思想の核となっているのは、産業としての農業というよりは、むしろ観念世界での「農」とか「土」とか、自然を基底とする共同体の擁護という点にあるのは明白である。さらにいえば、西洋の物質文明、科学技術文明、ならびにその模倣である日本近代に対する彼らなりの疑念である。このことをとらえて、農本主義者のプチブル的観念性ときめつけることはたやすい。しかし、農本主義の意味を問うということは、そのような単純なところにあるのではない。たとえ彼らの思想の論理的矛盾をあばき、またその観念性を突いたとしても、その思想が現実世界において、ある物質的な力として作用したことの内在的究明にはならないのである。この期における農本主義が、あるたしかさをもって機能しえたのは、たとえそれが形而上のものであったとしても、人間の生存の核心にふれるものをもっていたからである。日本近代化によってかたちづくられた支配のための論理が、社会のすみずみまで浸透し、そのことによって人を疎外状況におとしいれたとするならば、その疎外をおしすすめる論理からみれば、まったく非論理的なかたちで、「生」への希求が生起してくるのは当然というほかない。この「生」への希求が自然への回帰、土への回帰、農への回帰につながるのは、自己の存在拘束性の時間的長さからくる必然である。「生」の希求を強くもつ土の思想、社稷の思想は、日本近代、および近代国家を峻拒する。この伝統的農本社会の農耕的生活体系そのものを価値とする思想は、明らかに共同幻想としての国家の思想とは次元の異なるものである。社稷と国家は別物であり、社稷は生活そのものである。そこにあっては政治とはその社稷を守りぬくことであり、何人といえどもその社稷を私することはできない。したがって、社稷を基とする自治主義は国家主義に対峙する。社稷の思想は民衆の自然な心性を発意としながら、国家権力からの永久的な訣別をねらった。民衆の心性の基底に執着することによって、日本の近代国家がつくりあげた諸々の価値を引きずり降ろし、相対化しようとした。権藤は社稷体統の自治によって国家を超えようとし、橘は一切の生命の根源を土に置き、背土的日本近代の自滅を警告する。そのかぎりにおいて、彼らの農本主義は強権的支配的政府を否定し、私欲の体系としての資本制社会を批判し、官治主義を撃つことは可能であった。しかし、権力のイデオロギーが社稷や自然を簒奪して、みずからの構造の中へそれらを引っぱり込んでしまった時、彼らの思想は国権の側に吸収されてしまった。なぜか。それは菅孝行もいうように、権藤や橘は「天皇制的共同性の数千年の時間の集積をてこにして、この批判を展開した。即ち、社稷をキイ・ワードとして、これを展開した」(「超国家主義の命脈」『第三文明』昭和五十年二月)ため、「自らの駆使したキイ・ワードが抱いている時間の魔性に背後から襲われ」(同上)てしまったのである。社稷は近代国家を撃つことはできても、宗教としての天皇制を撃つことは不可能である。それは、支配すらも自然にみえるような天皇制のもつきわめて作為的なエセ自然性にしてやられるからである。

要約すれば、以上が昭和の農本主義の主題ということになるが、これからふれようとする加藤完治（一八八四〜一九六七）の場合、権藤や橘とはかなり異なった軌跡をもつ。私はかつて橘に加藤との交流がなかったことについて、その理由を問うてみたことがある。その時、橘は次のように答えてくれた。

「加藤完治はだめだ。そうだろう、自分で百姓をやらんからな。わしは百姓をやって食ったんだから。あれは喋って食ったんだ。人はいいんだが、農業上の生き方がだめだ。まだ山崎延吉の方がましだ。あいつだって武者小路に毛のはえたようなものだけど。武者小路はペチャクチャ喋るだけで、喋っている間に草はぼうぼうになっちゃうよ。草ではわしも泣いたからな。しかし加藤はわしを尊敬していたよ。だってそうだろう。わしは家内ともども百姓やったんだからな。」（昭和四十六年三月二十六日）

加藤が橘をどう思っていたかは別として、この話をそのまま受け取るとすれば、同じ農本主義と呼ばれながらも、両者の間には、農へのかかわり方のうえで、かなりの異点があることを想像するのは、そう困難なことではなかろう。加藤の全生涯を詳述する余裕はないが、橘をして「あれは喋って食ったんだ」といわしめた加藤の農本思想の構造はどのようにしてつくられ、どのような結末をとげたかをさぐってみたい。

加藤は明治十七年、東京本町に旧士族の子として生れている。家は明治維新以降、隅田川のあたりで炭問屋を営む。父は加藤の生れる一カ月前に、また、祖父は加藤が三歳の時、他界しているので、彼が幼年期に影響を受けたのは、祖母と母、それに、父親がわりになってくれた叔父の三人ということになる。加藤の母は叔父に世話になっていることを日頃から心苦しく思っていた。また、叔父は息子一人を育てるのに十九歳の時からやもめ暮しをしている加藤の母が不憫でならず、縁談をもちかける。母は意を決し、金沢の羽村家に嫁ぐ。嫁いでからも彼女の不運は続き、三人の子を生んだが、そのうちの一人を結核でなくし、夫も結核に罹り、収入の道はとだえる。彼女は納豆売りをして、病む夫の面倒をみ、二人の子供を育てた。夫は彼女の看病の甲斐なく、三年後に他界する。やむなく彼女は二人の子供をつれて祖母と加藤のもとに帰る。加藤はその時、すでに金沢第四高等学校に入学していた。その後、母は過労のため結核で、祖母は心臓病で他界する。加藤の青春の煩悶はこれを契機にはじまる。当時を回顧して彼は次のようにのべている。

「何となく世の中の無情を感じ今まで思ったこともない寂しさが、身にしみて来るようになった。学校を卒業したら、祖母や母に喜んでもらって、長い間の苦労を慰めてあげたいという目標が、両人の死によってすっかり暗になってしまった。十月の頃になると、金沢という所は、晴天の日が少くて、来る日も来る日も雨が降ったり、霰が降ったりして真に陰気な日が続くのである。僕の心はそのために一層めいってしまう。」(「自叙伝」『加藤完治全集』第一巻)

悶々とした日々を送る彼の前に女神のようにあらわれたのがミス・ギブスンというアメリカ人宣教師であった。彼女の人格的影響によって、キリスト教信仰に入り、やがて植村正久の弟子の一人、富永徳磨より受洗し、キリスト者になる。明治四十年、加藤は東京帝国大学工学部に入学するが、一学期も終らないうちに大病にかかり、三年間休学、療養生活を送り、その後同大学農学部に編入する。当時のインテリ、学生が例の大逆事件(明治四十三年)を契機に、あてどない観念の彷徨にあえいでいたように、加藤もその渦中に身を沈める。その頃、加藤は木下尚江、南天棒、西田天香、岡田虎次郎、徳富蘆花などに会っているが、この人選の仕方をみても、彼の内面世界の動揺が察せられる。明治四十四年に大学を卒業し、内務省および帝国農会の嘱託となる。この時期に不治の病と知りながら生活を共にしていた恋妻の死に直面する。明治四十一年に設立された帝国農会は、初年度の事業の一つとして「中小農保護政策の調査」を決定し、加藤と那須皓に委嘱している。当時この中小農保護の問題は、単なる農政の領域のみならず、社会政策上の重大問題の一つでもあった。しかし、加藤は「当時の仕事は、新刊の洋書を翻訳して、これを上役に提出したり、雑誌に載せたりすること等であったが、僕はこんな仕事が、中小農保護政策と何の関係があるのかと自問自答して苦しんだのである。」（同上）とのべ、この仕事に積極的意義を見出してはいない。

時代背景は、そのような彼をいよいよ内面化させてゆく。日露戦争以後、ともかく日本の国際的地位は安固なものになってゆき、明治の前期に見られた憂国的緊張は弛緩した。しかし、国際的地位の向上が必ずしも民衆一人一人の生活利得に結びつくものではないという自覚が、民衆のうちにみられていた。その失われゆく国家のビジョンは、母を失い、恋妻を失い、キリスト教の愛を疑い、役人生活に飽き足らなさを感じていた加藤を、いよいよ絶望の淵に追いやった。ところが、こうした煩悶を続ける加藤に、ある日突如として苦悶解消の機が訪れる。それは那須皓に誘われて赤城山に登り、遭難して、死に直面した時のことである。

「赤城山上において死に直面して、〈我生きん〉と言い放ったその瞬間、暗き天地が明るくなった。それ以後もはや僕は盲動はしない。旅館について益々道が開けて来て、我生きんと決した僕は、直ちに〈衣食住の生産に努力するは善なり〉とのモットーを心に持するに至った。しかり、僕は生を肯定して、はじめて農の意義を明確に悟ったのである。」（同上）

ここから加藤と農のかかわりがはじまる。それ以後は、彼は衣食住の生産に従事することのみを人生の目標にし、内務省、帝国農会を去り、農民になることを決意する。決意はしたものの耕作する土地もなければ、資本もない加藤は、縁あって山崎延吉の安城農林学校の教師になる（大正二年）。筧克彦の古神道にふれたのはこの時期である。筧が講演のため来校したのである。この筧との出会いは、加藤の農へのかかわりを決定的なものにし、彼の農本思想の構造的核になる。筧の説く古神道とは「隋神道（又惟神道と書く）を指すので、最初に日本民族の真心を通じて先づ其中に実現せられた真道」（『国家之研究』第一巻）であり、日本民族が人類および宇宙の表現者として、そのもっとも深いところに実在する大生命を実現することである。したがって、「少くも皇国の政治法律道徳美術風俗習慣等に至るまで、皆古神道の顕はれであり、古神道の基礎の上に其各々の価値を有するものであって、古神道は是等一切の普遍的根底」（同上）となる。彼は二種類の神を設定し、それぞれの神について次のような説明をしている。

「第一種の神は唯一の天之御中主神である。此神は世界の中央にして其根底たる神で、又実に一切に遍満して居る神であるから、宇宙一切の真の大生命であり、一物として其顕現に非ざるはない。…（略）…古神道の第二種の神は是等無数の表現者にして、即ち八百万の神である。此無数の神々には唯一の天之御中主神の表現者で、必ず其表現の分担を有するが故に、其性質其作用に於ては有限の方面もある。」（同上）

そして、「天之御中主神の表現者として世界の創造化育生成者として世界と対立する神を高皇産霊神、神皇産霊神とする。」（同上）その神と一体をなしているのが現人神である天皇ということになる。万物はこの天之御中主神の顕現で、農作物も土もこの神のあらわれであり、そこには神々と人間との区別もなければ、人間と万物との区分もない、という。加藤の強調する「創造」、「化育」、「生成」という人間と作物との一体化などは、この筧の説をもとにしたものである。「創造」とは、われわれがものを作る際に、命のないものに、われわれの命を吹き込むことであり、「化育」とは、命あるもの同士が互いに向きあって、一つの生命が他のそれを刺激し、これを円満完全に発展さすことである。「生成」とは、自己の生命の反省で、生命あるものが、己を己で磨いてゆくことである。この三つのものが連続し、循環する時、あらゆる生命は発展し、完成する。しかも、その際、強力な神の力がはたらくのであって、人間はあくまで助成の役であり、それ以上のものではない。その助成ということを自覚しながら、己の生命を捧げる覚悟を農民魂という。農業とは、対象物である作物に、全身全霊をうちこみ、捧げることであり、自我をとりはらうことである。これは天皇の国、大日本に自己を捧げつくす日本精神とその真髄を一にするという。

大正四年、加藤は安城農林を去り、大正天皇の大典記念として、内村鑑三の弟子である藤井武の努力によって設立された山形県立自治講習所の所長として赴任する。この講習所では、もっぱら大和魂の陶冶に全力を注入し、各荒地の開墾を農業実習と称して行なっている。ここに捧げられた情熱は、のちの日本国民高等学校、さらに、満蒙開拓にむけての準備となるものであった。

十年後、すなわち大正十五年、加藤は茨城県友部に石黒忠篤、那須皓、山崎延吉、小平権一らを設立発起人とする日本国民高等学校の初代校長となる。教育方針は一貫して心身鍛錬に重点をおき、教職員生徒は寝食をともにしながら、各自の分担作業を行なうことを通して、皇国精神の実践的体験、すなわち、皇国の真生命を直観し、その生命の弥栄に帰一すべき農民をつくることにおかれていた。加藤にいわせれば、こうである。

「この学校は自治講習所と同じように職員と生徒がお互いに大和魂の磨（みが）き合いをする学校だから職員がまず一心同体でなければならぬし受持分担をしっかり守る人でなくてはならない。そして生徒をどのような農民に仕上げるかが問題である。確固たる人生観と錬磨されたる日本魂を涵養（かんよう）すると同時に農業経営上、農村生活上必要なる生きた知識技能をできうる限り修得せしめるように努めようと考えている。…（略）…そもそも従来の農業教育というものは多くは労働忌避の人、農業の実地的経験を積んでおらない人が、単に書物だけを読んで、そして頭で考えてそれを教えるにすぎぬようである。」

（「加藤先生　人・思想・信仰〈上巻〉」『加藤完治全集』第四巻）

この日本国民高等学校の経営は、赤字の連続であったが、おりからの知育偏重、つめこみ主義、受動的学習に対抗する意味での新教育運動などの時流に、形の上で乗ったということもあって、ある程度の社会的評価を受けたといえる。

このような農民教育をほどこしていた加藤にとって、教え子の次の質問は、まさに肝を冷やされるものであった。

「『先生のお話は能く分りましたけれども、私は小作人の子供でありまして、耕す土地もありませぬ。家から資金を貰うことも出来ませぬ。私は農業ができないのではない。腕はあるし、何とかしてやりたい。先生のお話を聞いて茲に自分は農業をやりたくなったけれども何処でやるのですか。』と四人の生徒が私の所に来て泣き出したのであります。」(「日本農村教育」『加藤完治全集』第一巻)

農村中堅人物の養成を目的としてはじめた加藤の農民教育も、その実践の場がなくては意味をなさない。彼は必然的に土地問題に直面する。地主制度に手をつけない限り、残された道は植民しかない。植民は教育の延長という苦しまぎれの農民教育の論理が必然化する。ここから加藤の満蒙開拓への道がはじまる。

昭和六年、日本が満州侵略を全面的に開始し、関東軍の力によって、張学良の権力を駆逐するや否や、加藤は時の農林次官石黒忠篤、農林省農務局長小平権一、京大教授橋本伝左衛門、東大教授那須皓らと手を組み、六千人満州移民案をうち立てた。昭和七年七月、加藤は渡満し、関東軍から奉天北大営の張学良の兵営跡を借りて、日本国民高等学校の分校をつくり、満蒙移民の中堅人物の養成、ならびに、満州における営農の実験を試みていた。同年同月、関東軍石原莞爾の紹介で、加藤は東宮鉄男に会う。この二人の出会いはその後の満蒙開拓の道を決定づけるものとなる。二人が会った翌月の八月には早くも第一次武装移民が募集され、十月には選出されている。二人の出会いを宗光彦(第二次千振開拓団長)は歴史的会見と称して次のように記している。

「七月十四日、加藤氏と東宮大尉との歴史的会見が奉天、大丸旅館の一室に於て行はれた。加藤氏は春以来、東京と奉天との間を屢々往来して満州移民速進《ママ》の運動を続けてゐたが、北満に移民を入れたいと云ふ熱烈な意見を関東軍に具申して来た東宮大尉と加藤氏とが会見してそこに何か進路が見出されぬ筈がなかった。俄然、移民事業に黎明の鐘声が鳴り響く時が来た。加藤氏は怱惶として、奉天を立った。氏を送って安奉線の列車内に移民事業の方針を語り合った時の氏の顔は、あのぼうぼうと生え放題に生えた鬚の中に、包みきれぬ喜びを綻ばしてゐた。氏は帰京直に政府と交渉し、其の間、幾多の難関を乗り切って遂に、氏の熱意は試験移民団送出に成功したのであった。」（満州国通信社編『満州開拓年鑑』昭和十七年版）

第一次武装移民団は、三江省樺川県佳木斯の永豊鎮に、第二次は、七虎力に入植した。のちにそれらは「弥栄村」、「千振村」と呼ばれた。これらの地方の治安状況は非常に悪く、反満抗日遊撃隊討伐が日課になってしまっていた。やがて第一次移民団の代表が、村の警備指導と関東軍・吉林軍への連絡、交渉の拙劣、農機具計画の杜撰さ、農作業指導の不良、経理業務の混乱、幹部の横暴などを理由に、東宮に幹部の更迭を要求する声明と決議文を提出するという事態が生じた。また、反満抗日運動骨抜きをねらった武器回収を契機に、土竜山事件が起きた。武器回収が直接の契機になったとはいうものの、この事件発生の根源には、入植移民団による土地買収という根の深い問題があったのである。加藤にとって「土」が生命の根源であるならば、奪われる側の農民にとっても「土」は生命の源泉であり、住み慣れた土地を不法に買収されることは、命を絶たれることと等価であったはずである。この蜂起が地域ぐるみの闘争であったことは、そのことをより一層明確に教えている。山田豪一は、この事件を次のように意味づけているが、けだし至当というべきであろう。

「この暴動によって第一次・第二次移民団は多数の死者と退団者をだし、あまつさえ、かれらによる農耕作業をおおいにさまたげた点で、移民団自体にとっても土竜山事件は大事件であったが、それよりも、加藤完治・拓務省側、東宮鉄男・関東軍側の移民進出論者を今後送出をつづけていくうえでの一大難関に逢着させた点でより重大な事件であった。…（略）…土竜山事件は移民に割り振られた役目、入植して治安維持にあたるということと、入植することがかえって農民の抵抗を助長し、治安を悪化させるということとのあいだの移民送出政策のうちにある矛盾をあからさまにした。この点を反対論者からつつかれたわけである。準備中の九年度送出予定移民は一部を取消、一部は入植者を変更しておくりだされることとなった。」（「満州における反満抗日運動と農業移民〈中〉」『歴史評論』昭和三十七年七月）

劣悪な生活条件に加えて、土着中国農民の反撃に日夜悩まされるという状況の中で、次々と脱落者がでた。このことを重くみた東宮および加藤は、脱落者は、農村に生れながら学問をし、農業に従事せず、事務員をしていた者、比較的裕福な生活をしていて新聞、雑誌の満州熱に煽動されて志願した者などであり、同一条件におかれながら、脱落しなかった者は、日本国民高等学校の出身者であり、貧困で活路を満州に求めようとした純真な年少者であると判断し、しだいに、成人移民にかえて青少年移民政策を考えるようになる。

昭和十二年十一月三日、「満蒙開拓青少年義勇軍編成に関する建白書」が、農村更生協会理事長石黒忠篤、満州移住協会理事長大蔵公望、同理事橋本伝左衛門、同那須皓、同加藤完治、日本連合青年団理事長香坂昌康の連名でだされた。いま、ここに建白書の全文を引用する余裕はないが、その一部をあげておこう。

「満蒙開拓青少年義勇軍のなさんとする所は、わが青少年を編成して勤労報国の一大義勇軍たらしめんがために、全満数か所の重要地点に大訓練所を設けてここに入所せしめ、開拓訓練即教育、軍事教練即警備なる現地の環境に即せる方法によりて、日満を貫く雄大なる皇国精神を錬磨せしめ、これをもって他日堅実なる農村建設の指導精神たらしめ、併せて満州農業経営に必要なる智識技能を修練せしむるにあり。…

（略）…若しそれ刻下の情勢において、かくの如き多数青少年子弟の応募を期待し得るや否やの問いに対しては、われ等は断じて憂うるの要なしと明言せん。何となれば、これを現在わが国人口構成の統計に見るに、満十五歳以上十八歳の農家子弟大約百五十万、その内郷土を離れて他に職を求むるのやむなきもの大約七十万を算す。…（略）…要するに青少年義勇軍の挙たるや、現下の大勢これが即行の要を告ぐること洵に急なるものあり。現地においては、すでにこれを迎うべき万端の用意あり。国内においては巨万の子弟農村に待機せり、冀くは国策としてこれを採り、即時断行、もって日満両国の根底を不動ならしめ、東洋永遠の平和を確立せられんことを。敢て非礼を顧みず…」（満州開拓史刊行会『満州開拓史』）

応募資格は十五歳〜十八歳の心身ともに健康な青少年で、試験は体格検査と簡単な口頭試問であった。各県ごとに希望者を募り、地方自治体、ならびに諸学校の積極的協力によって、第一期で九九五〇名という成果をあげた。もちろん、この成果は地方自治体や学校の支援だけによるものではなく、背景には右の建白書にもみられるように、郷土を離れ、ほかに職を求めざるをえない子弟が約七十万人もいたという現実があったということも忘れてはならないのである。（もちろん、私は彼らが食えないからという理由だけで志願したとは思わない。そこには、彼らなりの憂国のおもいがあったろうし、軍人への憧憬もあったと思う。）

採用者は内原訓練所で二カ月の訓練を経たのち渡満して現地訓練所に入る。ここで約三年間の訓練をうける。現地訓練を終えると、政府の補助金を受け、建国農民になるというものであった。加藤は少年の渡満壮行式において、つねに「丈夫で仲よく迷わずに」という訓話を行なっている。こうして、加藤の送り出した少年の末路がどのようなものであったかは、いくつかの義勇軍、あるいは開拓団の「顛末記」が教えてくれているところである。いまだ母の膝の上で甘えたい年ごろであり、夜には寝小便をする者もいたという十四、五歳の少年が、鋤一本を肩に、遠く故国を離れ、北満の荒野に送られた。その数八万数千名、そのうち二万数千名が死んでいる。

ここに元第三次柏葉義勇隊宮本中隊（この隊は昭和十五年三月に内原に入所、同年七月に渡満している。渡満人員は三〇五名）の一人小林夕持という人の綴った『ヤチボウズの根性』（昭和四十四年）がある。「終末」の一部を引いておこう。

「八月九日十時頃よく晴れた暑い日である。遥るか虎林の彼方より一本道を飛んで来た五十鈴義勇隊開拓団の乗馬連絡は運命の悲報を告げた、ソ連軍虎頭に侵入団員は適当な方法で退避するようにとのこと、適当とは何か情報はそれだけである虎頭にはリッパな要塞があり虎林にも要塞がある、…（略）…多くの血と汗少年達の魂となった第二の祖国。数時間あたりを見守って見たが何も異常は起らなかった、午後一時幾度か振り帰り《ママ》異常のないことを確めながら又帰るであろう柏葉を其のまゝに、一路虎林街に向け馬車を走らせた。五十鈴まで行けば何かわかるだろう。やがて小七虎林河を渡り柏葉は見えなくなった。夕刻五十鈴開拓団部落について驚いた事に家屋は放火再び戻らない様子だ、二人は五十鈴開拓団員の男女が右往左往する中を先きに預けた柏葉開拓団員の荷物小屋に行き各自の何か記念とすべき物だけでも持帰ろうと相談して数百の荷物に手をつけた、が情勢はそれどころではなかった。泣きさけぶ子供の声、団員の叱たりする怒声を耳にして、石油カンを持ちこみ心残りないように火をつけた。…（略）…北満の一塊の土と共にソ連戦車のキャタビラにまみれウスリー江の流れに、我等が少年義勇軍の赤い血がそゝがれた。豊であった大陸行進曲の足音が消え、再び帰り来たらぬ少年義勇隊の魂は果しない北満の荒野をかけめぐるであろう。」

いま一つ、元青少年義勇軍の一人、渡辺行男という人の声をあげておこう。

「怒濤のような歴史の流れ、戦争の渦巻きの中でむなしく消えていった若い命は多い。〝若い血潮の予科練〟、〝聞けわだつみの声〟、〝あゝ同期の桜〟さらには〝姫百合の塔〟など。それは戦争否定の強烈なプロナウンとして悲しくも、また鮮やかである。しかし、その中で、なぜかいまだに知られざる少年のグループがある。その数、実に八万数千。波高き日本海を渡って赤い夕陽の満州で、黙々と鋤を振るっていた十四、五歳のいたいけな少年たちだ。…（略）…〝関東軍はどこにいる〟少年たちは絶叫した。何かあれば関東軍が助けにきてくれる。関東軍は世界一の軍隊なんだ。そう信じて毎日、無気味な国境で鍬をふるっていたのだ。ドラム缶の集積された基地の一隅で、二人は手をとり合って泣いた。凄い豪雨がきた。そして夜――疲労と空腹、恐怖の中で二人は抱き合って泥のように眠っていた。やがて深夜、突如エンジンの音、幾台かのトラックが町へやってきた。〝関東軍だ！〟二人は戸外へ飛び出した。まばゆい前照灯――。両手をひろげた二人の前に次々とトラックが止まった。〝義勇軍の二人です。乗せてください！〟トラックの後ろに回ってボディに手をかけたとき、冷たい自動小銃と耳なれぬ怒号。ソ連兵だ。関東軍ではない。全身を恐怖がつきぬけた。ヘタヘタと二人はすわり込んだ。身体検査、訊問、死の恐怖の中で二人の道はシベリアへとつづいた。」（『潮』昭和四十六年八月）

このような事実、このような声を義勇軍の生みの親の一人である加藤は、どのように受けとめたのであろうか。彼が自らの行為に対して、一切責任を感じていないということはない。たしかに、一時「坊主」になろうとか、死んで責任を償おうと思った時期もある。しかし、彼の筧克彦の古神道に裏づけられた農本思想は、いささかも変ることはなかった。そして、なによりも恐ろしいのは、満蒙開拓という運動のための最大の犠牲者である中国農民に対して一片の詫言もないということである。侵略の犠牲になった数多くの中国農民に対して、加藤の眼からは、ついに一粒の涙も流れることはなかった。加藤はあの満蒙開拓という名の侵略行為から、そして、その後遺症から、なぜ、かくも平然と免れ得るのか。加藤の心情がたとえ善意に満ちたものであったとしても、彼が客観的には多量の棄民を生んだことにかわりはない。また、こうしてつくられた満蒙開拓青少年義勇軍は、彼らの意思とは無関係に、単に殺されるためにではなく、略奪し、殺すためにもつくりだされたものであることを、私は、いま、ここで、はっきりと確認しておきたい。

以上、加藤の農本意識の体得の過程、ならびに、その実践の結末についての素描を行なってきたわけであるが、同じ昭和の農本主義者と呼ばれながら、この加藤は権藤や橘とはかなり別の道を歩んだのである。権藤や橘が主観的には広い意味での現実世界における変革者であったのに対し、加藤は主観的にも客観的にも現実世界との妥協者であるのみならず、積極的支援者であった。結局のみこまれはしたが、前者の農本主義は社稷という武器を用いながら、近代国家を超えようとしたのに対し、後者は、はじめから国家に対峙しようなどという意識は持ち合わせていない。橘が苦悶の末に旧制一高の身分を捨てて帰農したのにくらべ、加藤がなんとなく東京帝国大学をでているのも、いかにも両者の現実世界へのかかわりかたを象徴しているようである。国家権力と結びつくのをいさぎよしとしない橘に対し、加藤は官僚機構と農民代表という二つの面をうまく活用し、みずからは土を離れ、「駒場」出身の学士として、また古神道的農本主義の教育実践家として、権力との癒着を好んで活用した。たとえ竹内実がいうように、「満州事変が勃発してから、〈植民〉を発想したのではなく、〈植民〉の発想が確立してから満州事変が勃発したのは、加藤完治が軽薄な時局便乗主義者でなかったことを示している。戦争中にうけたイメージに反して、加藤完治はアジア主義とか、大東亜共栄圏とかのイデオロギー、もしくは時局論に出発して、満蒙開拓を発想したのではない」（『伝統と現代』昭和四十八年三月）としても、狭い日本の農地から貧しい農民を間引く狡猾な政治の犠牲になったこの義勇軍の末路と、いわれなき侵略を受けた中国農民のくやしさと悲哀を思う時、この加藤の権力と結びつきながらの農民教育とその思想は、昭和史の一つの汚点であったといわなければならない。

満州開拓団に関する従来の評価には、一つの大きな陥穽があるように思われる。極論するならば、それは、その末路(=引き揚げ)の悲惨さに慟哭し、絶叫することに己の感情を寄せてしまい、それまでになしてきた己の行為の巨大な誤謬を内面から剔抉する精神が希薄になっているということである。そのことを内省しないままの絶叫は、一見「戦争」を告発するかにみえながら、じつは「敗戦」の無念さに傾斜しやすい。そこには、己の生活態度の敗北感もなければ、己自身のもつ価値体系の根源的欠陥を内省するという姿勢もみあたらない。あるのは、なにものかによって、「してやられた」という「心のこり」の感情のみである。ましてや、己の侵略行為に対する悔悛の情などない。開拓のみじめさを語るのは、それはそれとして認められてよい。被害者意識を強くもつことも間違いではない。しかし、その被害者意識のみを拡大すると、それは開拓という名にかくれた侵略の意味を忘却し、場合によっては、それを正当化する道につながるであろう。

石田郁夫の次の言辞は、そのことをいいあてて妙である。

「さまざまな、いわゆる戦争体験記と共通して満州開拓団の記録のたぐいも、おおむねは国策の命ずるままにおもむいたものが国家解体とともに異郷に棄民され、土匪、暴民と化した住民に追いたてられる流民と化した、その苦難の日々を恨みがましく語るという構造を持っている。…(略)…自己が日本国家の軍事力を後ろ楯に、具体的には関東軍の武力を前楯にして他国の土地を強奪し、そこの人民を酷使し、反抗するものを虐殺しつづけていた、日本国につながる植民者だという自覚の欠如が、『満州』人民の当然の権利回復の行為を土匪と呼び、暴民と呼ぶことをためらわせない。『満州』の人民にとっては、開拓団は『日本屯匪』であってそれ以外ではないし、これが本質だった。[1]」

これから扱おうとする武装移民は、いわば満州開拓の草分けとなるもので、その後の開拓の基本姿勢を確立するものである。そうであるがゆえに、この武装移民のもつ満州開拓史上の意味は大きいといわなければならない。

『満州開拓年鑑』（満州国通信社編、昭和十七年版）は、昭和六年から八年までの満州開拓の歩みを次のように伝えている。

「〈昭和六年〉茨城県国民高等学校長 加藤完治・吉林軍顧問 陸軍大尉 東宮鉄男・関東軍参謀石原莞爾の諸氏対満日本移民の緊要論を高唱。〈昭和七年〉一月＝天理村開拓組合浜江省阿城県へ入植、奉天で第一回移民会議開催二月＝石黒忠篤・加藤完治・宗光彦氏等が六千人移民案を作製三月＝東京市社会局は関東庁援助の下に東京市深川区堀川町の天昭園の在住者を金州馬家屯に訓練開始、四月＝加藤完治氏奉天に於て本庄司令官・石原少佐と会見奉天北大営及び付近の土地使用許可権を関東軍司令官及奉天省長臧式毅より受く。東宮大佐『在郷軍人を以て吉林省東北方に永久駐屯せしむる件』なる意見書を関東軍橋本参謀長へ具申、拓務省満州移植計画の大綱を草案し将来の満州農業移民に対する方針を明示、六月＝第六十二臨時議会に於て移住適地調査費を可決。八月＝議会に於て満州移民費予算可決、佳木斯にて移民実施に関する協議会開催。拓相官邸にて移民会議開催。九月＝拓務省で移住適地調査班を編成し、中部・北部満州を調査十月＝東京市国士館高等拓植の理事山田悌一氏等が鏡泊学園計画、拓務省第一次農業移民四九二名が市川中佐の指揮にて三日帝都を出発十四日佳木斯埠頭へ到着。〈昭和八年〉関東軍特務部に中心的統制指導機関としての移民部新設、文部省海外訓練所開設。三月＝興安南省通遼に一棵樹開拓組合入植。八月＝第二次武装開拓移民四九三名三江省依蘭県七虎力に入植。[2]」

そもそも武装した開拓移民とはじつにおかしな名称であるが、この武装移民の性格がどのようなものであったかは、彼らにあたえられたさまざまな名称がその複雑性を教えている。（たとえば、前者の場合、「武装移民団」をはじめ、「屯墾第一大隊」、「特別農業移民団」、「第一次試験移民団」、また中国人民側からは「屯匪」と呼ばれた。[3]）この移民政策には、さきの『満州開拓年鑑』からも推測できるように、関東軍側からの治安移民的要請と、拓務省側からの農業移民的要請とが混交していたのである。前者、すなわち関東軍側からの要請とは、たとえば次のようなものであった。

「満州事変直後、北満に於ける優勢力を把持せる李杜、丁超の反吉林軍を討伐する目的を以て無力なる吉林軍に代ふるに哈爾浜近傍の馬賊を懐柔し以て討伐軍を組織せり。然るに事変の落着を見るや、彼等は紅槍会、大刀会匪討伐の為め満州正規軍化したるも、素質劣悪にして過剰なる此等掃匪軍整理の為、茲に吉林掃匪軍の屯墾化が企図されたるも、彼等屯墾後の治安を慮り、日本在郷軍人を以て組織する第二次的治安維持隊なるものが関東軍の頭脳に浮びたり。（樺川県と依蘭県とに跨る地域に存する官有荒地並に不可耕地二万町歩を墾匪地と定め、掃匪軍中農事従業者三千名、鉱業従業者二千名、之が基幹部隊として日本在郷軍人一千名を配し具体案とす）[4]。」

第一次武装移民が入植した吉林省樺川県永豊鎮は、東宮鉄男[5]によって選定された地域であるが、彼の日本人移民入植の意図は、彼の指揮する「勦匪軍」と協力して、この地域の反満抗日「遊撃隊」討伐を援助し、さらに国防＝対ソ連のための兵力を確保するところにあった。[6] 当時（昭和七年七、八月頃）は、「政治匪」（日本側からいうところの）活動の最高潮期であったが、この地域も、吉林軍（日本側ではこれを反吉林軍と呼んだ）だけでも、八万人が蟠踞していたといわれる。[7] 満州の大部分を占める広大な農村支配の徹底のために、関東軍はまず彼らを討伐、駆逐して、権力機構を農村の要地に速やかに設置することを考えていたのである。

いま一つ、拓務省側からの移民目的の重点は、当時の農村不況からくる、過剰人口対策としての海外農業移民であった。昭和五年からはじまる昭和恐慌は、とくに農村を異常な状況に追い込んだ。「奈落に沈む農村」、「飢餓線上をさまよう農村」といった標題で、農村問題がジャーナリズムをにぎわした。

小作争議は全国的に拡大し、社会不安は急激にたかまっていった。このような社会不安の一時的、表面的解消策としての満州移民が拓務省側の日程にのぼるのである。昭和七年三月十二日満蒙移植民問題に関しての「歴史的懇談会」が、拓務省主催で開かれた。その時の拓務大臣（堀切次官が代理）は、次のような挨拶をしている。

「帝国として満州に関し調査研究すべき幾多の問題がありますが、中でも移植民問題はその重要なるもののひとつであります。そもそも移植民事業は帝国人口問題解決ならびに海外発展上緊要のことでありますので、当省としても今日までブラジルその他の各方面に移植民の奨励に努力いたしているのでありますが、満蒙地方への移植民は土地獲得の困難と官憲の圧迫等の障害に阻まれて今日に至ったのでありますが。今やこれらの障害は除去せられましたので、本事業の前途にはなお幾多の困難が横たわってはいるものの、大いにその進展を期すべきときに際会したのであります。[8]」

この拓務省側からの移民策に乗じ、満州への植民は農民教育の延長であると、もっともらしい理屈をつけたのが、加藤完治[9]であったことはいうまでもない。

結局、関東軍、拓務省案は形式上一つのものに調整統一されて、「日本農村の過剰人口を移住させること」、「対ソ防備、一朝有事の場合の関東軍の後備兵力として」、「満州の治安維持のため」、「満州農業改良のため」、「日満一体化のため」などという「大義」が目的とされたのである。武装移民の「選定要領」のうちの「資格」は、以上のことを考慮して、次のようなものになっていた。
「移民候補の資格
（イ）　農村出身者にして多年農業に従事し経験を有する既教育在郷軍人中身体強壮（特に胸部および神経系疾患脚気の後遺症なき者）品行方正、思想堅実、困苦欠乏に耐え得る者。
（ロ）在隊間および在郷間の成績良好なる者。
（ハ）家庭上係累少なき者（なるべく二男以下の者を可とす）。
（ニ）年齢三十歳以下の者、ただし特定の者に限り三十五歳以下とす。
（ホ）独身者なると、妻帯者なるとは問わざるも渡満後三か年は独身生活に差支なき者。
（ヘ）移住後当分の間は内地に送金を要せざる者。
なお候補者の資格については帝国在郷軍人会赤井理事名で別に通牒を発し左の条件を申し送っている。
一、現在はもちろん将来といえども俸給生活者たる希望を有せざるもの。
二、嗜酒者はなるべく選定せざること。
三、酒癖あるものは絶対に選定せざること。
四、決して労働を厭わざること。(10)」
茨城、栃木、群馬、長野、新潟、福島、宮城、岩手、秋田、山形、青森の一一県から選出された四九二名のいわゆる第一次武装移民団は、昭和七年十月三日、明治神宮に参集し、神前に額突いた後、北満の要地佳木斯に向かった。同年同月九日、奉天を出発し、十二日、哈爾浜から松花江をくだり、十四日に佳木斯に着いた。彼らを待っていたものは、実弾飛びかう暗黒の佳木斯であり、その後、彼らは日本軍、満州国軍を援助し、数次にわたる襲撃から佳木斯を守りぬき、苦しい冬を越し、入植予定地の永豊鎮に全員が到着できたのは翌年四月になってからであった。

第二次武装移民の入植過程については、宗光彦団長自身に語ってもらおう。

「神戸、大連、新京、哈爾浜を経て佳木斯に着いたのは、七月十八日（昭和八年）朝であった。先遣隊として混成一ヶ中隊を其の夜半、現地に向って出発させ、本隊は荷物の陸揚げをなし、中一日を隔てゝ先遣隊の後を追ふた。一同は背にリュックサックを負ひ、肩に銃を担いで、蜿蜒二十里の真夏の埃路をてくてくと歩いた。途中、弥栄に一泊すると、丁度人心動揺中であった弥栄の団員から、〈今頃君等は何しに来たのだ。俺達は皆引揚げて帰る処だ、一体こんな所で農業が出来るものか、拓務省は俺達を欺瞞したのだ〉などと不平不満の声を聴かされて一時に不安の念に襲はれてしまった。七月二十一日、愈よ目的地湖南営に着いたが人心の動揺は蔽ひ難いものがある。而も、到着早々下痢患者が発生し、忽ちの内に伝染して団員の殆ど全部が之に冒され…（略）…忽ち退団者が続出するに至った。[11]」

第一次および二次の武装移民団員、ならびにそれらを推進する者たちにとって、この開拓はまさしく死闘の歴史であった。とくに彼らの場合、満州開拓の草分けとしての期待と責任があったのである。しかし、彼らの努力にもかかわらず、この事業はスムーズに進行することはなかった。昭和八年八月には、はやくも第一次移民の代表者は、幹部の更迭を要求する声明文・決議文を東宮鉄男にたたきつけている。

また、その頃、赤痢患者が続出し、きわめて険悪な空気が弥栄村をつつんでいた。それまで開拓の父と称されていた東宮や加藤（彼は七月二十一日、急を聞いて日本からかけつけていた）の宿舎にピストルの弾がぶちこまれたといわれる。結局、弥栄村から百数十名、千振村から数十名の退団者がでて、武装移民は危機に瀕した。これほどの退団者がでるとは、送る側も、送られる側も予測することはできなかったであろう。この原因は、どこに求められるべきか。その一端は東宮鉄男のよく語るところである。

「『希望に萌ゆる春耕時の意気は束の間、初夏の頃より天候その他予期せざる障害のため作業進度の頓挫、一攫千金の夢破れ、粗衣を着し粟飯を食い、終日厚土を耕す辛苦、張りつめし気合のゆるみ、煙草銭まで遣い尽くしたる後の淋しさ、薄志者の労作忌避、行先の不安に関する流言等より志気とみに衰えたる矢先、魚亮子伐材班、匪賊に襲われ三名惨殺され、兵器、弾薬、被服、食料全部を掠奪せられ、しかも戦死者の待遇に関し国家としてなんら考慮せざる等の流言あり。…（略）…七月下旬、予は拓務省の電報を受け、山崎指導員、加藤校長と共に各班を巡視善後の計をなす。不適者の退団、合同、住宅工事の促進その他の処置にて人心やや安定せるも、年末に至るも暗雲去らず、渡満第二年を送れり。[12]』」

予想をはるかに上回る劣悪な生活条件と不安定な身分保障、中国土着農民の激しい襲撃に日夜生命をおびやかされる団員にしてみれば、「騙された」と感ずるのも至極当然のことであった。各団員は、ある程度戦闘の覚悟はしていたものの、究極目的は満蒙の広野で思い切り自作農となって鍬を振うことであったし、そこには「正当」な私欲がなかったはずはない。満州開拓の父と呼ばれた東宮や加藤たちが理想としていた武装移民と、現実の移民者との間には、はじめから大きなひらきがあったのである。実際の軍事目的移民を農業移民として偽って行なった政策が頓挫しないはずがない。それになによりも、中国農民にしてみれば、日本人移民は、日本帝国の侵略者であり、土地の略奪者であった。そのことから生起する中国の土着農民の攻撃は熾烈を極める。この攻撃によって、武装移民は身心ともに疲労困憊したといえる。しかし、日本人の開拓の苦労を原地人の攻撃のせいにしてはならない。武装移民のこうむった悲惨さに眩惑されては、事の本質を見失う。[13]開拓民が味わったみじめさの数倍の痛苦をなめさせられたのは中国農民であったのだから。植民地が王道楽土などになることは絶対にありえない。植民地とは収奪以外のなにものでもないということを忘れてはならない。第一次武装移民団が取り上げた土地は六万六千町歩、そのうち熟地は約三分の一で二万一五〇〇町歩、第二次武装移民団の取得した土地の熟地割合は約七割といわれている。[14]農民は土地をもって己の生命の源とする。その土着性からくる土に対する執着は格別なものがある。土地は絶えず働く農民とともに生き、ともに呼吸を続けている生物である。土竜山事件は、その土地を奪われる者が見せた徹底抗戦の象徴であった。昭和九年二月に起こったこの土竜山事件は、依蘭の大地主だった謝文東が約七千人の農民からなる兵をひきつれて、日本人の掠奪暴行、土地の取り上げ、銃器の回収、強制種痘などを理由に、土竜山を根拠地として蜂起した事件である。経過ならびに内容は次の通りである。

「謝文東は土竜山東北方約四十支里依蘭県第三区八虎力の保董に就任せるが、大同三年二月、日本軍の土地買収、銃器回収に着手すとの噂を聞くや、土竜山農務会長井止揮及び同人息子井竜潭と謀り、土竜山を中心に各部落に到り民衆を煽動して『土竜山付近一帯の農民団結し、大衆の圧力を以て日本軍の土地買収、武器回収、種痘に反対するを要す。この機会に於いて彼等の暴威侵略を抑圧せざれば益々侵蝕し、遂には我々民族は生命の安全を保つ能はざるべし、農民奮起せよ』とて謝文東総司令となり、井竜潭を副官に、秦秀臣を団長となし、農民約五百名を糾合東北民衆軍と名称し、付近一帯の宣伝示威運動を敢行す。茲に於いて一般農民は悉く謝文東の趣旨に雷同し、部落民にして出動するものを勧説優待し、益々反満抗日意識を濃厚ならしめたり。その後各部落で遊撃宣伝をなし、若しこれに反対する者あればこれを膺懲し、康徳元年三月四、五日頃土竜山に到着、部隊を東北民衆自衛軍と命名、各団員は赤布に東北民衆自衛軍第何団と記したる腕章を左腕に付し、全員小銃各一挺を携行し、又各団は東北民衆自衛軍第何団と記したる赤旗を所持することとし、以上銃器を所有する者約七百名にして、他に農民の暴動化したる者全部を合する時は約六、七千名を算す。[15]」

こうして彼らは、土竜山警察隊の武装解除、飯塚大佐のひきいた日満軍を土竜山において全滅させ、意気はますます昂揚したといわれる。つづいて第一次武装移民団（永豊鎮）を襲撃し、さらに七虎力より逃げ湖南営に集結中の第二次移民団をも攻撃している。第一次、第二次合せて三九名の戦死者が生じ、大量の退団者がでた。この事件は、移民団員の意気を消沈させたのみならず、関東軍、拓務省にとっても、今後の移民送出に関する重大な憂慮事になったのである。この在郷軍人よりなる武装移民の大半にとっての関心事は、国威発揚よりも、みずからの生活の糧の獲得であった。生活と生命への危機感が、彼らをして絶望の淵に立たしめるのは当然というほかない。筆舌に尽し難い苦労は、自作農になれ、白い飯が食えるという保障があるかぎりにおいて、ギリギリのところで耐えうることのできるものであった。そうだとすれば、その保障が不確かな状況下におかれるや否や、彼らの全面的動揺が生起するのは必然というものであろう。にもかかわらず、東宮、加藤らの指導者は、退団頻出の理由を団員の成人としての利己心、ならびに彼らの薄志弱行からくる屯墾病（ホーム・シック）と国威発揚の精神の欠如に求め、成人移民の失敗を強調したのである。[17]ここに、成人移民と並行して、青少年の移民が日程にのぼってくるのである。「満蒙開拓青少年義勇軍」の誕生は時間の問題となった。

注

（1）石田郁夫『土俗と解放』六〜七頁。
（2）満州国通信社編『満州開拓年鑑』（昭和十七年版）三八〇頁。
（3）山田豪一「満州における反満抗日運動と農業移民（中）」『歴史評論』昭和三十七年七月参照。
（4）満州国軍政部顧問部編『満州共産匪の研究』第二輯、九九頁。
（5）明治二十五年、群馬県勢多郡宮城村に生れ、前橋中学を経て陸軍下士官学校卒業。昭和三年、関東軍参謀

河本大作が張作霖を爆殺した際、奉天独立守備隊歩兵第二大隊中隊長。同四年、岡山歩兵第十連隊中隊長、同六年十二月、吉林軍応聘武官となる。同七年四月、北満倭蘭地区警備顧問。同九年、青少年移民一四名を饒河に入植さす。同十二年十一月十四日、杭州湾上陸戦にて戦死。

（6）東宮が作製した「第一次吉林省在郷軍人屯田移民実施雄骨子」には、次のような目的が記されている。

（イ）帝国移民トシテノ一般目的。

（ロ）満州移民ノ先発者トシテ北満地方ニ日本人農業移民ヲ有利ニ実施シ得ルコトヲ立証シ続行者ニ対シ模範ヲ垂ル。

（ハ）満州国軍ヲ支援シ地方ノ治安ヲ恢復維持シ新国家建設作業ヲ促進ス。

（ニ）対露国防。

（ホ）満州国内ニ於ケル治安維持ニ関シ関東軍ノ任務ノ一部ヲ担任ス。

（7）『満州共産匪の研究』第一輯参照。

（8）満州開拓史刊行会編『満州開拓史』四三頁。

（9）加藤は『日本農村教育』のなかで次のようにのべている。

「内地に於て飢えた農民の而かも二男、三男に生れ、土地なき為に生きて行くことの出来ない日本農民が、開拓を待つ満蒙の広い天地に行くのは当然すぎるほど当然である。何処でも空いた土地に行って開拓するのは当り前の事であって、シベリヤでも満州でも、濠州でも、どこでもよい。それが為に国と国とが戦争するという場合には、敢えて辞する所ではありませぬ。

（10）満州開拓史刊行会、前掲、八六頁。

（11）満州国通信社編、前掲、一三二頁。

（12）「第一次武装移民指導の回想」粟屋憲太郎編『ドキュメント昭和史（2）——満州事変と二・二六』一二九頁。

（13）次のような発言を傾聴すべきである。

「たとえ科学的な歴史観、階級的観点から日本の民衆の戦争による被害、苦難あるいは抵抗が詳細に究明されても、もしそこの植民地被圧迫民族に対する観点が欠けていたり、またまちがった観点からのものであったとすれば、所詮それはブルジョアナショナリズムあるいは民族排外主義的なものとなる危険性が大きいのではないだろうか。」(朴慶植『天皇制国家と在日朝鮮人』)

(14) 満史会編『満州開発四十年史』参照。

(15)「省政彙覧三江省編」『満州共産匪の研究』第一輯、七五六頁。

山田豪一は、この土竜山事件の性格について、次のようにのべている。

「なかでも蜂起のもっとも大きな原因となったものは、入植移民団による土地取上げであった。農民にとってその生活の源泉、土地が不法にとりあげられること、これにたいして入植地周辺の農民としては一致団結して、蜂起せざるをえないわけで、土竜山の蜂起が、非常にはやいテンポで周辺一万人の広範な農民達を結集しえたのもそこに原因があったためであった。さらに、この蜂起の性格を規定するうえで見逃せないことは、この蜂起を指揮した謝文東・井止揮・竜潭父子の農村社会における社会的地位である。謝文東は自衛団長であり、井止揮は土竜山農務会長であった。このことから土竜山の蜂起は北満における農村社会のリーダー達、地主・商人がヘゲモニーをにぎっておこなった、いわば『部落ぐるみの闘争』であったといえよう。」(前掲、七五頁)

土竜山事件のみならず、中国農民側が行なう抗日闘争の宣伝文には、つねに土地買収問題が含まれている。たとえば、「東北反日連合軍第九軍民衆軍政治部宣伝科」(昭和十一年五月二十七日付撒布)にも次のように表現されている。

「彼等が人民に対し田地の私有を禁ずるは武装移民政策を行はんが為なり。本軍が土竜山に於て義兵を起し、飯塚を殺害したる時、彼の所持せる地図を一枚入手せるが、之は我が東北の全図にして、図上には日本政府の指定せる移民地を、第一次土地買収地倭勃樺(倭蘭、勃利、樺川県の意味)、第二次買収地富宝密(富錦、宝清、密山県の意味)、第三次方正等と記入しておれり、之は全く我が七県内の人民を蘿北、饒河、虎林、新開湖等に駆逐し、該七県を日本人の独占区域たらしめんとする計画の露出なりし為に、本軍に於ては該地図を救

国会に送付の上国際連盟に提出したり。」（満史会編、前掲）
（16）東宮によれば「薄志弱行者」は次のようなもののなかに多いという。
（イ）農村に生れながら小学問をなし、農業に従事せず、事務員をなしたるもの。
（ロ）内地にて比較的富裕なる生活をなし、新聞雑誌の満州熱にあおられて志願せるもの。
（ハ）頭髪をのばせるもの。（頭髪をのばせるもののなかにも、もちろんまじめな青年もあるも）。

島木健作における「美意識」

「満州」開拓の問題に関しての従来の評価には、一つの大きな陥穽があるように私は思ってきた。それは、いうまでもないことかもしれないが、あの開拓団の末路（引き揚げ）の苦難と悲惨さに、己の感情を寄せすぎ、結果として、開拓の歴史を矮小化し、総合的評価を妨げていることである。

たしかに、敗戦を契機に、関東軍らに見棄てられ、丸裸の状態にされた開拓団が、引き揚げに際して被った数々の悲劇は、筆舌に尽しがたいものがある。「引き揚げもの」と称する記録は、大旨そうしたものの域を出ない。手榴弾、青酸カリによる集団自決、愛し子の首を締める母親、咽喉を切ったが死にきれず、のたうちまわる男、女、などなど、阿鼻叫喚の地獄の風景が描かれている。

たしかに、この現実を無視した「満州」開拓ものの末路の悲劇は悲劇として認めるとしても、国策という大義名分のもとで、この行為の巨大な誤謬と、他者への犯罪を内面から指摘し、苦しみを伴いながらも、それを剔抉しうる精神が、希薄になることが許されていいはずはない。このことを心中深く受け入れることのないままの絶叫や慟哭は、引き揚げの悲惨さをいくら語っても、じつは、「もし、あの時、日本が勝っていれば」という敗戦の無念さが、その裏に隠されてはいないか、ということも忘れてはなるまい。

石田郁夫は、「満州」開拓団の記述に関して、次のような発言をしている。

「さまざまな、いわゆる戦争体験と共通して満州開拓団の記録のたぐいも、おおむねは国策の命ずるままにおもむいたものが国家解体とともに異郷に棄民され、土匪、暴民と化した住民に追いたてられる流民と化した、その苦難の日々を恨みがましく語るという構造を持っている。そのパターン化した被害、殉難ものがたりに対して、加害者としての視点が欠如していることを一般的に批判することは、まったく正しいし、…（略）…自己が日本国家の軍事力を後ろ楯に、具体的には関東軍の武力を前楯に他国の土地を強奪し、そこの人民を酷使し、反抗するものを虐殺しつづけていた。[1]」

私もかつて、「中国残留孤児と『満州』開拓」という拙い短文を書き、そこでこうのべたことがある。

「どんな理屈やアクセサリーが用意されようとも、『満州』開拓による最大の被害者は中国民衆であった。…（略）…土地を奪われる側の憤怒と悲しみを思うべきである。奪う側に立ったものの傲慢さがなかったといえるだろうか。人間が深く暗い心意世界に持つ権力志向性や、悪への憧憬、弱者攻撃欲といったようなものが、こちらの側に皆無だったであろうか。そしてその傲慢さのまえに、忍従を強いられた人々の深く哀しい情念を思いやるこころを私たちは持ち合わせていたであろうか。[2]」

「満州」開拓の現地を、当時多くの文人たちが、慰問だの、尽忠報国だのと、大義名分を声高に叫びながら訪問した。その一人に転向作家として知られ、『生活の探求』、『赤蛙』などを書いた島木健作がいた。島木は昭和十四年三月から七月にかけて、この開拓地、とくに北方の開拓地や、「満蒙」開拓青少年義勇軍[3]と称した少年たちの訓練所を、次々と訪れている。

昭和十三年に、国家総動員法が成立し、政府は、議会無視で人的、物的資源の統制、運用が可能となり、戦時体制が確立されていった。文学の世界においても、これに呼応した異常な空気が立ちこめ、戦時色濃厚のものがもてはやされるところとなった。農民文学懇話会や大陸開拓文芸懇話会がスタートしたのもこの頃であった。保昌正夫が、このあたりの事情を次のように記してくれている。

「昭和十四年というと、日中戦争に入っての三年目にあたり、国家総動員法による国民徴用令の公布をみた年で、戦争文学が流行し、国策文学が提唱された時期である。島木に係わっていえば、和田伝、丸山義二、鑓田研一らと準備を進めてきた農民文学懇話会が前年（昭和十三年）十一月、農相有馬頼寧出席のもとに発会し、この年一月には『大陸開拓に関心を有する文学者が会合して関係当局（拓務省等）と緊密なる連絡提携の下に、国家的事業達成の一助に参与し、文章報国の実を挙ぐること』を目的とした大陸開拓文芸懇話会が発足して、島木はここにも加わっている。…（略）…また農民文学懇話会の発会にあたって、島木が『朝日新聞』に書いた『国策と農民文学』は一九三九年版『文芸年鑑』に収録されたりもしている。[4]」

昭和四年に、過去の己の主義主張、およびそれに基づく運動を反省し、今後、政治運動には関与しないといって転向した島木が、この時点で国策に沿う方向で、その一翼をになう立場にいたことはいうまでもないことである。

しかし、この国策に協力する方向での見聞ではあるが、他の文人と呼ばれる人たちとは、現実を覗き見る精神において、かなりの温度差があった。帰国後、その見聞をもとに、まとめたものに、『満州紀行』がある。その「序」のなかで、彼は執筆動機を次のようにのべている。

「満州旅行の結果生まれた私の文章は、新しい土地のさまざまな印象をこまかに綴ることで、人々を楽しますま旅行記であることは出来なかった。…（略）…現実はどれほどの部分も伝へられてはゐないだらう。ただ私はこれらの文章を一貫して一つの精神があると思ってゐる。それは私を満州に呼んだところのものである。対象とした世界に於て何が問題であるか、それらの問題をどう見、どう考へてゆかねばならぬかについて、私は述べてゐる。私は一つの態度を持してをり、私には自分の意見がある。そして私は日本の文学者によって書かれた多くの旅行記に欠けた性格をその点に見出すものなのである。[5]」

昭和六年、日本は全面的に「満州」侵略を開始し、翌年三月には、傀儡国家「満州」建国を公然と世界に知らしめたのである。このことにより、移民用地の獲得が可能となり、それまで難攻不落とされてきた開拓に関する通説は、崩れ去ったのである。移民政策は漸次すすめられ、昭和十二年より向こう二十年にわたりて、百万戸農家の移住という計画がつくられた。[6]

農本主義者加藤完治らの活躍する舞台が用意されていった。

かかる時期に、島木をして「満州」に足を運ばせたものは何であったろうか。時流に乗っているのではなく、彼は己の主張を持っているというのだが。

島木はこの新天地、「満州」に、新しい生命の息吹を見たのか。艱難辛苦を乗越えて、大地に鍬を打ちおろす純粋な精神に、彼は絶対的なるものの存在を見たのであろうか。そこには、単なる貧困からの脱出といった類のものではなく、ある巨大な理想に向けての神々しいものがあったように思える。島木はこういう。

「満州開拓民はただ単に、経済的に有利な土地を求めて移住して来たといふものではないし、又実際の結果から見てさういふ普通の移民とえらぶところがないといふ風になってはならぬ筈のものである。もしもそれでいいものなら、何も国策開拓民などとよぶ必要はない。経済的に自立し、富むことさへできる道はもちろんいくらもあらう。そのうちのどの道をとるかは、満州が彼等を呼んだ精神によってきまることである。[7]」

開拓精神に極めて崇高なものを置こうとする島木は、五族協和、王道楽土といったアクセサリーを大義名分としたこの植民地政策に、積極的に賛同の意を表したことになるのであろうか。

この開拓が、どれほど美しく語られ、描かれようと、日本国家の国益追求、中国農民の土地略奪、日本民衆の棄民政策であったことは間違いない。国家のこの隠蔽政策が見抜けぬ島木ではなかったが、それでも彼の心中には、そういう問題とは少し次元の異なる彼一流の美意識が、深く、強く宿っていたように思える。

もちろん島木の置かれた立場からくる政治的思慮もないことはないと思うが、それだけに、彼は痛々しくも、哀しくも、未来を信じ、耐えて生きようとする開拓民の姿に心を奪われ、熱い涙をも流すことになるのであった。

歯の浮くような賛辞を贈る文人、知識人たちが、島木には許せなかった。島木は次のような苦言を呈している。

「事はひとの生活に関してゐるのだから何をいはうと自分にはかへって来ないといふ気易さがそこになくはないのである。自分の生活に直接ひびいて来ることについてならば、めったにほめられもせぬ筈である。…（略）…私は一度ならず開拓地の人々から聞かされた。彼等は、開拓地について書かれる文章のことをいひ、自分等への賛辞がしばしば見当ちがひなものにもとづいてゐることを、あきたらず思ふといふのだった。てれ臭く、時には腹立たしくもなるといふのだった。とらはれぬ真実の言葉を欲してゐるものは、誰よりも、当の生活者である開拓民自身なのである。(8)」

現場の真実表明、記述を欲しがっているのが、そこにおける生活者であるにもかかわらず、そのなかの若者達の作文になると、腹の底の真実を吐露することはなく、教科書的、優等生的なるものに甘んじてしまう。島木は彼らにも結果として裏切られてゆくのである。現地での青少年の作文に対して、彼はこうのべている。

「私は彼等の素朴な筆が、彼等の日常生活のありのままの姿を描き出してゐるやうなものを望んでゐた。しかしそこにあるものは、『五族協和の実を挙げ、東洋平和を永遠に確保し、我が大日本帝国の大陸発展を計るべき重大なる任務ある開拓者、この尊き開拓の指導者、何と雄々しい業ではなからうか。』といふやうな言ひ方で、立派な精神を述べてゐるものが大部分なのであった。立派な精神は述べられてゐる、しかしそれは訓練所生活の日常をありのままに書いて、読むものに感動を与えるといふやうなものではなかった。[9]」

青少年とて、その純真な心性を素直に発言出来ない、強く、厳しい拘束のなかに生きていたのである。島木もすべて真実をのべているわけではない。島木も青少年もその点において大きな違いはない。彼らが、いかなる時期に、いかなる立場で、いかなるものに支援されてこの地に住み、この地を訪れているのかということを考慮すれば、国家権力への根本的批判を含むような心情が吐き出せるわけがない。

先にも少し触れたが、島木は昭和三年、治安維持法下で検挙され、心身共にボロボロになり、次の年に転向声明を出した身でもある。しかし、その島木が、その状況下で、国策に沿ってその線を崩すことなく、それでも内在的にギリギリのところまで透視している点は、高く評価されてよかろう。

島木が、この国家的開拓に関して抱いている疑問点は多いが、現地中国農民の土地買収の強引さと、日本開拓民による土地運用、管理の限界については、ことのほか、強い疑念を抱いている。開拓という美名の裏にある秘策、開拓された農地は誰の所有していたものだったのか。所有者のいる農地の買収価格はどの程度のものだったのか。農地を失った中国農民のその後の行方は……。

島木の胸中を深い悲しみが襲った。農地の買収に関していえば、暴力的強奪が常識化していたともいわれている。次のような具合である。

「康徳六年五月上旬ヨリ十二月下旬迄ノ間ニ亘リ前記移民村用地買収ニ当リテ適当ナル価格協定ノ方法ヲ講セス自己カ独断的ニ決定シタル価格ニヨリテ買収ヲ強行セムトシ若シ応セサル者アリトモ国家又ハ国策ノ名ノ下ニ強圧セムト企テ其ノ職権ヲ濫用シ[10]」

かかる状況が日常化していたのである。具体的な例として、次のような事実が記録されている。日本側の買収に応じない中国人に対し、「殴打スル等暴行脅迫ヲ加□因テ同県新台子村所在ノ同人所有水田八百四十五畝畑三十六畝（時価約四万円）ヲ代金一万六千三百五十五円二十七銭ニテ売却承認セシメ[11]」るという阿漕な手法を用いている。

かかる手段を用いて、広大な農地を入手しても、それを誰が耕作するのか。開拓民のみでは不可能である。不足する労働力をいかにして調達し、補うのか。その際の労働力の価格は、どこで、誰が決定したのか。島木は次のような発言をしている。

「雇はれるものの第一は、今まで開拓地内にあった原住民であって、日本開拓民が入って来たために、早晩この土地を去らねばならぬ運命にあるものである。彼等あるがために、彼等がそのやうな運命にあることのために、日本開拓民は、当面必要な労働力に事欠かぬといふ状態にある。[12]」

「雇用されるもののなかには、開拓民入植前までは、自立した農民であり、主人であったものもある。彼等の新しい替地はどうなってゐるのであらう。[13]」

「満州」開拓に関する本質的な問題に関して、これだけのことを、当時発言出来た人物が他に何人いたか。島木は、単なる時勢順応人ではない。この問題を指摘しただけでも、彼の開拓地訪問は、意味ある行為であった。

王道楽土、五族協和、拓けゆく満州開拓地といった宣伝とは、余りにも違う現地の実情に直面した島木は、一人静かに悩み、苦しんだに違いない。

当時は開拓地訪問者に対し、義勇軍の体験を有する小林夕持は、胸も張り裂けんばかりの怒りと悔しさを、次のように綴ったのである。

「若し彼等が若い少年達に軍国主義のあやまりを陰でもよい勇気を持って話してくれるか、内地にあって戦後連合国に協力したように活動してくれたら此れらの悲劇は僅少で止めることが出来たであろう、売国者達は自作自演の軍国主義の歌を作り口々に褒、讃て英雄気取りで話していたではないか、腰抜け共よ、十五歳の少年達は空腹をさき暖かい所に寝せて内地の客人としての礼を尽し日本人に彼等のようなバケモノがいることを知らなかった。[14]」

昭和二十年八月十五日を境にして、コロリと豹変する無責任な知識人たちのなかにあって、島木はやや体質を異にしていた。いま一人の元義勇軍訓練生、森本繁は島木に触れてこうのべている。

「このような非難があるにもかかわらず、わたしは、あえて島木健作の『満州紀行』を取り出した。それは、この作家が、当時の義勇隊の生活を正確にとらえ、それを少しの誇張もなく、また権力に阿諛するでもなく適確に描き出している点に感銘を覚えたからである。少なくとも彼には、訓練生ひとりひとりに対する細やかな愛情があった。[15]」

現実にこの少年たちの日常は、表面的大志とは別世界のなかにあり、阿鼻叫喚とまではいかずとも、欠乏、不満、悩み、憤り、悲しみの充満するものであった。そして、なによりも、彼らの心中に悲痛をもたらしたのは、国策のためと称し、美辞麗句を並べたてて、送り出したムラの指導者たちの、葉書一枚くれぬその後の冷酷さであった。例外はあったが、国や県からの割当分を送出すれば己の責任は果たしたとする、無責任な指導者たちの当然の行為であった。

五族協和などが遠く空しい夢であることを、島木は旅の途中、いたる所で実感するのであった。日本人の中国人に対する横暴ぶりに辟易し、絶望し、次のように呟くのであった。

「遅くまで眠れなかった。眠ってからも何度も眼をさました。廊下を踏みならして人が通るのだ。酒もりがはじまり、高歌放吟の絶えまがないのだ。みな協和会服を着て、襟に何かのマークをつけた連中である。役人か特殊会社の連中にきまってゐる。……（略）……汽車に乗っても宿へ泊まっても、傍若無人な彼等のふるまいにいやといふほど不快な思ひをさせられぬことは先づないと言っていい[16]。」国家政策のためと称して、放擲された日本民衆の姿に同情を惜しむものではないが、同時に島木は、黙して日本人の横暴に耐えている中国農民の置かれている現実を直視し、日本国家の犯す暴力に対し、いい知れぬ羞恥の念を抱くのであった。

この開拓事業の宣伝にしても、国家の余りにも無謀で、誇大で、虚偽さえあることを、島木は指摘し、その危険性を訴えている。『或る作家の手記』のなかで、この開拓の宣伝に関して、島木は「太田」に次のような発言をさせている。

「ただ彼（太田）が確信をもっていへることは、さうして心から開拓事業関係の人々に忠告したいと思ってゐることは、この問題につき、広く国民の間に認識を深め、その支持を得ようと思ふならば、今日のやうな宣伝の方法では全くだめだといふことである。たとへば、今の買収価格とか、賛地の問題の現状などを、何人にも納得がいくやうに、はっきりと知らしめなくてはだめだといふことである。真実が知らされてをらぬために、いかに多くの憶測が、デマに類するものまでが、広く行はれてゐるかといふことを、事に当ってゐるものは知らぬのであらうか?[17]。」

国家側からの宣伝などと異なり、島木は、開拓事業の不備、杜撰さ、横暴さの実情を、かなりのところまで押え、この事業の将来に対し、強い警鐘を鳴らしている。

ところがである、彼はこれらの矛盾や軋轢といった政治政策的な世界とは、なにか別次元での世界を心中に抱いていたようなところがある。ことの成就が問題ではなく、この激寒の地で、ある大きな力によって支援されながら、しかも極度の貧困に耐えながら、大地に鍬をぶちこむ開拓の精神に、島木は神のような存在を見たのである。

島木は、北方の地における開拓のなかから生れた伝統的倫理をベースにした、生産人に絶対的価値を置く。おそらくそれは、政治や時代を超えたところにある彼の究極的美意識ではなかったか。彼が己の魂を揺さぶられるのは、次のような人間の行為であった。

「汗と垢にまみれ、蝿と虱と南京虫におそわれながら、長年月にわたる民族間の土地紛争の解決のために力を尽してゐるやうな日本の青年に接したときには、感動の涙がにじんだ。名においても、物質においてもむくいられることなく、そのやうな生活がすでに十年にも近いといふことは！　死をかけて一瞬に事を決するといふ勇気にまさる大きな勇気を必要とするやうな行為が、いかに物静かに、つつましい謙譲さでつづけられてゐることであらう。何年来、見ることのなかった、行動の世界の美しさが私をとらへた。なにもかも一擲して、さういふ世界へ入って行きたいといふこころをさへもゆすぶられるのだった。[18]」

すべてを投げ捨てて、その世界に突入したいが、現実には不可能な己の姿勢にかわって、ものの見事に体現してくれている若い力に、島木の心は震撼したのであった。

島木がここで到達したものとは、近代的「知」では、はかることの出来ない怒りに支えられた肉体の思想でもあり、過剰な観念性と抽象的思考からの脱却であったのか。それとも諦観であったのか。

あらゆる思想的桎梏から解放されたいがための肉体の酷使、また自虐に自虐を重ねることによる自己陶酔が、そこにはあったともいえる。絶対的なるものを追い求める求道の過程であったのだ。

島木には塵と垢にまみれ、枯渇腐敗せんとする生命、精神を癒し、浄化してくれる神聖な場所として、農村があり、開拓地があった。その生活のなかに彼は神の存在を見る。死力を尽して開拓に専念する姿は、そこにいささかの過不足もなく、それ自身で完結する。その努力は、むしろ報われてはならない世界なのかもしれない。報われないがゆえに、美しいのであろう。そこには「生活の探求」の意味があった。

この「生活の探求」へと傾斜させたものは、島木の体内を奔流する「北方の人」の伝統であった。彼は己が開拓者の三代目であることを自覚し、次のように公言していた。

「私の母方の祖父は御一新後間もなく北海道へ渡って（追はれて行ったといふに近からう）開拓使長官の黒田（清隆）の下にあって働いた。今年七十にちかい私の母親も北海道で生れ、育ち、生き、老いたので、私は三代目の北海道人なわけである。…（略）…この北方人の血と運命といったやうなものを、私は早くから子供心にぼんやり感じてゐた。子供の私が感じた北方人の血と運命といふものは、かつて勝利したことのない、朝にあって栄えたことのない、いつも野にあって踏んづけられ通して来たもののそれであった。[19]」

稲作人によって席巻され、まつろわぬ人間として仕立てられ、抑圧され、放擲され、それまでの豊穣の地、文化の栄えた地が、貧困の地となり、文化はつる地とされたごとく、近代になってからも、中央集権的資本主義の発達のなかで、ズタズタにされていった悲しい歴史を、島木は背負っていたのである。島木はこうもいう。

「祖父たちは金までつけて広大な土地をもらってゐた。その土地を持ち続け、うまくやって居れば私などもあるひは相当な家に生れたことになったかも知れないのだった。しかし彼等が気づいて見た時、土地はもう他国から入り込んで来てゐた商業資本家達の手のなかにあって、彼等はどう地だんだ踏んで見ても及ばぬのだった。[20]」

西南から闖入してきた商業資本家たちによって、無残にも踏みつけられ、なにもかも略奪されていった先祖たちの無念さを思う時、島木の心は尋常の域を越えてしまう。そしてこの思いは、島木に、終生変らぬ反商業、反都市、反金銭的感情を抱かせることとなる。

商業主義的金銭的文明が人間を堕落させる元凶であり、反倫理的エートスの醸成場以外の何物でもないことになる。そしてその対極にくるものが、農民的生産者の生活であり、それに基づいた文明であった。ここにこそ、生命の根源に触れるものがあるとする。彼のマルクス主義、共産党への傾斜の重要なポイントは、この禁欲的農本主義にあるといってもよい。これが、かりに金銭的に恵まれ、道楽的行為としての部分がその言動のなかに見られたとすれば、島木は一目散にその場から逃走したであろう。

およそ、島木の心中からは、遊びとか、余暇とか、消費といった類のものはすべて排除される。農本主義的真面目人間が彼の理想であった。島木は、常に「何か生活的なもの、実質的なもの、中身のぎっしり詰ってゐるもの、生産的なもの、建設的なもの、上付かずに、じっくり地に足のついたもの」[21]を希求し、かかる生活を奪い、殺してゆくような拝金主義、商業主義に対し、激しい憤怒の念を持つのであった。

北方の魂を中心とした伝統的倫理の奪還と、その純粋化のなかに生きようとする島木にとって、この近代文明との対峙は、決定的なものとなっていった。

近代の毒に犯されていない純粋無垢な生産人に、絶対の価値を置き、その人たちの貧困救済という枠内でのみ、思想の正当性を認めるというようなところが島木にはある。商品としての労働力といったものではなく、労働は彼にとって、倫理的行為そのものであったのである。さきにも触れたが、彼のマルクス主義理解も、当然のことながら、倫理の領域でのこととなる。次のような島木理解を私はうべないたい。

「島木健作にとって、マルクス主義はいわゆるマルクス主義ではなかったのである。『絶対』の探求の対象の一つとして、マルクス主義が現われた時、それは『何かより高次の異質の信仰に変貌したのであ』った。『強烈』さによって、かえってマルクス主義を突き抜けてしまったのである。少なくとも、マルクス主義が『経済的カテゴリー』あるいは、政治的カテゴリーであることにとどまったマルクス主義者とは、決定的に違っていたと言うことができる。あくまでも、マルクス主義は『倫理的カテゴリー』であった。『倫理的カテゴリー』であるが故に、その『強烈』さによって『信仰』に変質したのである。[22]」

島木の労働観には、何か情緒的な色彩が濃く、社会科学的視点が欠落しているといえないことはない。資本主義経済構造のなかでの労働力の価値を問うことに力点が置かれるのではなく、あくまでも、それを倫理、道徳的な問題として扱うことに終始するところが、島木にはある。

労働の神聖化、幻想化、栄誉の付与、逆に、怠惰、余暇、消費などの罪悪視、これらは働く側から生み出され、創造されたものではない。ポール・ラファルグの次のような言葉を、島木は、どう解するであろうか。

「働け、働け、プロレタリアート諸君。社会の富と、君たち個人の悲惨を大きくするために。働け、働け、もっと貧乏になって、さらに働き、惨めになる理由をふやすために。これが、資本主義生産の冷酷な法則なのだ。経済学者どものまことしやかな言葉に耳を貸し、労働という悪徳に身も心も捧げるために、プロレタリアは社会機構に痙攣を起こさせる過剰生産という産業危機に社会全体を駆りたてることになる。[23]」

島木がこの声を聞いたなら、恐らく痙攣をおこし、嘔吐するであろう。

資本主義的文明の根幹として用意された労働の神聖化、倫理化を疑問視するだけのものを島木は持ち合わせてはいなかったようだ。あくなき労働の強制が、ついに民衆の倫理、道徳、使命になってゆく。その過程が、島木には見えていない。真面目で、質素、清潔で、秩序を重んじる労働こそ、人間の探求すべき最高級のもので、それは、いわば「修養」の絶対的推奨であった。「修養」を積まぬ人間は問題にならないのである。

島木には、「修養」が体質的によく馴染む。そして、「教養」には、やや難色を示すところがある。彼はこんな発言をしたことがある。

「今日教養といふ言葉が広く行はれるやうに、明治時代に修養といふ言葉が行はれた。鷗外や露伴といふやうな人々には、今日教養の名で言はれる意味を含めて修養といふ言葉を使ったやうに記憶する。そして私はさきに言った心からしても、修養といふ言葉の持つ含みの方を教養のそれよりも好むものである。修養の方が、人格的で倫理的で、そして実践的だ。日常坐臥の間に意を用ひる、といふ心がこもってゐる。教養の方は、『ある、ない』だが修養の方は、『する、しない。』だ。今日教養をいふ時には、修養のこころをうちにつつむものであって欲しい。[24]」

もともと、「教養的なもの」を包含していた型のある「修養」から、「教養」が飛び出し、それが独立して、大正教養主義に変容していったと考えていいと思うが[25]、島木は、元の「修養」を好むのである。そしてこの「修養」を積むという過程のなかに、苦学があり、農民組合運動があり、マルクス主義への傾斜が、そして「満州」開拓への理解があった。

島木の体質に、大正教養主義は馴染まない。明治の時代からいきなり昭和の時代に跳躍したように思えるところがある[26]。大正教養主義の対極にある実践優位の立場に彼は執着する。ともかく自虐的ともいえるほどの実践が大切で、しかもそれは、民衆密着のものでなければならなかった。

借り物の理論を前提にして、それをもとに農民の日常的遅れを指摘したりはしない。知的教養主義よりも、どこまでも、彼は農民の日常に対し、熱い眼差を向け、そこに拘泥しながら、彼一流の大切なものを必死に汲み上げようとする。

このような島木の姿勢を、エセ・ヒューマニズム、おためごかしだとして厳しく批判する人もいる。開拓農民をも含む農民への島木の眼差は次のように攻撃されることもある。

井上俊夫はこういう。「島木は、義勇軍の名の下に大陸侵攻の一翼をになわされていたあわれな貧農の子供たちの運命をみぬくことができていない、などといって彼を責めるつもりはない。そんなことより、島木が都会よりも農村、それも西日本の農村よりは東日本の農村、あるいは『満州』開拓地といったところを好んで歩き、そこで戦時体制の重圧の下、耐乏生活を余儀なくされている農民に接しては、その人々をおのれの独善的で感傷的な農本主義の色眼鏡を通じてとらえ、かれらがあたかも〝生活の達人〟であるかのように賛美している島木の〝いやらしさ〟をはっきりと見据える必要があると思う(27)。」

絶対的善として農民に深い同情を寄せ、賛美する島木の心中には、このような「いやらしさ」が存在していたのか。井上は続けていう。

「島木にとって戦時下の農民は彼のストイシズムを満足させ〝作家としての精神の昂揚〟をもたらしてくれる絶好の対象にすぎなかったのである(28)。」

この批判は、島木のある部分を極端に拡大したきらいがなくはないが、彼に対するかかる類の批判、攻撃の台頭を止めることができないのは、美化され、聖化され、幻想化された農民の虚像が、島木のなかに見え隠れしているからであろう。

なにもかもが虚像、幻想だといっているのではない。突かれるのは、その点だということである。たしかに島木は実像をも見ている。見ているからこそ、理論のみを信仰する人たちのように、己と民衆との距離に驚きも、苦悩も感じないといったところに、安眠はできないのである。生産者農民と共にある、ということによって、島木は己の生の存在を認めるのである。農民と断絶したところに己の生はないのだ。

ある時、この実像と虚像が彼の心中で騒動をおこす。ついには、美しい虚像が実像に勝利する。純粋で、熱情的で、神聖な農民というモデルが完成される。このモデルは、国家権力が民衆支配のために必要とし、用意したものとよく符合する。忍耐、努力、根性を持する忠良なる民衆こそが、近代国民国家形成の基盤として不可欠のものとなる。昭和十二年に公刊された島木の『生活の探求』が、ベストセラーとなる背景の一つには、こうした事情があったといってよかろう。民衆統治のために用意された基本的徳目は、政治的志向は違っても、島木にも、ある種の期待も含めて、受容可能であったのかもしれない。磯田光一の次の言は、そのことをよくいいあてていると思う。

「エピキュリアンへの反発は、島木のみならず当時の運動家の精神を強く規定していた倫理感覚であり、その限りにおいて、支配体制の倫理感覚ときわめて親近性をもっていたということができる。…(略)…したがって支配体制がファシズム強化のためにとった風紀粛正や文教政策の方向は、理論的には大衆を圧迫する悪としてうけとめられたであろうが、都会的エピキュリアニズムを否定して農村的ストイシズムを志向する思想統制の動向は、島木のようなタイプの知識人にとっては、心情的には、かなり共感をよぶものであったと思われる。…(略)…『生活の探求』があの時代に、混迷した知識人のバイブルとして広く読まれたのも、結局、彼のストイシズムが挫折したインテリに心の支えを提供したからと思われる。[29]」

宮沢賢治の禁欲主義なども、国家の民衆支配のための作為的倫理、道徳と符合する。厳しい生産労働、己を苦境に追い込み、それに耐えることに美意識を見い出せば見い出すほど、官製化された「しめつけ」という現実を容認してゆく運命を辿ることになる。

私は宮沢賢治のこの件に関して、かつてこうのべたことがある。

「商業主義的金もうけ主義に彼は嫌悪の感情を抱いている。土を耕やし、禁欲的に、さらにいえば自虐的に己を貫くことを人間の基本的理想像にした。大和魂の鍛練陶冶がどうであるということではなく、賢治には島木健作にも似たストイックな状況に己を置くようにせめたてるところがある。したがって、この岩手国民高等学校の国策を受けた自力更生的、精神主義的教育方針に従うことにそれほどの違和感も抵抗もなかったともいえる。[30]」

真面目で、純粋で、精いっぱいの努力、忍耐が、多くの場合、あのどうしようもない無気味な国家権力の餌食になってしまうという現実に対して、よく抗する道、よく打開する道はあるのであろうか。「生産─消費」、「禁欲─解放」、「労働─遊び」といった対立概念をぶつけあっているだけで解決するような問題ではない。島木の農本主義的真面目主義の問題は、民衆操作のために作為された倫理、道徳との関連で、それを危険視することに終始してはなるまい。禁欲主義や真面目主義に酔ってはならぬが、かつて、それらが国家権力の餌食になったからという理由だけで、未来永劫にそうだとするのは、余りにも浅慮な話ではないか。島木健作の検討は、今日的課題でもある。

注

（1）石田郁夫『土俗と解放──差別と支配の構造』社会評論社、昭和五十年、六頁。

（2）綱澤満昭「中国残留孤児と『満州』開拓」『信濃毎日新聞』昭和五十八年三月十九日。

（3）「満蒙」開拓青少年義勇軍とは、次のようなものであった。「『満蒙』開拓青少年義勇軍（以下、義勇軍と略記する）は、中国東北部を入植地として日本国政府が実施した移民の一形態である。日本による該地域支配の基盤であった『満州国』を受け入れ国として、一九三八年から一九四五年にかけて各道府県で公募された。応募適齢は数え年一六～一九歳（「徴兵適齢臨時特例」公布後は一八歳）に設定され、徴兵適齢前の男子を募集対象とした。」（日取道博『「満蒙」開拓青少年義勇軍関係資料』第一巻の「解題」、不二出版、平成五年、一頁。

（4）保昌正夫「第十二巻解説」『島木健作全集』〈月報12〉、国書刊行会、昭和五十四年、六頁。

(5)島木健作「満州紀行」の「序」、『島木健作全集』第十三巻、国書刊行会、昭和五十五年、四六九頁。
(6)具体的年次計画は、次のようなものであった。「この計画は昭和十二年から向こう二十年に百万戸、すなわち一戸当たり五人として五百万人の日本人農民を『満州』に送出することを目標として、左の四期に分けて計画を実施しようとしたものである。
第一期　昭和十二年度〜昭和十六年度、十万戸
第二期　昭和十七年度〜昭和二十一年度、二十万戸
第三期　昭和二十二年度〜昭和二十六年度、三十万戸
第四期　昭和二十七年度〜昭和三十一年度、四十万戸」
（満史会編『満州開発四十年史〈補完〉』講談社、昭和四十年、一八四頁。）
(7)島木「満州紀行」、『島木健作全集』第十二巻、三四頁。
(8)同上書、一三〜一四頁。
(9)同上書、九五頁。
(10)『満州国』開拓地犯罪概要」、山田昭次編『近代民衆の記録(6)満州移民』新人物往来社、昭和五十三年、四五一頁。
(11)同上。
(12)島木、前掲書、二〇頁。
(13)同上書、四七頁。
(14)小林夕持『ヤチボウズの根性』私家版、昭和四十四年、四四頁。
(15)森本繁『あゝ満蒙開拓青少年義勇軍』家の光協会、昭和四十八年、一五〇頁。
(16)島木、前掲書、八一頁。
(17)島木「或る作家の手記」『島木健作全集』第九巻、昭和五十一年、七四頁。
(18)島木「満州紀行」、前掲書、八〜九頁。

(19)島木「文学的自叙伝」『島木健作全集』第十三巻、三九七頁。
(20)同上書、三九八頁。
(21)島木「生活の探求」『島木健作全集』第五巻、昭和五十一年、一一頁。
(22)新保祐司『島木健作――義に飢ゑ渇く者』リブロポート、平成二年、八二頁。
(23)ポール・ラファルグ『怠ける権利』〈田淵晋也訳〉人文書院、昭和四十七年、三一頁。
(24)島木「教養ある婦人」『島木健作全集』第十三巻、昭和五十五年、二六〇〜二六一頁。
(25)「修養」と「教養」の問題については、次のような文献が参考となる。唐木順三『新版 現代史への試み』筑摩書房、昭和三十八年、宮川透『日本精神史の課題』紀伊国屋書店、昭和五十五年、筒井清忠『日本型「教養」の運命』岩波書店、平成七年。
(26)饗庭孝男もこの点に触れてこうのべている。「島木は明治という、未だ日本の伝統的な儒教的な自己陶冶の修養の型をいだいたまま、大正を空中滑走して昭和に入ったような印象をわれわれに与えるのである。」(『近代の解体――知識人の文学』河出書房新社、昭和五十一年、二五八頁。)
(27)井上俊夫『農民文学論』五月書房、昭和五十年、一四六頁。
(28)同上書、一四六〜一四七頁。
(29)磯田光一『比較転向論序説――ロマン主義の精神形態』勁草書房、昭和四十三年、六六〜六七頁。
(30)綱澤『宮沢賢治――縄文の記憶』風媒社、平成二年、六九〜七〇頁。

主要参考、引用文献(島木健作の作品は省略)
朝日新聞社編『満蒙開拓青少年義勇軍』朝日新聞社、昭和十年
西崎京子「ある農民文学者」、思想の科学研究会編『転向』上巻、平凡社、昭和三十四年
満州開拓史刊行会『満州開拓史』昭和四十一年

磯田光一『比較転向論序説――ロマン主義の精神形態』勁草書房、昭和四十三年
福田清人編『島木健作』清水書院、昭和四十四年
ポール・ラファルグ『怠ける権利』〈田淵晋也訳〉人文書院、昭和四十七年
小林夕持『ヤチボウズの根性』私家版、昭和四十四年
森本繁『あゝ満蒙開拓青少年義勇軍』家の光協会、昭和四十八年
井上俊夫『農民文学論』五月書房、昭和五十年
石田郁夫『土俗と解放――差別と支配の構造』社会評論社、昭和五十年
饗庭孝男『近代の解体――知識人の文学』河出書房新社、昭和五十一年
山田昭次編『近代民衆の記録（6）満州移民』新人物往来社、昭和五十三年
新保祐司『島木健作――義に飢ゑ渇く者』リブロポート、平成二年
『満州開拓青少年義勇軍関係資料』第一巻、不二出版、平成五年

初出一覧

農本主義研究の足跡と展望（岩崎正弥代表「農本思想の現代的意義に関する研究」〈科学研究費補助金基盤研究（C）〉平成二十三年三月）
よみがえる農本主義（『朝日新聞〈夕刊〉』昭和四十六年三月三十日）
農本主義の「現在」（『信濃毎日新聞』昭和五十五年一月四日）
農本的なる石川三四郎（『石川三四郎著作集』第三巻の「月報」、青土社、昭和五十三年）
加藤一夫の農本思想（『近代風土』近畿大学、昭和六十年二月）
岩佐作太郎の思想（『農の思想と日本近代』所収、風媒社、平成十六年）
「中部日農」を創設――横田英夫（『朝日新聞〈夕刊〉』昭和四十七年二月十二日）
帰農の思想――横田英夫の場合（『近代風土』近畿大学、昭和五十四年五月）
保田與重郎と「農」（『保田與重郎全集』第三十一巻の「月報」、講談社、昭和六十三年）
保田與重郎の「農」の思想（『混沌』近畿大学大学院文芸学研究科、平成十六年二月）
権藤成卿論（『ピエロタ』母岩社、昭和四十八年四月、六月）
山崎延吉と農村自治（山崎延吉『農村自治の研究』〈明治大正農政経済名著集（22）〉の「解題」、農山漁村文化協会、昭和五十三年）
社稷把捉の隘路（『近代風土』近畿大学、昭和五十五年四月）
小林杜人と転向（『文学・芸術・文化』近畿大学文芸学部、平成十四年三月）
早川孝太郎と農本主義（『近代風土』近畿大学、昭和五十五年十二月）
橘孝三郎のみる「天皇職」と「大嘗祭」（『土とま心』橘孝三郎研究会、昭和五十一年八月）
天皇制と「ムラ」の自治（『地方自治職員研修』公務職員研修協会、昭和五十二年四月）
地域主義・社稷・天皇制（『天皇制研究』ＪＣＡ出版、昭和五十五年一月）

「農」への回帰と変革への志気（『日本近代思想の相貌』所収、晃洋書房、平成十三年）
農本的超国家主義にみる「日本」と「自然」（『伝統と現代』伝統と現代社、昭和四十八年三月）
江渡狄嶺の思想（『近代風土』近畿大学、昭和五十五年十二月）
昭和の農本主義者――加藤完治の場合（『伝統と現代』伝統と現代社、昭和五十年九月）
満州移民（『近畿大学教養部研究紀要』近畿大学教養部、昭和五十一年）
島本健作における美意識（『農の思想と日本近代』所収、風媒社、平成十六年）

＊大幅に修正したものもある。

あとがき

昭和四十五年のことであるが、大昔のことのようにも思える。この年、私は一冊の著書を公にすることができた。『近代日本の土着思想――農本主義研究』がそれである。出版社は風媒社である。あれからおよそ五十年という時が流れたのか。

私のような浅学菲才の若僧に、本を出せとすすめてくれたのは、故稲垣喜代志さんであった。『日本読書新聞』を去って、名古屋に風媒社をつくられて、そんなに時間は経過していなかったと思う。名古屋で出版事業をやるなどということは、素人の私にでも、無謀なことのように思えた。それでも彼は決断したのである。彼の志と情熱がその不利な状況を突破できるとの確信を持っておられたのであろう。

そういう状況のなかで、私に〝本を書け〟といってくれた稲垣さんは、私の生涯にとっての恩人である。〝無名の人を世に出すのが自分の使命である〟とは、彼の口癖であったが、私が「世に出た」かどうかはわからない。内容はともかく、本が完成したのである。

その後、『柳田国男讃歌への疑念』、『宮沢賢治――縄文の記憶』、『農の思想と日本近代』など、数点を出版させていただいた。

出版以外の世界での稲垣さんとの交流は、公私にわたり、とても一日や二日で語り尽くせるものではない。その彼が、つい先日、夢の中に登場してくれた。場所は、いつもの通り、古ぼけた居酒屋である。安酒を飲みながら、こういってくれた。

〝君ももうそんなに若くはない。そろそろ農本主義の総まとめを、うちでやったらどうかな〟

農本主義で始まったのだから、農本主義の世界を終焉の地にしたい。風媒社にお願いすることにした。

農本主義に関する拙論は、長短あわせれば三十本くらいになると思うが、どれもこれも満足のいくものはない。そのなかからいくつかを選び編んでみた。拙論ではあっても、私にしてみれば、精魂かたむけたものである。愛しい思いがある。重複するものもあるが、その時々の思いであり、筆の勢いなので、そのままにした。

日本列島に住まう人は、ある時期からは、おおむね農耕人である。農耕を核とする生活のなかで生き死にしてきた。もちろん、稲作以前の文化がないがしろにされてはならないし、それが日本人の太い骨になっていることはいうまでもない。しかし同時に、稲作文化を除いて、今回の日本文化を語ることも、これまた不可能というものである。つまり、私たちは、この稲作、つまり農の文化を背負って生き、その血を継承していることは間違いない。農本にかかわる思想は、このうえに成立するのである。

仏教や儒教にしても、農耕人としての日本人の感情、習俗と矛盾しない範囲で取り入れてきた。また、近代化にともなって、いろいろな学問、思想が輸入されたが、これらも、農耕人の核となる農本主義と無縁でいることはできなかった。

農を大切にするという思想は、稲作文化のうえに成立していて、豊葦原の瑞穂の国、つまり、天皇制国家を支える役割を担っている。そうであるがゆえに、この天皇制国家が危機に瀕する時、あるいはそういう幻想が世の中を覆うとき、農本意識は、農本主義として表舞台に登場する。

国家が農本の道を誤るとき、農本主義は反国家、反権力の思想と融合し、その活動を開始することもある。

農本主義は、これまで、さまざまな思想と結合したり離れたり、対決しながら、それぞれの色をだしてきた。なかには、〝おや〟と思うような運動や思想、学問と結合する場合もある。アナーキズムや民俗学などとの癒着がそれである。ここでは、農民運動と農本主義の結合のみに触れておきたい。

農民運動と農本主義の結びつきなどあろうはずがないというのが一般的見方である。しかし、まれにというか、例外的にというか、農本主義の旗をかかげながら、農民運動の指導者として活躍した人物がいた。その人の名を横田英夫という。彼の奇妙ともいえる思想と行動をめぐって、何人かの人が言及してきたが、ここで私は彼の言動の素描をしておきたい。

横田は明治二十二年、埼玉で生れる。学歴は明確ではないが、埼玉、東京、長野、新潟、福島などを転々としている。

『東京朝日』に「東北虐待論」（明治四十四年八月十四日〜二十四日）を書き、農村問題のジャーナリストとして注目されるようになる。

『農村救済論』（大正三年、裳華房）。『農村革命論』（大正三年、東亜堂）などの著書をあらわしている。

しかし、このような評論活動に自ら疑問を持ち、筆を折る日がくる。

『読売新聞』に「農に帰らんとして」を連載し、福島県耶麻郡熱塩村に帰農する。「農」や「土」への回帰が高唱され、橘孝三郎らと同様の「土の哲学」が語られる。けれども、ここはこのままとどまることをさせない、なにかが彼の心中にはあった。岐阜の農民運動にかかわる。

岐阜に住むようになったのは、大正十三年の春からである。他界したのが大正十五年二月であるから、この岐阜での生活はきわめて短かい。しかし、この短期間での彼の活躍には凄じいものがある。なかでも「中部日本農民組合」の創設と発展に寄与したことは大きい。

大正十三年秋、岐阜県稲葉郡鶉村と三里村において、込米撤廃と小作料三割減免の要求をかかげて闘争に入り、鶉村では要求を貫徹した。

横田が行く所、小作人からは〝救世主〟と呼ばれ、地主からは〝鬼〟と称せられたという。彼はおよそ、マルクス主義や社会主義の視点に立っての闘争ではなかった。「中部日本農民組合」の創立大会で決定した「主義」に、「吾等は尊皇愛国の大義を奉ず」とうたっている。

小作人の側に立った激しい農民運動と尊皇愛国の情は、彼のなかで共存している。明らかに思想の混濁があり、論理的矛盾がある。

しかし、この論理的矛盾や思想の混濁を、運動論のうえで無視したのでは、日本の土壌のなかからの農民運動は成功することはない。厳しい日常を強いられている貧しい農民たちの最大の関心事は、高遠な理想や論理的に整理された理論ではない。

その点、一柳茂次の次の横田評価はうなずけるものである。

「理論は単にその『完璧』によって階級闘争の武器となるのではない。…（略）…横田の理論をもってしては、日本農民を権力掌握に導くことができないということは、横田の理論が大正初期岐阜農民運動の指導的頭脳を意味したことを否定しさるものではない。岐阜県農民運動に刻まれたこの歴史的事実は、何よりもマルクス主義と農民運動の結合に対してきびしい反省を要求する。」（日本農民運動史研究会編『日本農民運動史』東洋経済新報社、昭和三十六年）

奇妙な〝あとがき〟になってしまった。林さんをはじめ風媒社の皆様には深甚なる謝意を表したい。稲垣さんありがとう。

［著者紹介］
綱澤満昭（つなざわ・みつあき）
1941 年 満州（中国東北部）に生まれる
1965 年 明治大学大学院修士課程修了。専攻は近代日本思想史、
近代日本政治思想史
近畿大学名誉教授
（元）姫路大学学長

主要著書
『近代日本の土着思想—農本主義研究』（風媒社）
『日本の農本主義』（紀伊國屋書店）
『農本主義と天皇制』（イザラ書房）
『未完の主題』（雁思社）
『農本主義と近代』（雁思社）
『柳田国男讃歌への疑念』（風媒社）
『日本近代思想の相貌』（晃洋書房）
『鬼の思想』（風媒社）
『宮沢賢治の声』（海風社）
『異端と孤魂の思想』（海風社）
『近代の虚妄と軋轢の思想』（海風社）

カバー写真＝ takueri ／ PIXTA（ピクスタ）

農本主義《のうほんしゅぎ》という世界《せかい》

2019 年 7 月 15 日　第 1 刷発行　（定価はカバーに表示してあります）

著　者　綱澤 満昭
発行者　山口 章

発行所　名古屋市中区大須 1 丁目 16 番 29 号
電話 052-218-7808　FAX052-218-7709
http://www.fubaisha.com/
風媒社

乱丁・落丁本はお取り替えいたします。
ISBN978-4-8331-0583-5
＊印刷・製本／モリモト印刷